338 예제로 완성하는 파이썬

Introduction to
파이썬

황재호 지음

http://codingschool.info
문제 풀이 · 1:1 질의응답 · 강의 PPT

Introduction to 파이썬

초판 ㅣ 2021년 3월 1일
지은이 황재호
펴낸곳 인포앤북(주) ㅣ 전화 031-307-3141 ㅣ 팩스 070-7966-0703
　　　　　　　　　　　　　 주소 경기도 용인시 수지구 풍덕천로 89 상가 가동 103호
등록 제2019-000042호 ㅣ 979-11-964409-4-7
가격 25,000원 ㅣ 페이지 464쪽 ㅣ 책 규격 188 x 257mm

이 책에 대한 오탈자나 의견은 인포앤북(주) 홈페이지나 이메일로 알려주세요.
잘못된 책은 구입하신 서점에서 교환해 드립니다.

인포앤북(주) 홈페이지 http://infonbook.com ㅣ 이메일 book@infonbook.com

Published by Infonbook Inc. Printed in Korea

IT 또는 디자인 관련 분야에서 펴내고 싶은 아이디어나 원고가 있으시면
인포앤북(주) 홈페이지의 문의 게시판이나 이메일로 문의해 주세요.

338 예제로 완성하는 파이썬

Introduction to
파이썬

황재호 지음

http://codingschool.info

문제 풀이 · 1:1 질의응답 · 강의 PPT

338 예제로 파이썬을 정복하자!
파이썬 초보를 위한 최선의 학습서!

최근들어 다양한 파이썬 서적들이 출간된 것은 IT와 인공지능 생태계에 상당히 고무적인 일이지만 대부분의 책들이 문법 위주로 되어 있는 것은 아쉬운 점입니다.

이 책은 338개에 달하는 재미있는 예제들을 가지고 직접 타이핑 하면서 공부하다 보면 어느새 고수가 되어있는 자신을 발견한다는 컨셉으로 집필 되었습니다.

1 프로그래밍이 처음인 초보자 또는 파이썬에 관심있는 분을 대상으로 하였습니다.
2 다양한 난이도의 예제를 중심으로 공부할 수 있는 독학서입니다.
3 온라인(http://codingschool.info)에서 저자에게 1:1 코치를 받을 수 있습니다.
4 대학 또는 관련 교육 기관의 한 학기 강의에 적합하도록 구성되었습니다.

이 책은 파이썬 프로그래밍에 관련된 다음의 내용을 다루고 있습니다.

파이썬 개요와 설치

파이썬의 개요와 장점에 대해 알아보고 실습을 위해 파이썬 프로그램을 설치합니다. 설치 프로그램을 이용하여 예제 프로그램을 작성하고 실행하는 방법을 익힙니다. 그리고 파이썬의 변수, 기본 데이터 형, 연산자에 대해 알아보고 키보드로 데이터를 입력 받아 화면에 출력하는 방법을 배웁니다.

파이썬 기본 문법

주어진 조건에 따라 해당 코드를 실행하는 조건문과 특정 코드를 반복하는 반복문의 동작 원리와 활용법을 배웁니다. 그리고 정수와 실수, 문자열, 리스트, 튜플, 딕셔너리 등 다양한 데이터 형의 사용법에 대해 알아봅니다,

함수와 함수 활용

파이썬의 내장 함수 사용법과 사용자 함수를 정의하고 호출하는 방법에 대해 알아보고 함수에서 지역 변수와 전역 변수의 사용법을 익혀 이를 실제 프로그램에서 활용하는 방법을 익힙니다.

파이썬 모듈과 클래스

수학 관련 math 모듈, 시간과 날짜 관련 time과 datatime 모듈, 게임 등에서 많이 활용되는 랜덤 모듈의 사용법을 익힙니다. 클래스의 정의와 객체 생성 원리를 파악하여 객체지향의 개념을 이해하고 객체지향을 프로그램에 활용하는 방법을 배웁니다.

이 책이 출간될 수 있도록 원고의 편집과 리뷰 등에 정성을 다해 주신 인포앤북 출판사에 감사 드립니다. 그리고 사랑하는 아내와 딸을 비롯한 모든 가족들에게 사랑의 마음을 전합니다. 이 글을 읽는 모든 독자 분들도 건강하고 행복하시길 기원합니다.

아무쪼록 독자 분들이 이 책으로 파이썬에 재미를 느껴 진정한 파이썬 실력자가 되는 데 이 책이 조금이나마 도움이 되길 바랍니다. 감사합니다.

황재호 드림

책의 학습 방법 실습을 위해 IDLE 프로그램(1장) 또는 주피터 노트북 프로그램(부록)을 컴퓨터에 설치한 다음 반드시 직접 키보드로 타이핑해 가면서 프로그램을 작성하면서 공부하여야 합니다. 그래야 파이썬을 제대로 배우고 활용할 수 있습니다.

이해하기 어려분 부분이 있으면 책 뒤의 연습문제 정답이나 제공된 소스 파일을 참고해서 문제를 해결해 나갑니다. 궁금한 내용은 저자 홈페이지에서 게시판이나 1:1 쪽지로 문의해 주세요.

책의 예제 파일 이 책의 모든 프로그램 예제, 코딩연습, 연습문제의 파일은 저자의 홈페이지 또는 인포앤북 출판사 홈페이지에서 다운로드 받으실 수 있습니다.

http://codingschool.info
http://infonbook.com

연습문제 정답 이 책의 제일 뒤 부록에 수록되어 있는 연습문제 정답을 참고하거나 홈페이지에서 정답 파일을 다운로드 받아 사용하셔도 됩니다.

강의 PPT 초안 대학 및 교육 기관에서 강의 교재로 사용하시는 경우 강의 교안 작성을 위해 PPT 원본이 필요하신 분은 인포앤북 홈페이지 게시판을 이용해 주시기 바랍니다.

Contents

Chapter 02
파이썬의 기본 문법   45

Chapter 03
조건문 97

Chapter 04
반복문   141

Chapter 05
리스트　181

Chapter 06
튜플과 딕셔너리 229

Chapter 07
함수　　　　　　　　　　　　　　　　　　　　　　253

Chapter 08
함수 활용   293

Chapter 09
모듈   325

Chapter 10
파일과 예외 처리   365

Chapter 11
객체지향 프로그래밍   395

01

Chapter 01
파이썬과 설치

파이썬은 직관적이고 단순한 문법 체계로 되어 있어 처음 프로그래밍을 접하는 초보자에게 가장 적합한 언어이다. 이번 장에서는 파이썬의 개요와 장점에 대해 알아보고 실습을 위한 파이썬 프로그램을 설치한다. 또한 설치된 파이썬 프로그램을 이용하여 예제 프로그램을 작성하고 실행하는 방법을 익힌다.

1.1 파이썬 개요

파이썬은 C, C++, 자바 등과 같은 컴퓨터 프로그래밍 언어 중의 하나이다. 처음 프로그래밍을 배우는 언어로 많은 사람들이 파이썬을 추천한다. 그 이유는 파이썬이 다른 컴퓨터 언어보다도 직관적이고 단순하며 쉬운 문법 체계를 가지고 있기 때문이다. 최근 4차 산업 혁명에서 핵심적인 역할을 수행하는 인공지능에 관련된 소프트웨어를 개발하는 데에도 파이썬은 최적의 개발 환경을 제공하고 있다.

1.1.1 파이썬이란?

파이썬은 1991년 네덜란드의 프로그래머인 귀도 반 로섬(Guido van Rossum)이 개발한 객체 지향의 고급 프로그래밍 언어이다. '파이썬'은 그리스 로마 신화에서 뱀을 뜻하는 단어로 로섬이 좋아하는 코미디 『Monty Python's Flying Circus』에서 따온 것이다.

2000년 10월 파이썬 2.0이 배포된 이래 많은 유용한 기능들이 지속적으로 추가되어 오고 있다. 파이썬의 최신 버전은 2008년 12월에 출시된 파이썬 3이다. 파이썬 3에서는 이전의 파이썬 2 와는 달리 데이터 형에 대한 내부적인 기능 추가, 구형의 요소 변경, 표준 라이브러리 재배치, 유니 코드에 대한 지원이 향상되었다.

파이썬은 웹 서버, 과학적 연산, 사물 인터넷(Internet Of Things), 인공지능(Artificial Intelligence), 게임 등 IT 전문 분야의 다양한 애플리케이션 프로그램을 개발하는 데에 강력한 능력을 발휘한다.

1 직관적이고 쉽다.

파이썬은 이해하기 쉽고 재미있게 배울 수 있도록 설계되었다. 이것이 바로 파이썬 개발자의 의도이며 파이썬의 철학이다. 파이썬은 직관적으로 이해할 수 있게 되어 있어 C나 자바 등 다른 프로그래밍 언어들에 비해 문법 구조가 단순하면서도 간단하다.

2 널리 쓰인다.

구글, 아마존, 핀터레스트, 인스타그램, IBM, 디즈니, 야후, 유튜브, 노키아, 미항공우주국 NASA 등의 세계적인 기업이나 기관에서는 자사의 프로젝트를 성공적으로 수행하기 위한 필수 도구로 파이썬을 사용한다.

또한 네이버, 카카오톡 등 국내 굴지의 기업에서도 자신들의 소프트웨어를 개발하는 데 파이썬을 활용하는 빈도가 점차 늘어나고 있는 추세이다.

3 개발 환경이 좋다.

파이썬은 온라인 커뮤니티가 많이 활성화 되어 있어 프로젝트 수행 시 경험이 많은 프로그래머의 도움을 받아 프로그램을 성공적으로 개발하는 데 유리하다. 또한 하루에도 수백만의 개발자들이 서로 의견을 교환하면서 파이썬의 기능을 향상시키기 위해 노력하고 있다.

4 강력하다.

이미지 처리, 웹 서버, 게임, 빅데이터 처리 등 난이도가 높은 소프트웨어 개발 시에는 파이썬의 표준 라이브러리를 활용하면 쉽고 빠르게 프로그램을 개발할 수 있다. 또한 파이썬은 C나 C++ 등의 다른 언어로 개발된 프로그램과도 서로 연계가 가능하여 프로그램의 기능을 확장하고 성능을 향상시킬 수 있다.

1.2 파이썬 설치

이 책의 예제들을 실습하기 위한 파이썬 개발 프로그램은 파이썬 공식 사이트에 접속하여 다운로드 받아 간단하게 설치할 수 있다. 공식 사이트를 통해 설치되는 파이썬 개발 프로그램을 IDLE(아이들)이라고 부른다.

※ 이 책에서는 IDLE 프로그램을 이용하여 모든 실습을 진행한다.

파이썬 개발 프로그램에는 IDLE 프로그램 외에도 주피터 노트북, 파이참, 비주얼 스튜디오 등이 많이 사용된다. 이 중에서도 주피터 노트북 프로그램이 IDLE 다음으로 가장 많이 사용된다.

※ 주피터 노트북으로 실습을 진행하길 원하는 독자는 부록의 주피터 노트북 설치와 사용법을 참고하기 바란다.

1.2.1 IDLE 프로그램 다운로드

인터넷 익스플로러(또는 크롬)를 열고 파이썬 공식 사이트인 http://python.org에 접속하여 그림 1-1에서 Downloads 메뉴의 Download Python 3.9.0을 클릭한다.

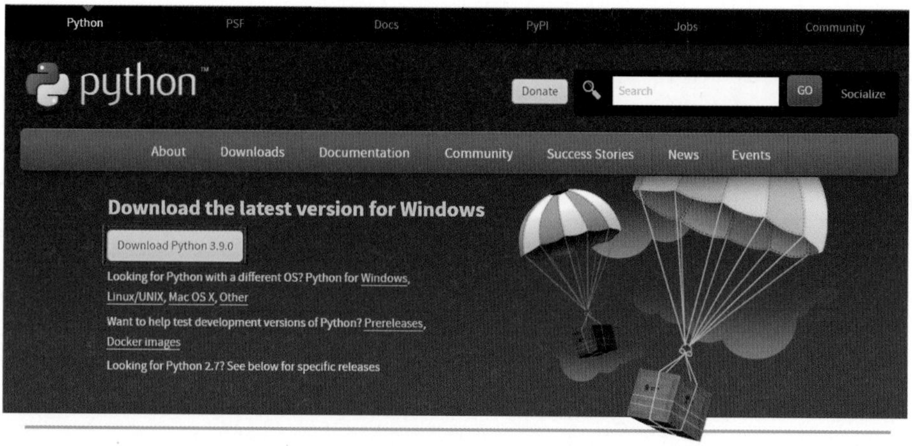

그림 1-1 IDLE 프로그램 다운로드

다음 그림 1-2에서 실행 버튼을 클릭하여 파이썬 프로그램 설치를 시작한다.

그림 1-2 파이썬 설치 프로그램 실행

1.2.2 프로그램 설치하기

파일 다운로드가 완료되고 나서 그림 1-3의 파이썬 설치 시작 화면이 나오면 Install Now
를 클릭하여 파이썬 설치를 시작한다.

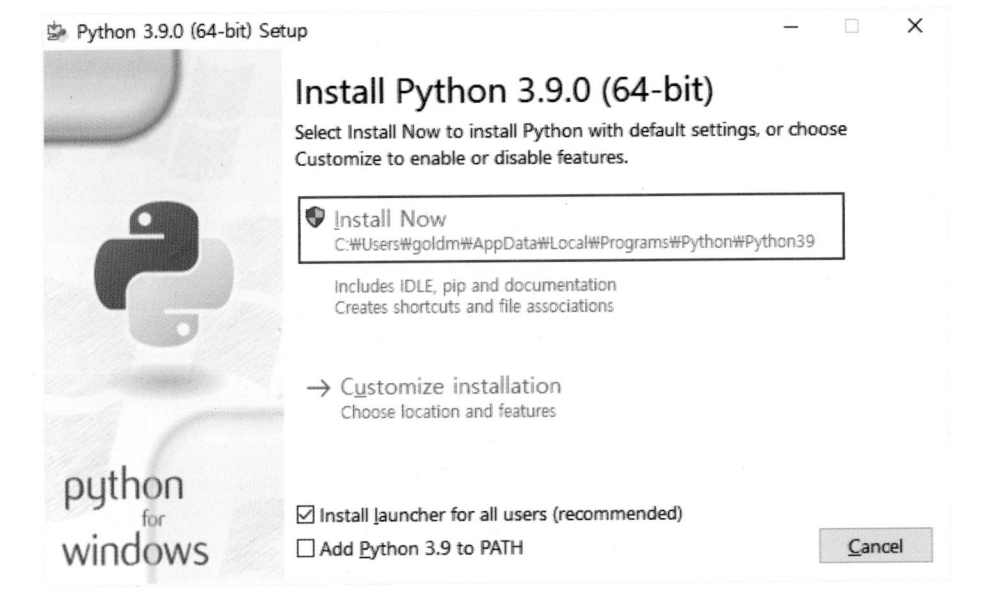

그림 1-3 프로그램 설치 시작 화면

파이썬을 설치하는 컴퓨터의 환경에 따라 혹시 중간에 보안 경고창이 뜨는 경우가 종종 있는데 그 때는 허용 버튼을 클릭하여 파이썬의 설치를 시작한다.

프로그램 설치가 시작된 후 몇 분 정도 지나면 파이썬 프로그램 설치가 완료된다. 설치 완료 화면인 그림 1-4가 나타나면 Close 버튼을 클릭하여 창을 닫는다.

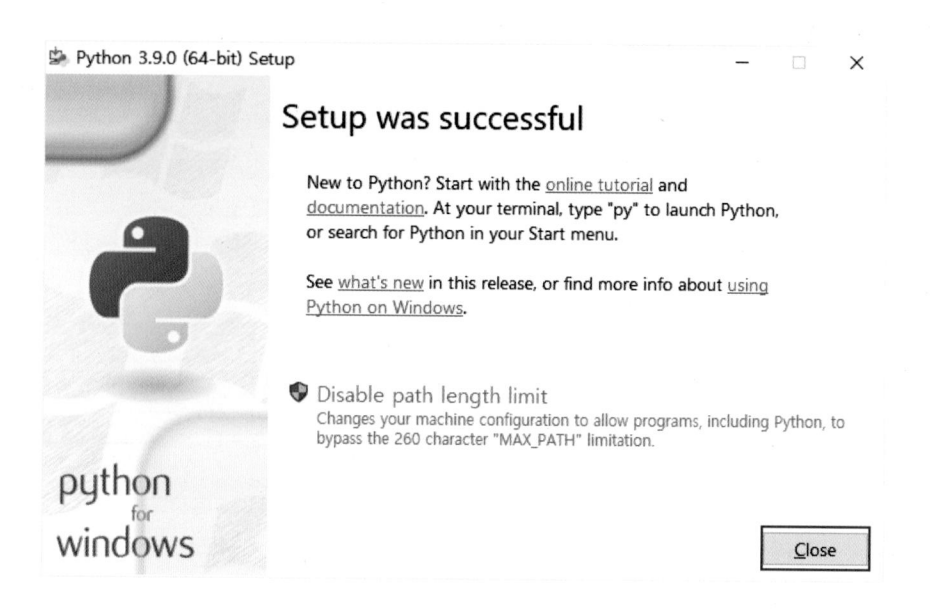

그림 1-4 프로그램 설치 완료 화면

앞의 과정을 통해 파이썬 설치가 완료되면 컴퓨터 화면의 제일 아래 왼쪽에 있는 윈도우 시작 메뉴에 그림 1-5에서와 같이 설치된 파이썬 프로그램 목록이 나타난다.

그림 1-5 설치된 파이썬 프로그램

TIP IDLE이란?

IDLE은 'Integrated Development and Learning Environment'의 약어로 파이썬의 '통합 개발과 학습 환경'이라는 뜻이다. IDLE은 우리말로 '아이들'이라고 부르는데 이 IDLE은 우리가 파이썬으로 프로그램을 개발하는 데 가장 많이 사용되는 개발 프로그램 중의 하나이다.

위 그림 1-5의 프로그램 목록 중에 빨간색으로 표시된 'IDLE(Python 3.9 64-bit)' 메뉴를 선택하면 파이썬의 IDLE 프로그램이 실행되어 다음의 그림 1-6과 같은 IDLE의 파이썬 쉘(Python 3.9.0 shell) 화면이 나타난다.

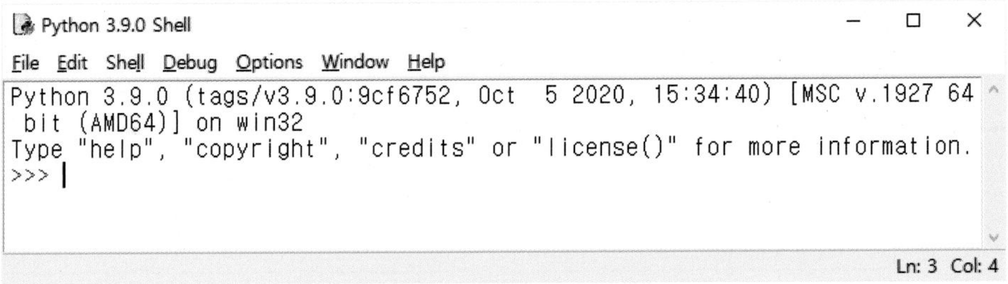

그림 1-6 IDLE의 파이썬 쉘 화면

위의 그림 1-6과 같은 파이썬 쉘이 컴퓨터 화면에 나타났다면 파이썬 프로그램이 제대로 설치된 것이다.

파이썬 쉘 사용법

앞의 그림 1-5에서와 같이 컴퓨터 메뉴에서 IDLE 프로그램을 실행하면 다음과 같은 파이썬 쉘 화면이 나타난다. 이 파이썬 쉘에서는 파이썬 프로그램 명령을 입력하고 엔터 키를 치면 실행 결과가 바로 화면에 나타난다.

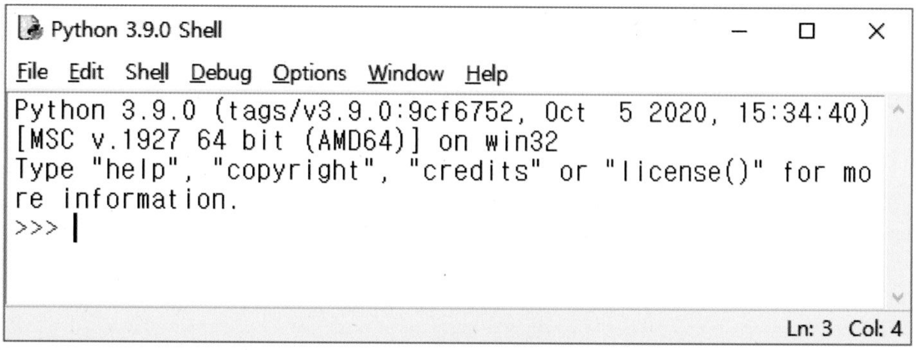

```
Python 3.9.0 Shell                                          □   ×
File  Edit  Shell  Debug  Options  Window  Help
Python 3.9.0 (tags/v3.9.0:9cf6752, Oct  5 2020, 15:34:40)
[MSC v.1927 64 bit (AMD64)] on win32
Type "help", "copyright", "credits" or "license()" for mo
re information.
>>> |
                                                      Ln: 3  Col: 4
```

그림 1-7 파이썬 쉘 화면

위 그림 1-7의 파이썬 쉘에서 다음과 같이 덧셈(+), 뺄셈(-), 곱셈(*), 나눗셈(/) 등의 사칙연산 실습을 해보자.

Python Shell

```
>>> 3+5
8
>>> 10-20
-10

>>> 5*8                                                      ❶
40
>>> 10/2                                                     ❷
5.0
```

```
>>> 100+10*3                                                    ❸
130
>>> (100+10)*3                                                  ❹
330
```

❶에서 별표(*)는 곱셈 기호, ❷의 슬래쉬(/)는 나눗셈 기호를 의미한다. 그리고 ❸에서와 같이 덧셈과 곱셈이 같이 사용되었을 때는 일반 연산에서와 마찬가지로 곱셈이 먼저 계산된다. 덧셈을 먼저 계산하고자 할 때에는 ❹에서와 같이 괄호를 사용하면 된다.

이와 같이 파이썬 쉘에서 사칙 연산 기호(+, -, *, /)를 이용하면 파이썬 쉘을 일반 계산기처럼 사용할 수 있게 된다.

이번에는 '안녕하세요.'를 화면에 출력하는 명령을 실행해 보자.

Python Shell

```
>>> print("안녕하세요.")
안녕하세요.
```

 print('안녕하세요.')는 '안녕하세요.'란 메시지를 화면에 출력한다. 이 때 '안녕하세요.' 와 같은 문자는 숫자와는 달리 앞 뒤를 쌍 따옴표(") 또는 단 따옴표(')로 감싸야 한다.

※ print()는 함수라고 불리우는데 이것은 괄호 안에 있는 내용을 화면에 출력하는 역할을 수행한다. print() 함수에 대해서는 나중에 2장에서 자세히 배울 것이다.

본인의 이름, 이메일 주소, 전화번호를 화면에 출력하는 다음의 명령을 실행해 보자.

Python Shell

```
>>> print("홍길동")
홍길동
>>> print("hong@naver.com")
hong@naver.com
>>> print("010-1234-5678")
010-1234-5678
```

만약 다음 그림에서와 같이 print("홍길동) 에서 따옴표(")를 빠뜨리게 되면 화면에 빨간색 오류가 표시된다.

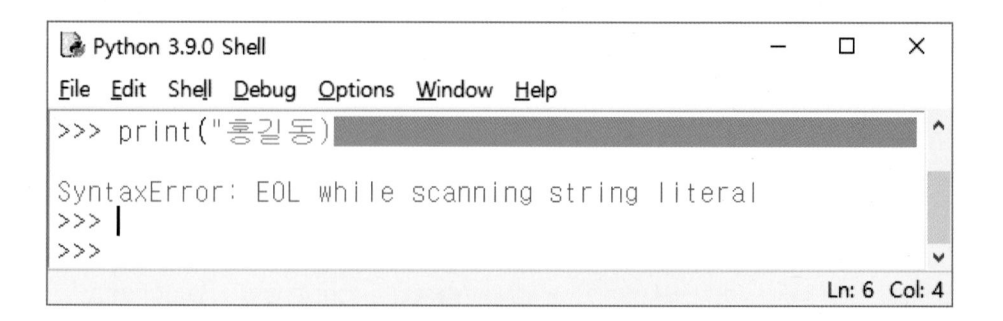

그림 1-8 파이썬 쉘에서의 오류 출력

위 그림 1-8의 'SyntaxError: EOL while scanning string literal'이란 오류 메시지에서 Syntax는 우리말로 '문법', Error는 '오류'란 의미이다. 문법에 오류가 있다는 경고 메시지이다.

오류가 있을 때에는 잘못된 부분을 찾아 수정하고 명령을 재실행하여 제대로 된 결과가 나오도록 해야 한다.

IDLE 에디터 사용법

앞의 1.3절에서는 파이썬 쉘에서 간단하게 파이썬 명령을 실행하는 방법에 대해 설명하였다. 파이썬 쉘에서 직접 명령을 입력하여 엔터 키를 쳐서 실행하는 것은 파이썬의 간단한 문법을 익히기 위한 것이다.

본격적인 파이썬 프로그래밍 공부를 위해서는 IDLE 에디터에서 프로그램을 작성하고 파일로 저장하는 방식을 사용하여야 한다.

1.4.1 IDLE 에디터에서 프로그램 작성하기

다음 그림 1-9 파이썬 쉘 화면의 상단 메뉴 중에서 제일 왼쪽에 있는 File > New File을 선택하면 IDLE 에디터 창이 열린다.

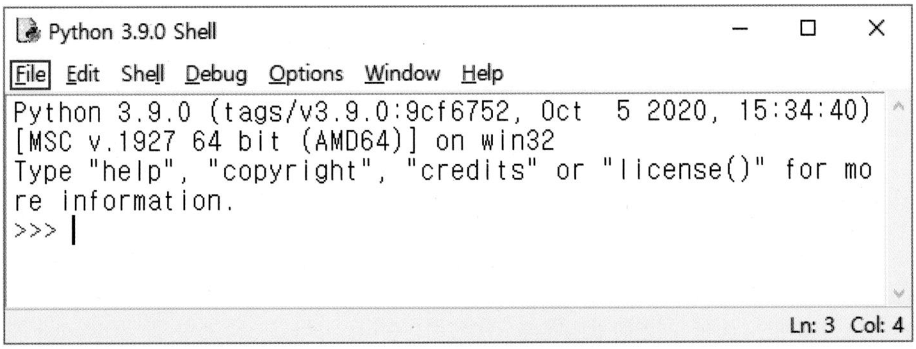

```
Python 3.9.0 Shell                                    —    □    ×
File  Edit  Shell  Debug  Options  Window  Help
Python 3.9.0 (tags/v3.9.0:9cf6752, Oct  5 2020, 15:34:40)
[MSC v.1927 64 bit (AMD64)] on win32
Type "help", "copyright", "credits" or "license()" for mo
re information.
>>> |

                                                    Ln: 3  Col: 4
```

그림 1-9 파이썬 쉘 화면

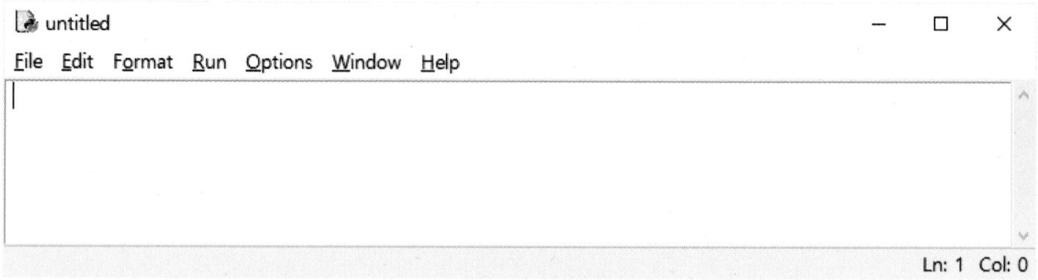

그림 1-10 IDLE 에디터 창

위의 그림 1-10의 IDLE 에디터에서 다음과 같은 내용을 입력해 보자.

```
a = 10
b = 20
c = a + b

print(c)
```

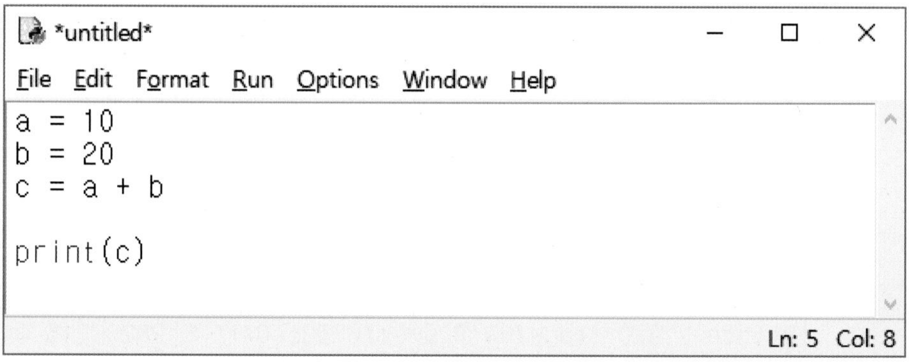

그림 1-11 IDLE 에디터에서 프로그램 작성

위의 프로그램을 간단하게 설명하면 다음과 같다.

a에는 10을 저장하고 b에는 20을 저장한다. 그리고 a와 b의 합 30을 c에 저장한 다음 print() 함수로 c의 값인 30을 화면에 출력하게 된다.

※ 그림 1-11에서 사용된 a와 b와 같은 것을 변수라고 하고, print()는 함수라고 부르는데 이에 대한 것은 2장부터 하나씩 공부해 나갈 것이다.

앞의 그림 1-11에서와 같이 IDLE 에디터에서 프로그램 작성을 완료했으면 파일을 저장할 폴더를 먼저 만들어 놓아야 한다.

작업 폴더를 만들기 위해 다음 그림에서와 같이 파일 탐색기에서 C:나 D:와 같은 로컬 디스크를 선택한 다음 저장할 폴더로 이동한다.

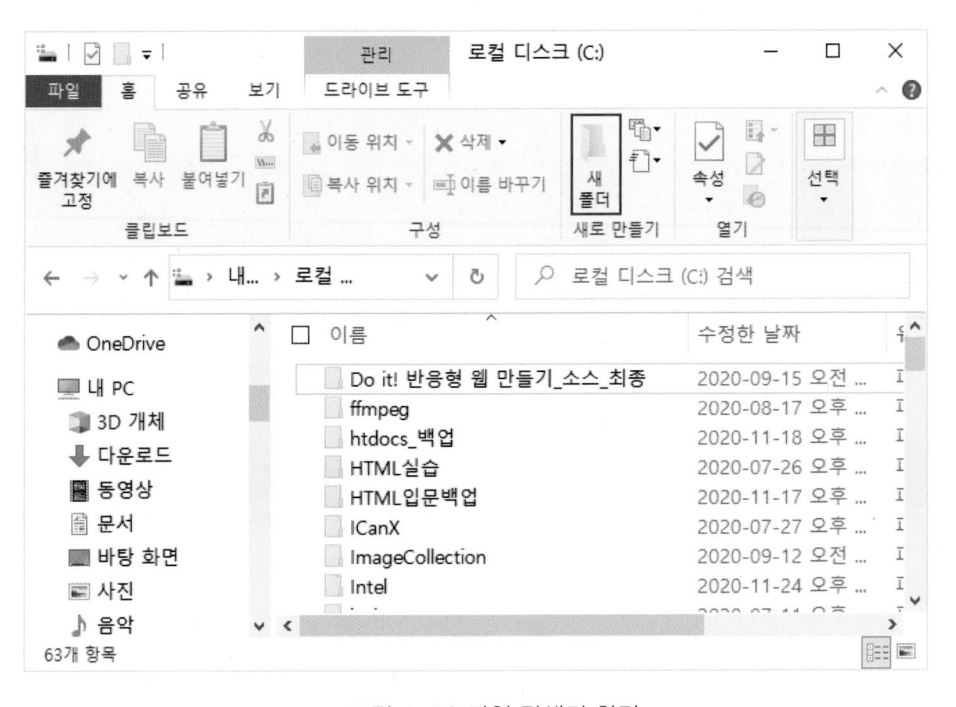

그림 1-12 파일 탐색기 화면

위의 그림 1-12의 화면 상단의 '새 폴더' 아이콘을 클릭한 다음 폴더 이름을 '파이썬실습'으로 하여 저장한다.

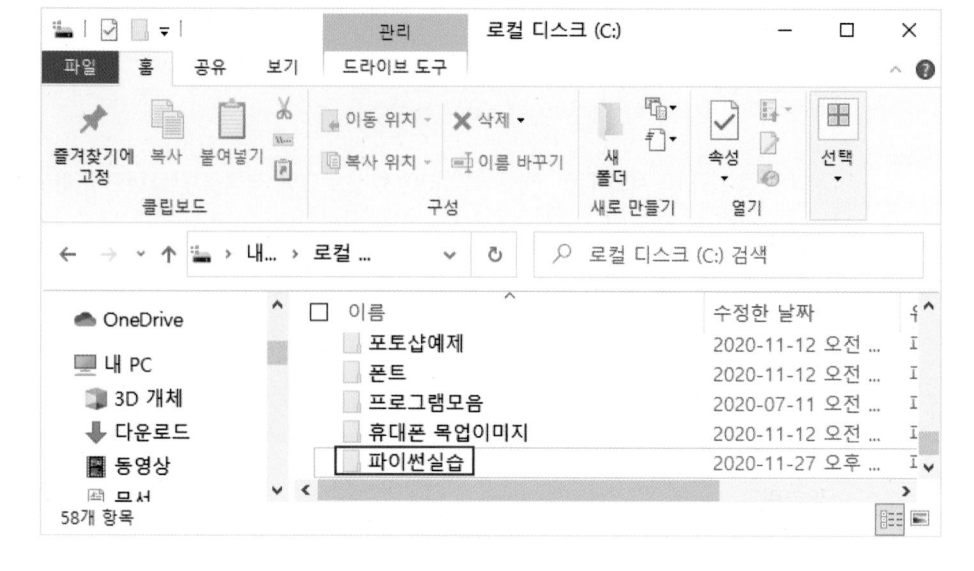

그림 1-13 생성된 '파이썬실습' 폴더

위의 그림 1-13에는 생성된 '파이썬실습' 폴더가 나타나 있다. 이 폴더에 그림 1-11의 IDLE 에디터에서 작성한 프로그램을 저장할 것이다.

1.4.3 작성한 프로그램 저장하기

그림 1-13에서와 같이 프로그램을 저장할 폴더를 만들어 놓았으면 앞의 그림 1-11의 IDLE 에디터 화면으로 돌아간다.

그림 1-11의 IDLE 에디터 화면의 상단 메뉴에서 File 〉 Save 를 선택하거나 단축 키 Ctrl + S 를 누른다.

그런 다음 조금 전에 만들어 놓은 '파이썬실습' 폴더를 찾아 그 폴더 안에 'sample.py'란 이름으로 파일을 저장한다.

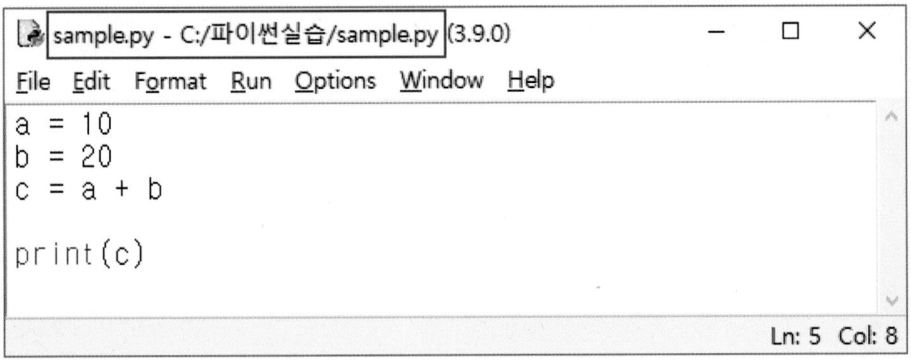

```
sample.py - C:/파이썬실습/sample.py (3.9.0)                    —    □    ×
File  Edit  Format  Run  Options  Window  Help
a = 10
b = 20
c = a + b

print(c)
                                                        Ln: 5  Col: 8
```

그림 1-14 sample.py가 저장된 화면

위 그림 1-14의 화면 상단을 보면 sample.py 파일은 C: 드라이브의 '파이썬실습' 폴더에 저장되어 있음을 확인할 수 있다. 파일명 sample.py 에서 알 수 있듯이 파이썬 소스 프로그램의 파일 확장자는 .py가 된다.

TIP   소스 프로그램 —————————————————————————————

소스 프로그램(Source Program)은 인간이 기술한 언어, 즉 컴퓨터 키보드로 타이핑하여 작성한 프로그램을 의미한다. 다른 말로 소스 코드(Source Code)라고도 부른다. 이 소스 프로그램을 저장한 파일을 소스 파일(Source File)이라고 한다.

1.4.4 저장한 프로그램 실행하기

앞의 그림 1-14 IDLE 에디터 화면에서 저장한 sample.py 파일을 실행하려면 상단 메뉴에서 Run 〉 Run Module 을 선택하거나 단축키 F5를 누른다. 그러면 sample.py가 실행되어 파이썬 쉘에 다음과 같은 결과 화면이 나타난다.

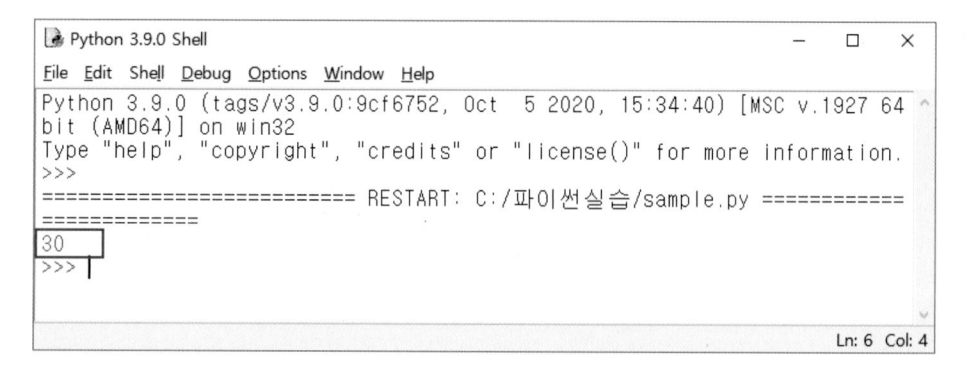

그림 1-15 sample.py 실행 결과 화면

위의 그림 1-15를 보면 sample.py의 실행 결과인 30의 값이 파이썬 쉘 화면에 출력되었음을 알 수 있다.

프로그램을 작성하고 파일로 저장한 다음 실행하는 것을 요약해서 설명하면 다음과 같다.

1 IDLE 에디터에서 프로그램을 작성한 다음 .py 확장자로 파일을 저장한다.
2 IDLE 에디터 화면에서 단축키 F5를 눌러 프로그램을 실행한다.
3 파이썬 쉘에서 프로그램이 제대로 실행되었는지 확인한다.

만약 **3**에서 프로그램 실행 결과 오류가 발생하면 IDLE 에디터에서 프로그램을 수정한 다음 F5 키를 눌러 프로그램을 재실행하여 올바른 결과가 나올 때까지 **1** ~ **3** 과정을 반복해서 수행하여야 한다.

퀴즈 Q1-1 파이썬의 특징

1. 다음 중 파이썬 프로그래밍의 특징이 아닌 것은?

❶ 구글을 포함한 많은 기업들과 기관에서 사용하고 있다.

❷ 코딩을 시작하기에 좋은 언어이다.

❸ 네덜란드의 귀도 반 로섬이 개발한 언어이다.

❹ 다른 언어에 비해 구조가 다소 복잡하지만 성능이 우수하다.

2. 파이썬이 처음 출시된 해는?

❶ 1970년대 초 ❷ 1980년대 초 ❸ 1990년대 초 ❹ 2000년대 초

정답은 42쪽에서 확인하세요.

퀴즈 Q1-2 파이썬 개발 툴

1. 파이썬 공식 사이트의 이름은?

❶ python.org ❷ python.net ❸ python.com ❹ python.biz

2. 다음은 파이썬 프로그램 개발 툴인 IDLE에 관한 설명이다. 거짓인 항목은 무엇인가?

❶ IDLE은 자체 에디터를 내장하고 있어 이를 이용하여 프로그래밍이 가능하다.

❷ IDLE은 파이썬에서 그래픽 프로그램을 개발하는 데 필요한 툴이다.

❸ IDLE의 파이썬 쉘에서는 파이썬 프로그램 명령을 직접 입력하고 실행할 수 있다.

❹ 파이썬 프로그램 개발을 위한 통합 개발과 학습을 위한 툴이다.

정답은 42쪽에서 확인하세요.

 퀴즈 Q1-3 프로그램 작성과 실행

1. IDLE 에서 저장된 프로그램 소스 파일을 불러와서 실행할 때 사용하는 단축키는 무엇인가?

❶ F5   ❷ F10   ❸ F12   ❹ F1

2. 파이썬 프로그램 소스 파일의 파일 확장자는 무엇인가?

❶ .pyth   ❷ .py   ❸ .hwp   ❹ .txt

정답은 42쪽에서 확인하세요.

퀴즈 정답   Q1-1 1. ❹   2. ❸

Q1-2 1. ❶   2. ❷

Q1-3 1. ❶   2. ❷

연습문제 1장. 파이썬과 설치

E1-1. 파이썬의 장점에 대해 아는대로 설명하시오.

E1-2. IDLE 프로그램의 특징과 IDLE을 구성하는 요소인 파이썬 쉘과 IDLE 에디터에 대해 설명하시오.

E1-3. IDLE 에디터에서 작성하는 프로그램을 소스프로그램(Source Program) 이라고 한다. 소스 프로그램이 무엇인지 설명하시오.

E1-4. 파이썬 쉘 프롬프트에서 다음의 명령을 입력한 다음 실행하시오. 실행 결과는 무엇인가?

```
>>> 10 + 20 - 10 * 10
```

E1-5. 다음의 파이썬 명령을 실행하면 오류가 발생한다. 올바른 명령은 무엇인가?

```
>>> print(반갑습니다.)
```

E1-6. 본인의 이름, 주소, 전화번호, 이메일을 실행 결과에서와 같이 출력하는 프로그램을 IDLE 에디터로 작성하고, 작성된 프로그램을 'my_info.py' 파일로 저장하시오.

¤ 실행결과

- 이름 : 김콩쥐
- 주소 : 부산시 해운대구
- 전화번호 : 010-1234-5678
- 이메일 : book@infonbook.com

02

Chapter 02
파이썬의 기본 문법

파이썬에서 사용되는 변수와 데이터 형에 대해 알아보고 입력과 출력 방법에 대해 배운다. 간단한 맛보기 프로그래밍을 통해 파이썬에서 프로그래밍 하는 방법과 프로그램 내에 설명 글을 삽입하는 주석문에 대해 익힌다.

변수

변수(Variable)는 숫자나 문자와 같은 데이터를 저장하는 박스와 같은 것이다. 더 정확하게 말하면 변수는 컴퓨터에 데이터가 저장되는 메모리의 위치를 의미한다.

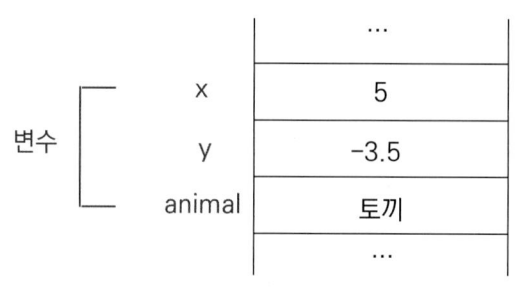

컴퓨터 메모리

위에서 x, y, animal과 같은 것을 변수라고 부르는 데 변수 x는 숫자 5가 저장된 메모리 공간의 위치를 나타내고, animal은 '토끼'란 문자가 저장된 위치를 의미한다.

2.1.1 변수 값의 저장

1장에서 설치한 IDLE 프로그램의 파이썬 쉘에서 다음과 같이 입력해 보자.

```
Python Shell

>>> x = 35                                                    ❶
>>> print(x)                                                  ❷
35
```

❶ 변수 x에 숫자 35를 저장한다. 컴퓨터에서 기호 =는 오른쪽에 있는 값을 왼쪽에 있는 변수에 저장하라는 파이썬 명령이다. 따라서 x = 35는 35의 값을 변수 x가 가리키는 메모리 공간에 저장하게 된다.

❷ print(x)는 변수 x의 값, 35를 파이썬 쉘 화면에 출력한다.

※ print()와 같은 것을 함수라고 부르는데 이에 대해서는 2장과 7장에서 자세히 배운다.

❶에서 설명한 것과 같이 기호 = 는 다음과 같이 35를 변수 x가 가리키는 메모리에 저장하게 된다.

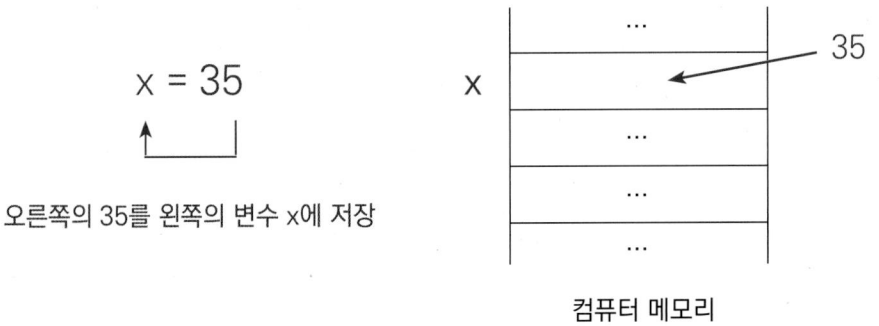

오른쪽의 35를 왼쪽의 변수 x에 저장

컴퓨터 메모리

이번에는 파이썬 쉘에서 다음과 같은 명령을 입력해 보자.

```
Python Shell

>>> a = 15                              ❶
>>> b = 37
>>> c = a + b                           ❷
>>> print(c)                            ❸
52
```

❶ 변수 a에 15를 저장하고 변수 b에는 37을 저장한다.

❷ 우측에 있는 변수 a와 b를 더한 값인 52가 변수 c에 저장된다.

❸ print() 함수를 이용하여 변수 c의 값, 52를 출력한다.

일반적으로 변수명은 영문 소문자(또는 대문자)로 만들거나 영문과 숫자를 조합해서 사용한다. 예를 들어 변수명 x, y, z, a, b, c, num, name, age, font1, school2, ... 등은 모두 유효한 변수명이다.

¤ 변수명에 특수문자가 들어가거나 숫자로 시작하면 안된다. email@, number#, 3number, 24cafe, ... 등은 잘못된 변수명의 예이다.

```
Python Shell

>>> num1 = 15
>>> num2 = 12
>>> result = num1 - num2
>>> print(result)
3
>>> school = "한국대학교"
>>> print(school)
한국대학교
>>> name = "홍길동"
>>> print(name)
홍길동
>>> 24cafe = "커피"
SyntaxError: invalid syntax
```

위에서 사용된 변수명 num1, num2, result, school, name 등은 모두 유효한 변수명이다.

그러나 24cafe에서와 같이 변수명을 숫자로 시작하면 오류가 발생한다.

SyntaxError에서 'Syntax'는 문법을 의미한다. 따라서 이것은 문법상 오류를 뜻하는 것으로 자주 발생되는 오류 중의 하나이다.

변수명이 길어지면 다음과 같이 영어 단어 두개를 밑줄(_)이나 대소문자 조합으로 만들어 사용한다.

```
Python Shell

>>> input_name = "김영진"
>>> math_score = 90
>>> screenColor = "red"
>>> windowHeight = 1000
```

위의 변수명은 다 유효하고 잘 만들어진 변수명이다. 이와 같이 변수명을 지을 때는 변수명을 보고 그 변수가 무엇을 의미하는 지를 유추할 수 있도록 해야 한다. 이렇게 함으로써 프로그램 수정 작업이 용이하고 타인과의 공동 작업도 원활하게 된다.

aa, ttt, yyy, ccc, abc, ajduf 등에서와 같은 변수명을 사용하면 문법에 오류는 없지만 작성한 프로그램이 이해하기 어렵게 될 수 있다는 점에 유의하기 바란다.

&, *, ( ), %, $, #, @, , ! 등과 같은 특수문자와 공백은 변수명에 사용할 수 없다. 변수명에 한글을 사용해도 오류가 발생하지 않지만 관례적으로 한글은 변수명에 잘 사용하지 않는다.

```
Python Shell

>>> email@ = "user@korea.com"                    ❶
SyntaxError: invalid syntax
>>> font size = 16                                ❷
SyntaxError: invalid syntax
```

❶ 변수명 email@에 특수문자인 @가 사용되어 오류가 발생한다.

❷ 이와 같이 변수명에 공백을 사용하여도 오류가 발생하게 된다.

퀴즈 Q2-1 변수명 만들기

1. 다음 중 변수명으로 적합한 것은?

❶ input score   ❷ 24open   ❸ my_name   ❹ dog&cat

2. 다음 중 변수명으로 적합하지 않은 것은?

❶ korScore   ❷ __name   ❸ inputName   ❹ cat house

정답은 91쪽에서 확인하세요.

2.2 숫자와 연산자

파이썬에서 사용되는 숫자에는 정수와 실수가 있다. 그리고 숫자들의 계산에 사용되는 연산자에는 사칙 연산자(+, −, *, /), 나머지 연산자(%), 소수점 절삭 연산자(//), 제곱 연산자(**) 등이 있다.

이번 절에서는 정수와 실수 데이터 형과 숫자 계산에 사용되는 다양한 연산자에 대해 알아 보자.

2.2.1 정수

정수(Integer)는 음수, 0, 양수로 구성된 숫자를 의미한다. 다음의 예제를 통하여 정수형 숫자의 사용법을 익혀보자.

Python Shell

```
>>> 5 + 3 − (−12)                    ❶
20
>>> x = 3 − 10 * (−30)                ❷
>>> print(x)
303
>>> print(35 − 20)                    ❸
15
```

❶ 여기서 사용된 5, 3, −12는 정수이다.

❷ 여기서 *는 곱셈을 나타내는 기호이다. 오른쪽의 정수에 대한 계산 결과인 303을 왼쪽의 변수 x에 저장한다. 컴퓨터에서도 곱셈과 나눗셈이 덧셈과 뺄셈보다 먼저 계산된다.

❸ print() 함수 괄호 안에 계산식을 넣으면 계산 결과가 화면에 출력된다.

2.2.2 실수

실수(Floating point)는 −37.8, 0, 388.12, −923.0, 128.0에서와 같이 소수점을 가진 숫자를 의미한다. 실수를 이용하여 다음과 같은 실습을 진행해 보자.

Python Shell

```
>>> −26.35 + 8.7 * (−21.0)
−209.04999999999998
>>> print(3/5)                              ❶
0.6
>>> a = 1/3
>>> print(a)
0.3333333333333333
>>> print("%.1f" % a)                       ❷
0.3
```

---

❶ 여기서 /는 나눗셈 기호이다. 3/5의 결과인 0.6이 출력된다.

❷ 만약 소숫점 첫째 자리(둘째 자리에서 반올림)까지 화면에 표시하려면 여기에서와 같이 %.1f를 사용한다.

※ %.1f와 같은 방식을 문자열 포맷팅이라고 하는 데 이에 대해서는 67쪽에서 자세히 설명한다.

다음과 같이 type() 함수를 이용하면 특정 변수가 정수인지 실수인지를 알 수 있다.

```
Python Shell

>>> a = 200                                                    ❶
>>> type(a)
〈class 'int'〉
>>> b = -366.111                                               ❷
>>> type(b)
〈class 'float'〉
```

❶ type(a)의 결과는 〈class 'int'〉로 나타난다. 이는 변수 a의 형이 int라는 것을 의미하는 데 여기서 int는 'integer'의 약어로 정수를 의미한다.

❷ 변수 b는 float, 즉 실수이다. 여기서 float는 'floating point'의 약어이다.

2.2.3 사칙 연산자 : +, −, * , /

사칙 연산자에는 덧셈(+), 뺄셈(−), 곱셈(*) 나눗셈(/)이 있는데 다음 예제를 살펴보자.

```
Python Shell

>>> a = 5 + 3 * 2                                              ❶
>>> print(a)
11
>>> (2 + 3 ) * 100
500
>>> b = 5 + 3 - 2/5                                            ❷
>>> print(b)
7.6
>>> type(a)                                                    ❸
〈class 'int'〉
>>> type(b)                                                    ❹
〈class 'float'〉
```

❶ 곱하기(*)가 먼저 계산되어 3 * 2의 결과인 6에 5을 더하게 되어 변수 a는 11의 값을 가진다.

❷ 일반 사칙연산에서와 마찬가지로 여기서도 곱셈과 나눗셈이 덧셈과 뺄셈보다 먼저 계산된다.

❸ 변수 a의 데이터 형은 정수(Integer)이다.

❹ 나눗셈의 결과는 실수형이 되기 때문에 변수 b는 실수(Floating point)가 된다.

파이썬에서 변수의 형은 그 변수에 저장되어 있는 값에 따라 결정된다. 정수 값을 가지고 있는 변수는 정수형 변수, 실수 값을 가진 변수는 실수형 변수가 된다.

2.2.4 나머지 연산자 : %

나머지 연산자 %는 어떤 수를 나눈 나머지를 계산한다.

```
Python Shell

>>> a = 10%3                                    ❶
>>> print(a)
1
>>> b = 15%10                                   ❷
>>> print(b)
5
>>> c = a%b                                     ❸
>>> print(c)
1
```

❶ 10%3은 10을 3으로 나눈 나머지를 의미한다. 따라서 그 결과는 1이 된다.

❷ 15를 10으로 나눈 나머지는 5가 된다.

❸ a%b는 1%5가 되는 데 1를 5로 나누면 몫이 0, 나머지가 1이 되기 때문에 그 결과는 1이 된다.

2.2.5 소수점 절삭 연산자 : //

소수점 절삭 연산자 //는 나눗셈 결과에서 소수점 이하를 절삭하게 된다. 다음의 예를 살펴 보자.

```
Python Shell

>>> 15/4                                                    ❶
3.75
>>> 15//4                                                   ❷
3
```

❶ 15/4는 3.75가 된다.

❷ 15//4는 3.75에서 소수점 이하를 절삭한 3의 값을 갖는다.

2.2.6 거듭제곱 연산자 : **

거듭제곱 연산자 **는 어떤 수의 거듭제곱을 계산하는 데 사용한다.

```
Python Shell
>>> 3**3
27
>>> 10**4
10000
```

3**3은 3^3 을 의미하며 그 결과는 27이 되고, 10**4는 10^4이 되어 10000이 된다.

지금까지 배운 숫자 연산에 사용되는 사칙 연산자, 나머지 연산자, 소수점 이하 절삭 연산자, 거듭제곱 연산자를 표로 정리하면 다음과 같다.

표 2-1 숫자 관련 연산자

연산자	의미
+	덧셈
−	뺄셈
*	곱셈
/	나눗셈
%	나머지 계산
//	소수점 이하 절삭
**	거듭제곱 계산

1. 파이썬에서 사용되는 숫자의 데이터형이 아닌 것은?

❶ 정수   ❷ 분수   ❸ 실수

2. 다음에 나타난 파이썬 쉘 명령의 실행 결과는?

〉〉〉 x = 25 + 10 * 2

〉〉〉 print(x)

❶ 45   ❷ 70

3. 다음에 나타난 파이썬 쉘 명령의 실행 결과는?

〉〉〉 2 % 10

❶ 2   ❷ 10   ❸ 8   ❹ 5

4. 다음에 나타난 파이썬 쉘 명령의 실행 결과는?

〉〉〉 c = 10//4

〉〉〉 print(c)

❶ 10   ❷ 2.5   ❸ 4   ❹ 2

5. 다음에 나타난 파이썬 쉘 명령의 실행 결과는?

〉〉〉 d = 2**4 + 5%3

〉〉〉 print(d)

❶ 12   ❷ 15   ❸ 16   ❹ 18

정답은 91쪽에서 확인하세요.

2.3 문자열

문자열(String)은 하나 또는 여러 개의 문자로 구성된 데이터형이다. 문자열에서는 해당 문자들의 앞과 뒤에 쌍 따옴표(") 또는 단 따옴표(')를 붙인다.

"a", "apple", "010-1234-5678", "사과", "학교", "1", "2", 'x', '학교 종이 땡땡땡', '12345' 등은 모두 문자열이다.

¤ 이 책에서 사용되는 모든 문자열에는 쌍 따옴표(")를 사용한다.

2.3.1 문자열의 추출

다음 예제를 통하여 문자열에서 인덱스(Index)를 이용하여 문자열 하나 또는 문자열의 일부를 추출하는 방법에 대해 알아보자.

```
Python Shell

>>> s = "안녕하세요. 반갑습니다."            ❶
>>> s[0]                                    ❷
'안'
>>> s[1]                                    ❸
'녕'
>>> s[3:10]                                 ❹
'세요. 반갑습'
```

❶ 변수 s에 문자열 '안녕하세요. 반갑습니다.'를 저장한다.

❷ s[0]에서 0을 문자열의 인덱스라고 부르는데, 인덱스는 문자열에서 해당 문자의 위치를 나타낸다. 인덱스 0은 문자열의 첫 번째 요소를 의미한다. 따라서, s[0]은 첫 번째 요소인 문자 '안'을 의미한다.

¤ 문자열의 위치를 나타내는 인덱스는 1이 아니라 0부터 시작한다.

❸ s[1]은 인덱스 1이 가리키는 요소, 즉 두 번째 요소인 '녕'의 값을 가진다.

❹ s[3:10]에서의 인덱스 3:10은 인덱스 3부터 10 미만의 값, 즉 3부터 9까지의 문자열을 추출하는데 사용된다. 따라서 s[3:10]은 문자열 '세요. 반갑습'의 값을 갖게 된다.

¤ 문자열에서는 공백(' ')도 하나의 문자라는 것을 꼭 기억하기 바란다.

TIP 전화번호는 숫자일까? 문자열일까? ─────────────

컴퓨터에서 숫자(정수 또는 실수)란 덧셈과 뺄셈과 같은 연산을 할 수 있는 것으로 생각하면 된다. 전화번호에다 값을 더하거나 빼거나 하지 않기 때문에 전화번호는 문자열이다. 따라서 "010-1234-5678"에서와 같이 전화번호의 앞 뒤를 따옴표로 감싸야 한다.

 **퀴즈 Q2-3 문자열과 문자 추출하기**

1. 주민등록 번호(xxxxxxx-xxxxxxx)의 데이터 형으로 적합한 것은?

❶ 정수   ❷ 실수   ❸ 문자열

2. 다음에 나타난 파이썬 쉘 명령의 실행 결과는?

>>> string = "쥐 구멍에 볕들 날 있다."

>>> string[2:8]

❶ ' 구멍에 볕'   ❷ '멍에 볕들 '

❸ ' 구멍에 볕들'   ❹ '구멍에 볕들'

3. 다음에 나타난 파이썬 쉘 명령의 실행 결과는?

>>> animal = "tiger"

>>> animal[0:2]

❶ t   ❷ tig   ❸ ig   ❹ ti

정답은 91쪽에서 확인하세요.

2.3.2 문자열 연결 연산자

기호 +를 문자열에 사용하면 문자열을 서로 연결할 수 있다. 다음 예제를 통하여 문자열을 서로 연결하는 방법에 대해 알아 보자.

```
Python Shell

>>> name = "김정수"
>>> hello = "안녕하세요!"
>>> print(name + "님 " + hello)                    ❶
김정수님 안녕하세요!
```

❶ 문자열 사이에 사용된 + 기호는 문자열을 연결하여 하나로 만든다. 따라서 name + "님 " + hello는 문자열 '김정수님 안녕하세요!'를 의미한다.

문자열 연결 연산자 +의 사용 서식은 다음과 같다.

서식
```
문자열 + 문자열 + 문자열 + .....
```

다음의 예에서와 같이 문자열을 다른 데이터 형과 연결하려고 하면 오류가 발생된다.

```
Python Shell

>>> score = 80
>>> print("성적 : " + score)
Traceback (most recent call last):                 ❶
    File "<pyshell#7>", line 1, in <module>
        print("성적 : " + score)
TypeError: must be str, not int
```

❶ 문자열 '성적 : '과 변수 score를 + 기호로 연결하려고 하면 오류가 발생한다. score는 정수이기 때문에 문자열 연결 연산(+)에 사용될 수 없다.

앞에서와 같이 오류가 발생할 경우에는 다음과 같이 함수 str()을 이용하여 정수인 score를 문자열로 변경해 주어야 한다.

Python Shell

```
>>> print("성적 : " + str(score))
성적 : 80
```

str(score)는 score가 가진 정수 값 80을 문자열 "80"으로 변경한다.

정수나 실수를 문자열로 변경하는 str() 함수의 사용 서식은 다음과 같다.

서식

```
str(변수)
```

정수형 또는 실수형 숫자로 된 변수(또는 데이터)를 문자열의 데이터 형으로 변경한다.

2.3.3 문자열 반복 연산자

숫자의 곱셈에 사용되는 기호 *가 문자열에 사용되면 문자열이 그 횟수만큼 반복된다. 다음 예제를 통하여 반복 연산자에 대해 알아보자.

```
Python Shell

>>> x = "토끼" * 10                                              ❶
>>> print(x)
토끼토끼토끼토끼토끼토끼토끼토끼토끼토끼
>>> print("- " * 20)                                            ❷
- - - - - - - - - - - - - - - - - - - -
```

❶ 실행 결과에서와 같이 문자열에 사용된 *는 문자열을 반복시키는 데 사용된다.

❷ 문자열 "- "에는 공백 하나가 하이픈(-) 옆에 사용되고 있다. 공백(" ")도 하나의 문자라는 것을 꼭 기억하기 바란다.

문자열 반복 연산자 *의 사용 서식은 다음과 같다.

서식	문자열 * 반복횟수

문자열이 반복횟수만큼 반복되어 하나의 문자열로 만들어진다.

1. 다음의 파이썬 명령을 실행하면 오류가 발생한다. 여기서 사용된 변수 x와 변수 y의 데이터 형은 각각 무엇인가?

>>> x = "수학 성적 : "

>>> y = 80

>>> z = x + y

❶ 정수, 문자열   ❷ 실수, 정수   ❸ 정수, 실수   ❹ 문자열, 정수

2. 다음은 문자열 인덱스를 이용하여 특정 문자를 추출하는 예이다. 프로그램의 실행 결과는?

>>> date = "20220301"

>>> year = date[0:4]

>>> month = date[4:6]

>>> day = date[6:]

>>> date2 = year + "-" + month + "-" + day

>>> print(date2)

❶ 2022/03/01   ❷ 20220301   ❸ 2022 03 01   ❹ 2022-03-01

3. 다음 중 문자열 반복 연산자에 사용되는 기호는 무엇인가?

❶ *   ❷ //   ❸ %   ❹ +

정답은 91쪽에서 확인하세요.

len() 함수는 문자열의 길이를 구하는 데 사용된다. 다음 예제를 통하여 len() 함수의 사용법을 익혀 보자.

Python Shell

```
>>> x = "가는 말이 고와야 오는 말이 곱다."
>>> n = len(x)                                        ❶
>>> print("문자열의 길이 : " + str(n))                 ❷
문자열의 길이 : 19
```

❶ len(x)는 문자열 "가는 말이 고와야 오는 말이 곱다."의 글자 자수, 즉 문자열의 길이를 의미한다. 여기서 n는 문자열의 길이인 19의 값을 가진다.

 ¤ 앞에서 설명한 것과 같이 변수 x에 포함되어 있는 공백(' ')도 하나의 문자라는 것을 꼭 기억하기 바란다.

❷ 여기서 str(n)은 정수 n을 문자열로 바꾼다. 따라서 print("문자열의 길이 : " + str(n))은 실행 결과에서와 같이 '문자열의 길이 : 19'를 화면에 출력한다.

len() 함수의 사용 서식은 다음과 같다.

서식

len(문자열)

len() 함수는 문자열의 길이를 구하는 데 사용된다.

 **퀴즈 Q2-5 문자열 길이 구하기**

1. 다음에 나타난 파이썬 쉘 명령의 실행 결과는?

〉〉〉 x = "말 한마디로 천냥 빚을 갚는다."

〉〉〉 print(len(x))

❶ 15　　❷ 16　　❸ 17　　❹ 18

2. 다음에 나타난 파이썬 쉘 명령의 실행 결과는?

〉〉〉 x = "-"*10

〉〉〉 y = "거북이"

〉〉〉 print(len(x + y))

❶ 12　　　❷ 13　　　❸14　　　❹ 15

3. 다음에 나타난 파이썬 쉘 명령의 실행 결과는?

〉〉〉 x = "apple" + str(123)

〉〉〉 y = "-"*10 + "="*20

〉〉〉 print(len(x + y))

❶ 37　　❷ 38　　❸39　　❹ 40

정답은 91쪽에서 확인하세요.

2.3.5 문자열 포맷팅

문자열 포맷팅(String formatting)은 특정 포맷에 맞추어 문자열을 재구성할 때 사용된다.

다음의 예제를 통하여 문자열 포맷팅의 사용법에 대해 알아 보자.

```
Python Shell

>>> animal = "고양이"
>>> x = "나는 %s를 좋아합니다." % animal        ❶
>>> print(x)
나는 고양이를 좋아합니다.
>>> age = 25
>>> print("내 나이는 %d살 입니다." % age)        ❷
내 나이는 25살 입니다.
```

❶ 포맷 코드 %s의 위치에 문자열 변수 animal의 값인 '고양이'가 입력된다. 여기서 포맷
코드 %s는 문자열을 대치할 때 사용된다.

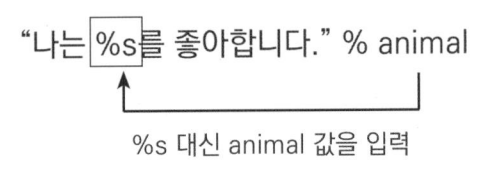

%s 대신 animal 값을 입력

❷ 포맷 코드 %d에 정수형 변수 age의 값이 입력된다. 여기서 포맷 코드 %d는 정수형
변수를 대치할 때 사용된다.

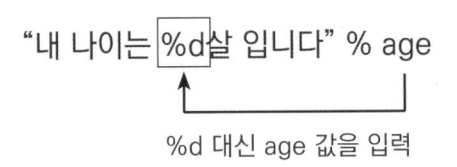

%d 대신 age 값을 입력

문자열 포맷팅의 포맷 코드를 표로 정리하면 다음과 같다.

표 2-2 문자열 포맷 코드

코드	의미
%s	s는 'string'의 첫 글자로서 문자열을 의미한다
%d	d는 'digit'의 첫 글자로 정수형 숫자를 의미한다
%f	f는 'floating point'의 첫 글자로서 실수형 숫자를 의미한다

문자열 포맷팅이 사용되는 다음의 예를 살펴보자.

```
Python Shell

>>> kor = 88                                        ❶
>>> eng = 95
>>> math = 97
>>> sum = kor + eng + math                          ❷
>>> avg = sum/3
>>> print("합계 : %d, 평균 : %.2f" % (sum, avg))      ❸
합계 : 280, 평균 : 93.33
```

❶ 국어, 영어, 수학 성적에 해당되는 변수 kor, eng, math에 각각의 점수를 입력한다.

❷ 합계를 나타내는 변수 sum에는 세 과목의 합계, 평균 avg에는 세 과목의 평균 값을
저장한다.

❸ 문자 코드 %d에는 정수형 변수 sum의 값, %.2f에는 실수형 변수 avg의 값이 대입되
어 함수 print()에 의해 화면에 그 결과가 출력된다. %.2f에서 .2는 화면에 표시되는 소
수점 이하의 자리수가 두 자리라는 것을 의미한다.

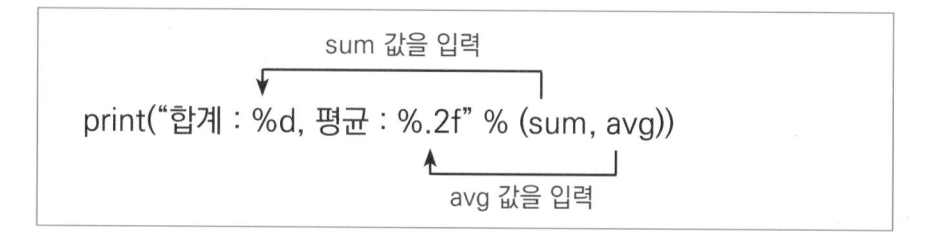

키보드 입력

파이썬에서 키보드로 데이터를 입력 받아 처리할 때는 input() 함수가 이용된다.

다음 예제를 통하여 키보드로 데이터를 입력 받아 출력하는 방법에 대해 알아보자.

Python Shell

```
>>> person = input("이름을 입력하세요 : ")          ❶
이름을 입력하세요: 홍지수
>>> print(person + "님 안녕하세요.")                ❷
홍지수님 안녕하세요.
```

```
Python 3.9.0 Shell                                    —    □    ×
File  Edit  Shell  Debug  Options  Window  Help
Python 3.9.0 (tags/v3.9.0:9cf6752, Oct  5 2020, 15:34:40) [MSC v.1927 6
4 bit (AMD64)] on win32
Type "help", "copyright", "credits" or "license()" for more information
.
>>> person = input('이름을 입력하세요: ')
이름을 입력하세요: 홍지수
>>> print(person + '님 안녕하세요.')
홍지수님 안녕하세요.
>>>
                                                           Ln: 7  Col: 4
```

그림 2-1 파이썬 쉘에서 데이터 입력받아 출력하기

❶ 화면에 '이름을 입력하세요 : '란 메시지를 출력 후 사용자가 키보드로 데이터를 입력하
   길 기다린다. '홍지수'가 입력되면 '홍지수'를 변수 person에 저장한다. 이와 같이 키보
   드로 데이터를 입력 받을 때에는 input() 함수를 이용한다.

❷ print() 함수에 의해 '홍지수님 안녕하세요.'가 화면에 출력된다.

키보드에서 데이터를 입력 받는 input() 함수의 사용 서식은 다음과 같다.

변수 = input("입력안내문구")

input() 함수는 입력을 안내하는 문구를 출력하고 그 다음 사용자가 입력하는 데이터를 변수에 저장한다.

키보드로 정수 두 개를 입력 받아 두 수의 합을 화면에 출력하는 방법에 대해 알아보자.

Python Shell

```
>>> a = input("첫 번째 정수를 입력하세요 : ")        ❶
첫 번째 정수를 입력하세요 : 2
>>> b = input("두 번째 정수를 입력하세요: ")         ❷
두 번째 정수를 입력하세요 : 5
>>> c = a + b                                    ❸
>>> print(c)
25
```

❶ 키보드로 첫 번째 정수를 입력 받아 변수 a에 저장한다.

❷ 키보드로 두 번째 정수를 입력 받아 변수 b에 저장한다.

❸ 변수 a와 변수 b를 더해서 변수 c에서 저장하여 화면에 출력한다. 그 결과가 25가 출력되었다.

그런데 예상한 것과 다른 결과가 출력되었다. 원래대로 하면 2 + 5의 결과인 7이 출력되어야 하는 데 입력된 두 수가 연결되어 25란 결과가 나왔다.

¤ 컴퓨터에서 키보드로 입력되는 데이터는 문자열로 간주하여 변수나 파일로 저장하게 된다.

2

정수형 숫자 2는 컴퓨터에서는 이진수로 표현되어 00000010와 같은 값을 가진다.

"2"

문자열 "2"는 "2"에 대한 아스키(ASCII) 코드인 00110010의 값을 가진다. ASCII 코드는 'American Standard Code for Information Interchange'의 약어로서 키보드에서 입력되는 문자를 컴퓨터에서 표현하는 데 사용되는 컴퓨터 코드이다.

따라서 컴퓨터에서 정수 2와 문자열 "2"는 전혀 다른 값을 가진 데이터라는 것을 꼭 기억하기 바란다.

※ 아스키 코드에 대해서는 8장 295쪽에서 자세히 설명한다.

키보드로 입력 받은 데이터를 정수로 처리하려면 ❸의 문장은 다음과 같이 변경되어야 한다.

```
Python Shell

>>> c = int(a) + int(b)
>>> print(c)
7
```

int(a)는 문자열 a를 정수 데이터로 변환한다. 같은 방식으로 int(b)는 문자열 b를 정수로 변환한다. 따라서 변수 c는 2 + 5의 결과인 7의 값을 가진다.

int() 함수의 사용 서식은 다음과 같다.

```
서식

int(변수)
```

문자열, 실수 등 정수가 아닌 데이터 형을 정수형 숫자로 변환한다.

데이터 형 변환 함수 ──────────────────────────────

 int()

함수 int()는 실수(Floating point)나 문자열(String)을 정수형 숫자로 변환한다.

float()

함수 float()는 정수(Integer)나 문자열(String)을 실수형 숫자로 변환하는 데 사용된
다.

str()

함수 str()은 정수형이나 실수형 숫자를 문자열로 변환하는 데 사용된다.

──

 **퀴즈 Q2-6 키보드 입력 데이터 처리**

1. 다음에 나타난 파이썬 쉘 명령의 실행 결과는?

>>> a = input("첫 번째 정수를 입력하세요: ")

첫 번째 정수를 입력하세요: 12

>>> b = input("두 번째 정수를 입력하세요: ")

두 번째 정수를 입력하세요: 15

>>> c = a + b

>>> print(c)

❶ 27　　❷ 1212　　❸ 1515　　❹ 1215

2. 다음에 나타난 파이썬 쉘 명령의 실행 결과는?

>>> a = input("첫 번째 정수를 입력하세요: ")

첫 번째 정수를 입력하세요: 10

>>> b = input("두 번째 정수를 입력하세요: ")

두 번째 정수를 입력하세요: 20

>>> c = int(a) + int(b)

>>> print(c)

❶ 오류가 발생한다　　❷ 30　　❸ 1020　　❹ 2010

정답은 91쪽에서 확인하세요.

화면 출력

지금까지 배운 예제들에서는 프로그램의 실행 결과를 출력할 때 print() 함수를 사용해 왔다. 이번 절에서는 print() 함수의 사용법에 대해 좀 더 자세히 알아본다.

2.5.1 콤마로 구분하여 출력하기

print() 함수의 가장 기본적인 사용법은 변수나 데이터를 콤마(,)로 구분하여 출력하는 것이다.

```
Python Shell

>>> name = "홍지영"
>>> print(name)                                      ❶
홍지영
>>> a = 10
>>> b = 20
>>> print(a, b, a - b, 100)                           ❷
10␣20␣-10␣100
```
삽입된 공백

❶ print(name)은 변수 name의 값을 화면에 출력한다.

❷ 여러 개의 변수나 데이터를 출력할 때는 콤마(,)로 구분하면 된다. 콤마를 사용하여 출력하면 기본적으로 항목들 사이에 공백이 하나씩 삽입된다.

print() 함수에서 콤마(,)를 사용하는 사용 서식은 다음과 같다.

```
서식
print(..., 변수, ...., 수식, ...., 데이터, .... )
```

다음 예제에서는 키워드 sep을 이용하여 날짜를 '연/월/일'의 형태로 화면에 출력한다.

```
Python Shell

>>> year = 2021
>>> month = 11
>>> day = 15
>>> print(year, month, day, sep="/")
2021/11/15
```

print() 함수에 사용된 키워드 sep은 'seperator'의 약어로서 각 항목 사이에 삽입할 문자열을 지정하는 데 사용된다. 여기서는 '/'가 사용되었기 때문에 '2020/12/15'의 형태로 출력된다.

이번에는 휴대폰 번호 사이에 하이픈(-)을 삽입하는 다음의 예를 살펴 보자.

```
Python Shell

>>> hp1 = "010"
>>> hp2 = "1234"
>>> hp3 = "5678"
>>> print(hp1, hp2, hp3, sep="-")
010-1234-5678
```

키워드 sep에 하이픈('-')이 사용되었기 때문에 각 항목들 사이에 '-'이 삽입되어 화면에 출력된다.

print() 함수에 키워드 sep이 사용되는 서식은 다음과 같다.

서식

```
print(..., 변수(또는 데이터), .... , sep = "문자열")
```

print() 함수를 사용할 때 다음과 같이 콤마(,)로 구분하여 출력하면 공백(" ")이 항목 사이에 삽입된다.

```
Python Shell

>>> price = 1000
>>> print(price, "원")                                          ❶
1000 원
>>> print(price, "원", sep ="")                                  ❷
1000원                    └── 쌍 따옴표(") 두 개를 붙여씀
```

❶ print() 함수에서 입력되는 항목들을 구분하기 위해 사용한 콤마(,)는 자동으로 항목들 간에 하나의 공백을 삽입한다.

❷ 변수 price의 값 1000과 문자열 '원' 사이에 공백을 삭제한 다음 붙여서 출력하려면 키워드 sep의 값을 ""(쌍 따옴표(")를 공백없이 붙여씀)으로 설정한다.

""를 컴퓨터 용어로 널(NULL)이라고 부른다. 널은 어떠한 값도 없는 데이터 값을 의미한다.

TIP 널(NULL)이란?

컴퓨터에서 NULL은 값이 없는 것을 의미한다. NULL은 ""(쌍 따옴표(")를 공백없이 붙여씀)의 표기를 사용한다.

NULL은 0이나 공백(" ")과는 다르다. 0은 정수 0의 값을 가진다는 것을 의미하고, 공백(" ")은 키보드의 스페이스 바로 입력하는 공백 문자를 의미한다.

다음은 print() 함수에 문자열 포맷 코드를 사용하여 변수 값을 출력하는 예이다. 이 문자열 포맷 코드를 이용한 출력은 print() 함수 이용 시 가장 많이 사용되는 방법 중의 하나이니 잘 알아두기 바란다.

```
Python Shell

>>> x = 25
>>> y = 3.3
>>> animal = "호랑이"
>>> print("%d %f %s" % (x, y, animal))                    ❶
25 3.300000 호랑이
>>> print("%.1f" % y)                                      ❷
3.3
```

❶ 앞의 표 2-2의 문자열 포맷 코드에서 배운 것과 같이 %d, %f, %s는 각각 정수형, 실수형, 문자열의 데이터 형을 나타낸다.

※ %d에서 d는 'digit', %f에서 f는 'floating point', %s에서 s는 'string'의 약어이다.

$$\text{print}(\text{"\%d \%f \%s"} \% (x, y, animal))$$

❷ %.1f는 소수점 첫째 자리(둘째 짜리에서 반올림)까지 구하게 된다.

print() 함수에서 사용되는 문자열 포맷 코드를 표로 정리하면 다음과 같다.

표 2-3 print() 함수에 사용된 문자열 포맷 코드

포맷 코드	의미
%d	정수형(Interger) 숫자
%f	실수형(Floading Point) 숫자
%.1f	실수에서 소수점 첫째 자리(둘째 짜리에서 반올림)까지 구함
%s	문자열(String)

2.5.4 이스케이프 코드 출력하기

파이썬에서 역슬래쉬(\)로 시작하는 문자를 이스케이프 코드(Escape Code)라고 한다. 많이 사용되는 이스케이프 코드를 표로 정리하면 다음과 같다.

표 2-4 자주 사용되는 이스케이프 코드

이스케이프 코드	의미
\n	줄 바꿈
\t	탭
\\	역슬래쉬(\) 출력
\'	단 따옴표(') 출력
\"	쌍 따옴표(") 출력

다음 예에서와 같이 print() 함수를 이용하여 쌍 따옴표(") 내에 쌍 따옴표(") 자체를 출력하려고 하면 오류가 발생하게 된다.

쌍 따옴표 안에 사용된 쌍 따옴표

```
Python Shell

>>> print("문자열에는 문자 앞 뒤에 쌍 따옴표(")를 붙인다.")
SyntaxError: invalid syntax
```

다음과 같이 쌍 따옴표(")에 대한 이스케이프 코드인 \"를 사용하면 쌍 따옴표(") 자체를 print() 함수로 출력할 수 있다.

```
Python Shell

>>> print("문자열에는 문자 앞 뒤에 쌍 따옴표(\")를 붙인다.")
문자열에는 문자 앞 뒤에 쌍 따옴표(")를 붙인다.
```

¤ 역슬래쉬(\)를 키보드로 입력하려면 키보드의 엔터 키 위에 있는 ₩ 키를 누르면 된다.

다음의 예를 통하여 표 2-4의 이스케이프 코드의 사용법을 익혀보자.

```
Python Shell

>>> print("안녕하세요.\n반갑습니다.")                               ❶
안녕하세요.
반갑습니다.
>>> print("안녕하세요.\t반갑습니다.")                               ❷
안녕하세요.        반갑습니다.
>>> print("\\")                                              ❸
\        ┌── 단 따옴표(')가 입력됨
         ▼
>>> print("\'")                                              ❹
'        ┌── 쌍 따옴표(")가 입력됨
         ▼
>>> print("\"")                                              ❺
"
```

❶ \n은 줄 바꿈을 의미한다. 실행 결과에 나타난 것과 같이 '안녕하세요.' 다음에 줄 바꿈이 일어난다.

❷ \t는 실행 결과에 나타난 것과 같이 탭 키를 누른 것 같이 공백을 여러 개 삽입한다.

❸ \\는 역슬래쉬(\) 자체를 화면에 출력한다.

❹ \'는 단 따옴표(') 자체를 화면에 출력한다.

❺ \"는 쌍 따옴표(") 자체를 화면에 출력한다.

 **퀴즈 Q2-7 print() 함수로 출력하기**

1. print() 함수에서 출력되는 항목 사이에 특정 문자열을 삽입하는 데 사용하는 키워드는?

❶ div   ❷ src   ❸ split   ❹ sep

2. 다음에 나타난 파이썬 쉘 명령의 실행 결과는?

》》》 phone1 = "010"

》》》 phone2 = "1234"

》》》 phone3 = "5678"

》》》 print(phone1, phone2, phone3, sep="-")

❶ 010/1234/5678 ❷ 01012345678 ❸ 010 1234 5678 ❹ 010-1234-5678

3. 다음은 국어, 영어, 수학 세 과목의 성적을 입력 받아 합계와 평균을 구하는 프로그램이다. 밑줄 친 곳에 적합한 것은?

》》》 kor = input("국어 성적을 입력하세요: ")

국어 성적을 입력하세요: 85

》》》 eng = input("영어 성적을 입력하세요: ")

영어 성적을 입력하세요: 87

》》》 math = input("수학 성적을 입력하세요: ")

수학 성적을 입력하세요: 99

》》》 sum = (1)_____(kor) + (1)_____(eng) + (1)_____(math)

》》》 (2)_____ = sum / 3

》》》 print("합계 : (3)_____, 평균 : %.2f" % (sum, avg))

합계 : 271, 평균 : 90.33

❶ int, float, sum ❷ float, avg, sum ❸ int, avg, sum ❹ int, sum, avg

정답은 91쪽에서 확인하세요.

프로그래밍 맛보기

앞 2.5절까지의 실습에서는 파이썬 쉘(>>>)에서 프로그램 명령을 직접 입력하고 엔터 키를 눌러 프로그래밍 실습을 진행하였다. 이번 절에서는 1.4절에서 배운 것과 같이 IDLE 에디터를 이용하여 프로그램을 작성하고 저장하여 실행하는 방법을 배운다.

2.6.1 파일로 프로그램 작성하기

물건의 개당 가격, 구매개수, 지불금액에 따라 거스름돈을 계산하는 프로그램을 IDLE 에디터를 이용하여 작성해 보자.

IDLE 에디터를 열고 다음 그림 2-2에서와 같이 내용을 입력한다.

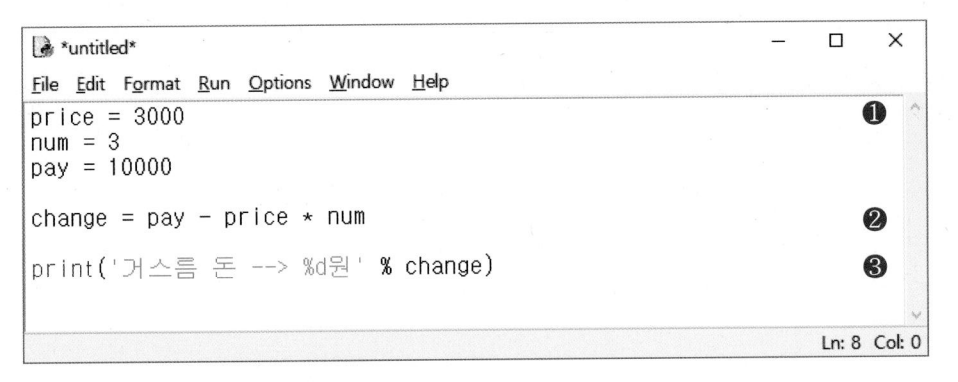

그림 2-2 IDLE 에디터에서 프로그램 입력 화면

그림 2-2에서와 같이 프로그램 내용 입력이 끝났으면 상단 메뉴에서 File 〉 Save 또는 단축 키 Ctrl + S를 누른다. 그리고 나서 저장할 폴더를 선택(C:/파이썬실습)하거나 새로운 폴더에서 파일 이름을 'change.py'라고 입력한 다음 저장 버튼을 누른다. 그러면 다음 그림 2-3과 같은 화면이 나타난다.

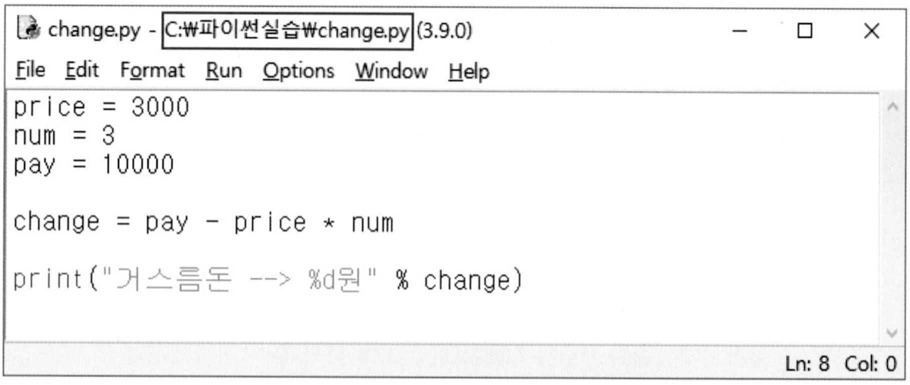

그림 2-3 IDLE 에디터에 저장된 파일

그림 2-3의 상단을 보면 프로그램이 저장된 폴더와 파일의 이름을 알 수 있다.

상단 메뉴 중 Run 〉 Run Module 을 선택하거나 단축 키 F5를 누르면 다음 그림과 같이 파이썬 쉘에 프로그램의 실행 결과가 출력된다.

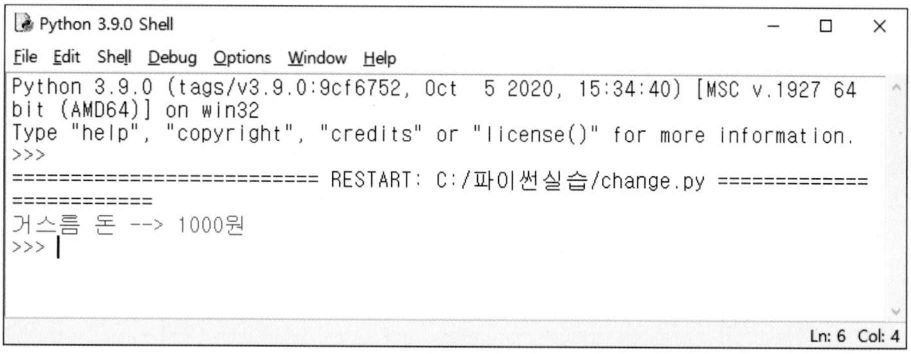

그림 2-4 파이썬 쉘의 프로그램 실행 결과

그림 2-3에 나타난 프로그램을 간단히 설명하면 다음과 같다.

❶ 변수 price와 num는 각각 물건의 개당 가격과 구매 개수를 나타내고, 변수 pay는 지불한 금액을 의미한다.

❷ 변수 change는 거스름돈을 의미하는데 거스름돈은 다음 수식에 의해 구해진다.

거스름돈 = 지불 금액 – (개당 가격 x 구매 개수)

❸ 문자열 포맷 코드 %d는 앞의 표 2-3에서 설명한 것과 같이 정수형 숫자의 변수(또는 데이터) 값을 출력할 때 사용된다. 여기에 있는 print() 함수에 의해 그림 2-4에서와 같은 결과가 화면에 출력된다.

2.6.2 탄생년을 입력받아 나이 계산하기

키보드로 본인이 탄생한 해를 입력받아 나이를 계산하는 프로그램을 작성해 보자.

※ 다음 예제 실습은 앞의 2.6.1절에서 설명한 것과 같이 IDLE 에디티에서 프로그램을 작성하고 저장한 다음 실행해 본다.

예제 2-1. 탄생년을 입력받아 나이 계산하기	02/ex2-1.py

```
name = input("당신의 이름은? ")                              ❶
birth = int(input("당신이 태어난 해는? "))                   ❷


age = 2021 - birth + 1                                       ❸
print("%s님의 나이는 %d세 입니다." % (name, age))            ❹
```

¤ 실행 결과

당신의 이름은? 안지영
당신이 태어난 해는? 1999
안지영님의 나이는 23세 입니다.

❶ 키보드로 이름을 입력받아 변수 name에 저장한다.

❷ 태어난 해를 입력받아 변수 birth에 저장한다. 여기서 연도는 정수형 숫자로 처리해야 하기 때문에 int() 함수가 사용된다.

※ 앞의 2.4절에서 설명한 것과 같이 키보드로 입력받은 데이터의 데이터 형은 문자열이 되기 때문에 int() 함수를 이용하여 정수형으로 변환하는 것이다.

❸ 현재년인 2021에서 탄생년 1999를 뺀 값에 1을 더한 값을 변수 age에 저장한다.

❹ 이름과 나이를 실행 결과에서와 같이 출력한다. 여기서 %s는 문자열, %d는 정수형 숫자를 의미한다.

주석문

주석문은 프로그램을 짤 때 프로그램의 작성자, 작성한 날짜, 프로그램의 기능, 코드에 대한 주석, 즉 설명 글을 다는 데 사용되는 문장을 말한다.

다음 예제를 통하여 파이썬에서 사용되는 주석문의 사용법을 익혀보자.

예제 2-2. 주석문	02/ex2-2.py

```
"""                                                        ❶

print() 함수를 이용한 데이터 출력
 – 작성자 : 황재호
 – 일자 : 2021.2.5
"""

'''                                                        ❷

단 따옴표 세개를
사용해도 됩니다!
'''


name = input("당신의 이름은? ")    # 변수 name : 이름    ❸


# 변수 birth : 탄생년                                      ❹
birth = int(input("당신이 태어난 해는? "))


age = 2021 – birth;              # 변수 age : 나이         ❺
print("%s님의 나이는 %d세 입니다." % (name, age))
```

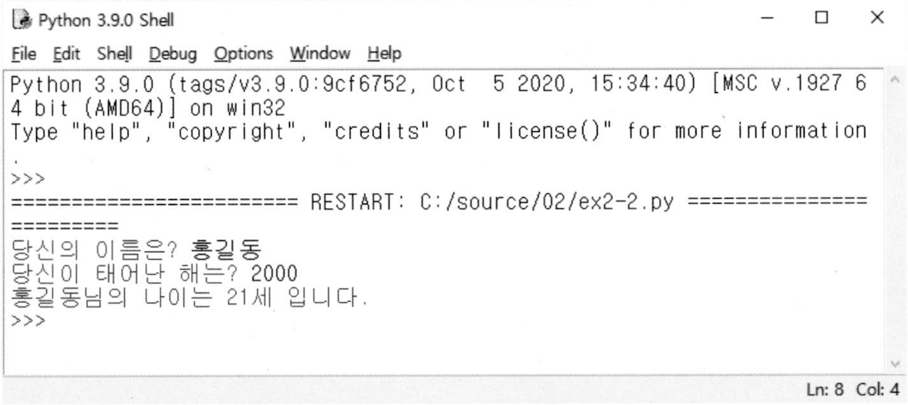

그림 2-5 ex2-2.py의 실행 결과

❶ 쌍 따옴표 세 개(""")는 여러 줄의 주석 처리에 사용된다. 프로그램의 설명 글의 시작과 끝에 """를 붙이면 된다.

이와 같이 주석문을 이용하여 프로그램 기능, 작성자, 작성 일자 등을 프로그램 내에 삽입할 수 있다.

❷ 단 따옴표 세 개(''')도 쌍 따옴표의 경우와 마찬가지로 여러 줄의 주석 처리에 사용될 수 있다.

❸ ❹ ❺ 샵(#)은 한 줄의 주석 처리에 사용된다.

¤ 그림 2-5의 실행 결과에 나타난 것과 같이 주석 처리된 내용은 프로그램의 실행 결과에는 전혀 영향을 미치지 않는다.

C

연월일 사이에 '.'를 삽입하라!

다음은 키보드로 연월일을 입력받아 년월일 사이에 점('.')을 삽입하여 출력하는 프로그램이다. 밑줄 친 부분을 채워 프로그램을 완성하시오.

> ¤ 실행결과
>
> 년은? 2021
> 월은? 2
> 일은? 5
> 2021.2.5

```
year = input("년은? ")                          # 년 입력
month = input("월은? ")                         # 월 입력
day = input("일은? ")                           # 일 입력

print(①_____, ②_____, ③_____, sep="④___")    # 사이에 점(.) 붙임
```

정답은 91쪽에서 확인하세요.

실습 방법

Step 1. 프로그램 작성하고 저장하기

IDLE 에디터(파이썬 쉘에서 File 〉 New File 선택)에서 제시된 프로그램을 참고하여 프로그램 타이핑을 완료한 다음 본인이 희망하는 파일명(파일 확장자 : .py)으로 저장한다.

Step 2. 작성한 프로그램 실행하기

IDLE 에디터에서 Run 〉 Run Module을 선택하거나 단축키 F5를 눌러 작성한 프로그램을 실행한다. 파이썬 쉘에 출력된 결과를 확인하여 문제에서 요구하는 실행 결과와 같은지를 비교한다. 제대로 된 결과를 얻었으면 미션 수행이 완료된 것이다.

¤ 책에 수록된 모든 코딩연습은 위와 동일한 과정으로 수행하면 된다.

사각형의 둘레와 면적을 계산하라!

코딩연습 C2-2

다음은 사각형의 가로와 세로 길이를 입력 받아 사각형 둘레의 길이와 면적을 구하는 프로그램이다. 밑줄 친 부분을 채워 프로그램을 완성하시오.

¤ 실행결과

사각형의 너비는? 10
사각형의 높이는? 20
사각형의 너비: 10cm
사각형의 높이 : 20cm
둘레 길이 : 60cm
면적 : 200cm2

```
width  = int(input("사각형의 너비는? "))        # 너비 입력받아 정수 변환
height = int(input("사각형의 높이는? "))        # 높이 입력받아 정수 변환
①_____ = 2 * width + 2 * height        # 둘레 구하기
area = ②_____                  # 면적 구하기
print("사각형의 너비: %dcm" % width)
print("사각형의 높이 : %dcm" % height)
print("둘레 길이 : %dcm" % length)
print(③_____)                #  면적 출력
```

정답은 91쪽에서 확인하세요.

원의 둘레와 면적을 구하라!

C 코딩연습 C2-3

다음은 키보드로 반지름을 입력 받아 원의 둘레와 면적을 구하는 프로그램이다. 밑줄 친 부분을 채워 프로그램을 완성하시오. 단, 결과는 소수 둘째 자리까지 표시해야 함.

원의 둘레 = 2 x 반지름 x 3.14
원의 면적 = 반지름 x 반지름 x 3.14

¤ 실행결과

반지름은? 5.3
반지름 : 5.30 cm
원의 둘레 : 33.28 cm
원의 면적 : 88.20 cm2

```
r = float(input("반지름을 입력하세요 : "))          # 반지름 입력받아 실수 변환

length = ①_____            # 원의 둘레 구하기
area = ②_____              # 원의 면적 구하기

print("반지름 : %.2f cm" % r)
print(③_____)             # 원의 둘레 출력
print("원의 면적 : %.2f cm2" % area)
```

정답은 91쪽에서 확인하세요.

인치(inch)를 센티미터(cm)로 환산하라!

다음은 키보드로 인치(inch)를 입력 받아 센티미터(cm)로 환산하는 프로그램이다. 밑줄 친 부분을 채워 프로그램을 완성하시오.

센티미터 = 인치 x 2.54

¤ 실행결과

인치는? 27
27.0 inch => 68.6 cm

---

inch = float(input("인치는? "))   # 인치 입력받아 실수 변환

cm = inch * 2.54   # 센티미터 구하기

print(①_____)   # 결과 출력하기

정답은 91쪽에서 확인하세요.

온라인 서점의 책 결제 금액을 계산하라!

다음은 책 값, 할인율, 배송료를 입력 받아 책의 결제 금액을 계산하는 프로그램이다. 밑줄 친 부분을 채워 프로그램을 완성하시오.

결제 금액 : 책값 − (책값 x (할인율/100)) + 배송료

☼ 실행결과

책 값은? 20000
할인율은? 10
배송료는? 3000
책 값 : 20000원
할인율 : 10
배송료 : 3000원
결제 금액 : 21000원

```
price = int(input("책 값은? "))           # 책 값 입력받아 정수 변환
discount= int(input("할인율은? "))         # 할인율(%) 입력받아 정수 변환
delivery = int(input("배송료는? "))         # 배송료 입력받아 정수 변환

pay = price − (price * (discount/100)) + delivery   # 결제 금액 계산하기

print("책 값 : %d원" % price)
print("할인율 : %d" % discount)
print(①_____)      # 배송료 출력하기
print(②_____)      # 결제 금액 출력하기
```

정답은 91쪽에서 확인하세요.

퀴즈 정답　Q2-1　1. ❸　2. ❹

　　　　　　Q2-2　1. ❷　2. ❶　3. ❶　4. ❹　5. ❹

　　　　　　Q2-3　1. ❸　2. ❹　3. ❹

　　　　　　Q2-4　1. ❹　2. ❹　3. ❶

　　　　　　Q2-5　1. ❸　2. ❷　3. ❷

　　　　　　Q2-6　1. ❹　2. ❷

　　　　　　Q2-7　1. ❹　2. ❹　3. ❸

코딩연습 정답　C2-1　① year　② month　③ day　④ .

　　　　　　　C2-2　① length

　　　　　　　　　② width * height

　　　　　　　　　③ "면적 : %dcm2" % area

　　　　　　　C2-3　① 2 * 3.14 * r　② r * r * 3.14

　　　　　　　　　③ "원의 둘레 : %.2f cm" % length

　　　　　　　C2-4　① "%.1f inch => %.1f cm" % (inch, cm)

　　　　　　　C2-5　① "배송료 : %d원" % delivery

　　　　　　　　　② "결제 금액 : %.0f원" % pay

연습문제 2장. 파이썬의 기본 문법

E2-1. 두 개의 변수를 이용하여 10과 20의 합을 구하는 프로그램을 작성하시오.

   ¤ 실행결과
   두 수의 합 : 30

E2-2. 1번 문제의 실행 결과를 문자열 포맷팅을 이용하여 실행 결과와 같이 출력하는 프로그램을 작성하시오.

   ¤ 실행결과
   10 + 20 = 30

E2-3. 문자열 연결 연산자(+)와 str() 함수를 이용하여 2번 문제와 동일한 결과를 얻는 프로그램을 작성하시오.

   ¤ 실행결과
   10 + 20 = 30

E2-4. 본인이 좋아하는 두 개의 과일 이름을 키보드로 입력받아 실행 결과와 같이 출력하는 프로그램을 작성하시오. 단, print() 함수를 이용 시 콤마(,)를 이용해야 함.

   ¤ 실행결과
   첫 번째 과일을 입력하세요 : 사과
   두 번째 과일을 입력하세요 : 딸기
   사과 와(과) 딸기 은(는) 내가 좋아하는 과일이다.

E2-5. 4번 문제의 실행 결과인 '사과 와(과) 딸기 은(는) 내가 좋아하는 과일이다.'에서 공백을 없애서 실행 결과와 같이 출력하는 프로그램을 작성하시오. 단, print() 함수 이용 시 키워드 sep를 이용해야 함.

¤ 실행결과

첫 번째 과일을 입력하세요 : 사과
두 번째 과일을 입력하세요 : 딸기
사과와(과) 딸기은(는) 내가 좋아하는 과일이다.

E2-6. print() 함수 이용 시 문자열 포맷팅을 이용하여 5번 문제와 동일한 결과를 가져오는
프로그램을 작성하시오.

¤ 실행결과

첫 번째 과일을 입력하세요 : 사과
두 번째 과일을 입력하세요 : 딸기
사과와(과) 딸기은(는) 내가 좋아하는 과일이다.

E2-7. 키보드로 두 개의 정수를 입력받아 나눗셈을 하는 프로그램을 작성하시오.

¤ 실행결과

첫 번째 숫자를 입력하세요 : 5
두 번째 숫자를 입력하세요 : 3
5 / 3 = 1.666667

E2-8. 7번 문제의 계산 결과를 소수 둘째 자리(셋째 자리에서 반올림)까지 구하는 프로그
램을 작성하시오.

¤ 실행결과

첫 번째 숫자를 입력하세요 : 5
두 번째 숫자를 입력하세요 : 3
5 / 3 = 1.67

E2-9. 키보드로 이메일 주소를 두 개로 나누어 입력받아 문자열을 이용하여 두 주소 사이에
@를 붙여서 출력하는 프로그램을 작성하시오.

¤ 실행결과

이메일 주소 앞 부분은? hong
이메일 도메인 이름은? naver.com
– 이메일 주소 : hong@naver.com

E2-10. 키보드로 본인의 이름, 주소, 전화번호를 입력받아 화면에 출력하는 프로그램을 작성하시오.

　　¤ 실행결과
　　이름을 입력하세요 : 홍길동
　　주소를 입력하세요 : 서울 서대문구
　　전화번호를 입력하세요 : 010-1234-5678
　　- 이름 : 홍길동
　　- 주소 : 서울 서대문구
　　- 전화번호 : 010-1234-5678

E2-11. 키보드로 사다리꼴의 윗변의 길이, 밑변의 길이, 높이를 입력받아 사다리꼴의 면적을 구하는 프로그램을 작성하시오. 단, 소수점 첫째 자리까지 구함.

　　사다리꼴 면적 : (윗변 길이 + 밑변 길이) x 높이 / 2

　　¤ 실행결과
　　윗변의 길이는? 10
　　밑변의 길이는? 20
　　높이는? 5
　　- 사다리꼴의 면적 : 75.0

E2-12. 속담 '가는 말이 고와야 오는 말이 곱다.'에서 '오는 말'을 추출하는 프로그램을 작성하시오.

　　¤ 실행결과
　　가는 말이 고와야 오는 말이 곱다.
　　- 추출 문자 : 오는 말

E2-13. 키보드로 열 자리 숫자를 입력받아 끝에서 두 개의 숫자를 출력하는 프로그램을 작성하시오.

　　¤ 실행결과
　　열 자리의 숫자를 입력하세요 : 37366366845
　　- 추출된 두 숫자 : 45

S2-1. 입력받은 킬로그램(kg)을 파운드(pound)와 온스(ounce)로 환산하는 프로그램을 작성하시오.

파운드 = 킬로그램 x 2.204623, 온스 = 킬로그램 x 35.273962

¤ 실행결과

변환할 킬로그램(kg)은? 100

킬로그램   파운드   온스
----
100   220.46 3527.40

S2-2. 하이픈('-')이 포함된 휴대폰 번호를 입력받아 하이픈이 삭제된 번호를 출력하는 프로그램을 작성하시오.

¤ 실행결과

하이픈(-)이 포함된 11자리의 휴대폰 번호는? 010-1234-5678
- 입력된 휴대폰 번호 : 010-1234-5678
- 하이픈 삭제된 휴대폰 번호 : 01012345678

03

Chapter 03
조건문

조건문은 조건식의 참/거짓에 따라 실행하는 코드가 달라지는 경우에 사용한다. 조건식에 사용되는 비교/논리 연산자와 if문의 세 가지 유형, 즉 if~, if~ else~, if~ elif~ else~ 구문의 사용법과 이를 프로그램에서 활용하는 방법을 익힌다.

파이썬의 조건문인 if문은 다음의 예에서와 같이 조건식의 참 또는 거짓에 따라 실행되는 코드가 달라 질 때 사용한다.

```
if x 〉 0 :
    print("양수이다!")                                    ❶
else :
    print("음수 또는 0이다!")                             ❷
```

if 다음에 있는 조건식 x 〉 0 이 참이면, ❶의 문장에 의해 '양수이다!'를 출력하고, 그렇지 않으면 else 다음에 있는 ❷의 문장에 의해 '음수 또는 0이다!'란 메시지를 출력한다.

¤ 이런 식으로 if문에서는 조건에 따라 수행되는 문장이 달라지게 된다.

파이썬의 if문에는 세 가지 유형의 구문이 있는데 이를 표로 정리하면 다음과 같다.

표 3-1 if문의 세 가지 구문

구문	의미	책의 설명
if~ 구문	만약 조건을 만족하면 ~ 작업을 수행하라.	3.3절
if~ else~ 구문	만약 조건을 만족하면 ~ 작업을 수행하고, 그렇지 않으면 ~ 작업을 수행하라.	3.4절
if~ elif~ else~ 구문	만약 조건 1을 만족하면 작업 1을 수행하고, 조건 2를 만족하면 작업 2를 수행하고, 조건 3을 만족하면 작업 3을 수행하고,…, 그렇지 않으면 작업 n을 수행하라.	3.5절

프로그램에서 조건문을 사용할 때는 주어진 상황에 따라 위의 세 가지 구문 중의 한 가지를 사용한다. 경우에 따라서는 이 구문들을 섞어서 사용하기도 한다.

다음 예제를 통하여 if문의 동작 원리에 대해 알아보자.

예제 3-1. if문의 동작 원리   03/ex3-1.py

```
x = int(input("정수를 입력하세요 : "))                              ❶

if x > 0 :                                                      ❷
    ┗┛ print("입력된 수는 양수입니다.")
    ┗┛ print("입력된 수는 양수입니다.")                            ❸
```

※ ┗┛ 는 Tab 키를 눌러 입력한 들여쓰기를 의미한다.

¤ 실행 결과 1

정수를 입력하세요 : 25
입력된 수는 양수입니다.
입력된 수는 양수입니다.

¤ 실행 결과 2

정수를 입력하세요 : -5

❶ 키보드로 하나의 숫자를 입력 받아 정수로 변환하여 변수 x에 저장한다.

❷ if의 조건식(x > 0)은 실행 결과 1에서와 같이 25가 입력되면, 조건식이 25 > 0이 되어 참이 된다. 이와 같이 조건식이 참인 경우에만 ❷의 콜론(:) 다음에 있는 ❸의 두 문장이 실행된다.

❸ '입력된 수는 양수입니다.'를 두 번 출력한다. 이 두 개의 메시지는 ❷의 if문의 조건식이 참인 경우에만 수행된다.

만약 ❷에 있는 if문의 조건식이 거짓, 즉 실행 결과 2에서와 같이 음수가 입력된 경우에는 ❸의 문장들이 수행되지 않는다. 실행 결과 2를 보면 ❸의 문장들이 수행되지 않은 것을 알 수 있다.

위의 예제 3-1에서와 같이 if문을 사용할 때는 if문의 콜론(:) 다음 줄에서는 반드시 들여쓰기가 되어 있어야 한다. 들여쓰기는 일정한 개수의 공백을 삽입해도 되지만 일반적으로 Tab 키를 눌러 들여쓰기를 하게 된다.

파이썬에서는 다른 프로그래밍 언어와 달리 if문을 사용할 때 반드시 들여쓰기를 한다. if문의 들여쓰기는 파이썬만의 독특한 방식이다.

¤ if문의 들여쓰기 방식은 나중에 배우는 for문, while문, 함수와 클래스 정의 등에서도 그대로 적용된다.

3.2 비교 연산자와 논리 연산자

표 3-2 비교 연산자와 논리 연산자

연산자	종류
비교 연산자	〉, 〈, ==, !=, 〈=, 〉=
논리 연산자	and, or, not

표 3-2의 비교 연산자와 논리 연산자는 if문(또는 뒤에서 배우는 for문, while문)의 조건식에 사용되어 조건이 참(True)인지 거짓(False)인지를 판정하는 데 사용된다.

3.2.1 비교 연산자

비교 연산자는 변수, 숫자, 문자열 등을 서로 비교하여 조건식의 참 또는 거짓을 판정한다.

표 3-3 비교 연산자의 종류

비교 연산자	의미
a == b	a와 b는 같다
a != b	a와 b는 같지 않다
a 〉 b	a는 b보다 크다
a 〉= b	a는 b보다 크거나 같다
a 〈 b	a는 b보다 작다
a 〈= b	a는 b보다 작거나 같다

```
>>> 5 == 5                                                    ❶
True
>>> 10 > 20                                                   ❷
False
>>> 8 <= 8                                                    ❸
True
```

❶ '5는 5와 같다'의 결과는 참(True)이 된다.

❷ '10은 20보다 크다'의 결과는 거짓(False)이다.

❸ '8은 8보다 작거나 같다'는 참이 된다.

이번에는 변수와 숫자에 비교 연산자가 사용된 예를 살펴보자.

```
>>> a = 10                                                    ❶
>>> b = 20
>>> a == b                                                    ❷
False
>>> a != b                                                    ❸
True
>>> a%b >= 10                                                 ❹
True
```

❶ 변수 a에 10을 저장하고 변수 b에는 20를 저장한다.

❷ a(값 : 10)와 b(값 : 20)는 같지 않기 때문에 결과는 거짓이 된다.

❸ a와 b는 서로 다른 값이기 때문에 a != b는 참이 된다.

❹ a%b는 10%20, 즉 '10을 20으로 나눈 나머지'가 되어 10의 값을 가지므로 a%b >=
    10은 참이 된다.

¤ ❶에서 사용된 기호 =는 오른쪽에 있는 값을 왼쪽의 변수에 저장하라는 의미이다. 두
값을 비교하는 '같다'는 ❷에서와 같이 ==를 사용한다.

논리 연산자의 종류에는 다음의 표에 나타난 것과 같이 논리곱(and), 논리합(or), 논리부정 (not)의 세 가지가 있다.

표 3-4 논리 연산자의 종류

논리 연산자	의미
조건1 and 조건2	논리곱(and) 조건1과 조건2가 둘 다 참인 경우에만 참이 된다
조건1 or 조건2	논리합(or) 조건1 또는 조건2 중 하나만 참이어도 참이 된다
not 조건	논리부정(not) 조건이 참이면 거짓, 거짓이면 참으로 해서 논리 값을 반대로 변경한다

and 연산자는 두 조건이 모두 참이어야만 참이고, or 연산자는 두 조건 중 하나만 참이어도 참이 되고, not 연산자는 참을 거짓으로 거짓을 참으로 변경한다.

논리 연산자 and가 사용되는 다음의 예를 살펴보자.

```
Python Shell

>>> score1 = 75
>>> score2 = 90
>>> score1 >= 80 and score2 >= 80                    ❶
False
>>> score1 = 85
>>> score2 = 95
>>> score1 >= 80 and score2 >= 80                    ❷
True
```

❶ and 연산자에 사용된 두 조건 중 첫 번째 조건이 거짓이기 때문에 그 결과가 거짓이 된다.

❷ and 연산자에 사용된 두 조건이 모두 참이기 때문에 그 결과가 참이 된다.

¤ 논리 연산자 and는 두 조건이 모두 참일 때만 그 결과가 참이 된다.

이번에는 논리 연산자 or가 사용되는 다음의 예를 살펴보자.

```
Python Shell

>>> x = 10
>>> x%2 == 0 or x%6 == 0                    ❶
True
>>> x = 16
>>> x%3 == 0 or x%5 == 0                    ❷
False
```

❶ or 연산자에 사용된 두 조건 중 첫 번째 조건이 참이기 때문에 그 결과가 참이 된다.

❷ or 연산자에 사용된 두 조건이 모두 거짓이기 때문에 그 결과는 거짓이 된다.

¤ 논리 연산자 or는 두 조건 중 하나만 참이이도 그 결과가 참이 된다.

다음 예를 통하여 논리 연산자 not의 사용법을 익혀보자.

```
Python Shell

>>> x = 25
>>> not x%2 == 0                            ❶
True
>>> not x 〉 10                              ❷
False
```

❶ 조건 x%2 == 0은 거짓이 된다. 따라서 그 앞에 붙은 not에 의해 그 결과가 참이된다.

❷ 조건 x〉10은 참이다. 따라서 논리 연산자 not에 의해 그 결과가 거짓으로 변경된다.

Q 퀴즈 Q3-1 논리 연산자와 비교 연산자

1. 다음에 나타난 파이썬 쉘 명령의 실행 결과는?

>>> a = 5
>>> b = 7
>>> c = a + b
>>> c == 12

❶ True   ❷ False

2. 다음에 나타난 파이썬 쉘 명령의 실행 결과는?

>>> hobby1 = "영화감상"
>>> hobby2 = "수영"
>>> my_hobby = "독서"
>>> my_hobby == hobby1 or my_hobby == hobby2

❶ True   ❷ False

3. 다음에 나타난 파이썬 쉘 명령의 실행 결과는?

>>> pilgi = 90
>>> silgi = 70
>>> pilgi >= 80 and silgi >= 80

❶ True   ❷ False

퀴즈 정답   Q3-1 1. ❶   2. ❷   3. ❷

3.3 if~ 구문

if~ 구문의 사용 서식은 다음과 같다.

서식	
	if 조건식 : └ 문장1 └ 문장2, ...

if의 조건식이 참이면 콜론(:) 다음 줄에 들여쓰기 되어 있는 문장1, 문장2, ...을 수행한다.

※ if문 다음 줄에 있는 문장1, 문장2, ...의 앞에는 탭 키를 삽입하여 반드시 들여쓰기를 하여야 한다. if문에서의 들여쓰기에 대한 자세한 설명은 앞의 3.1절을 참고하기 바란다.

3.3.1 if~ 구문의 기본 구조

다음은 if~ 구문을 이용하여 경로 우대(65세 이상)인 경우에 공원 입장료를 무료로 하는 프로그램이다. 이 예제를 통하여 if ~ 구문의 기본 구조에 대해 알아보자.

```
예제 3-2. 65세 이상 입장료 무료                          03/ex3-2.py

age = int(input("나이는? "))                              ❶
ticket = 2000      # 기본 입장료                          ❷

if age >= 65 :      # 65세(경로우대) 이상이면 무료        ❸
들여쓰기 ← [tab] ticket = 0                                ❹

print("나이 : %d세" % age)                                ❺
print("입장료 : %d원" % ticket)
```

¤ 실행 결과 1(나이가 28인 경우)

나이는? 28
나이 : 28세
입장료 : 2000원

¤ 실행 결과 2(나이가 66인 경우)

나이는? 66
나이 : 66세
입장료 : 0원

¤ ❸의 if문 다음 줄에 있는 ❹의 문장(ticket = 0) 앞에서는 반드시 탭 키를 눌러 들여쓰기를 하여야 한다.

※ if문에서 들여쓰기에 대한 자세한 설명은 앞의 3.1절을 참고하기 바란다.

❶ 키보드로 나이를 입력 받아 변수 age에 저장한다. 이 때 키보드로 입력 받은 데이터는 문자열로 취급되지만 나이는 정수로 처리해야 하기 때문에 int() 함수를 사용하여 정수로 변환한다.

❷ 입장료를 나타내는 변수 ticket에 2000을 입력한다. 기본 입장료가 2,000원이라는 의미이다.

❸ if문의 조건식 age >= 65는 변수 age가 65 이상의 값(실행 결과 2)을 가지면 ❹의 문장을 수행한다.

❹ 변수 ticket에 0을 저장한다. 이 문장은 ❸의 if문 조건식이 참일 때만 수행된다. 만약 조건식이 거짓인 경우(실행 결과 1)에는 ❹의 문장이 수행되지 않기 때문에 변수 ticket은 ❷에 의해 2000의 값을 가진다.

❺ 변수 age와 변수 ticket의 값을 출력한다.

if~ 구문을 이용하여 입력받은 양의 정수가 3의 배수인지 4의 배수인지를 판별하는 다음의
프로그램을 살펴보자.

```
예제 3-3. 3 또는 4의 배수 판별하기                              03/ex3-3.py

num = int(input("양의 정수를 입력하세요 : "))                        ❶
result = "3의 배수도 4의 배수도 아니다."                              ❷

if num%3 == 0 :                       # 3으로 나눈 나머지가 0 인가      ❸
    result = "3의 배수이다."
if num%4 == 0 :                       # 4으로 나눈 나머지가 0 인가?     ❹
    result = "4의 배수이다."
if num%3 == 0 and num%4 == 0 :                                    ❺
    result = "3의 배수이면서 4의 배수이다."

print("%d은(는) %s" % (num, result))                               ❻
```

☼ 실행 결과 1

양의 정수를 입력하세요 : 9
9은(는) 3의 배수이다.

☼ 실행 결과 2

양의 정수를 입력하세요 : 16
16은(는) 4의 배수이다.

☼ 실행 결과 3

양의 정수를 입력하세요 : 12
12은(는) 3의 배수이면서 4의 배수이다.

☼ 실행 결과 4

양의 정수를 입력하세요 : 29
29은(는) 3의 배수도 4의 배수도 아니다.

❶ 키보드로 양의 정수를 입력 받아 정수로 변환하여 변수 num에 저장한다.

❷ 변수 result에 '3의 배수도 4의 배수도 아니다.'를 저장한다.

❸ if문의 조건식 num%3 == 0 은 변수 num을 3로 나눈 나머지가 0, 즉 3의 배수인지를 판단한다. 실행 결과 1에서와 같이 9가 입력되면 조건식이 참이 되어 변수 result에 '3의 배수이다.'를 저장한다.

❹ 실행 결과 2에서와 같이 16이 입력되면 조건식 num%4 가 참이 되어 변수 result에 '4의 배수이다.'를 저장한다.

❺ 입력된 수가 3의 배수이고 4의 배수인 경우에는 변수 result에 '3의 배수이면서 4의 배수이다.'를 저장한다. 이 경우에 해당되는 것이 실행 결과 3이다.

실행 결과 4에서 입력된 수가 29이면 ❸, ❹, ❺의 조건식이 모두 거짓이기 때문에 변수 result는 ❷에서 설정한 '3의 배수도 4의 배수도 아니다.'의 값을 가지게 된다.

❻ 실행 결과들에서와 같이 변수 num과 변수 result를 출력한다.

3.3.3 영어 단어 퀴즈 만들기

다음은 if ~ 구문을 이용하여 키보드로 영어 단어를 입력받아 맞는지 틀린지를 표시해주는 프로그램이다.

예제 3-4. 간단 영어 단어 퀴즈 만들기	03/ex3-4.py

```
ans1 = input("'사자'의 영어 단어는 무엇일까요? : ")    # 질문에 대한 답 입력    ❶
result = "땡! 틀렸습니다."                          # 초기화              ❷
if ans1 == "lion" :                             # 정답 체크            ❸
    result = "딩동댕! 참 잘했어요~~~"                 # 정답 메시지 입력       ❹
print(result)                                   # 화면에 결과 출력       ❺
```

```
    ans2 = input("'오렌지'의 영어 단어는 무엇일까요? : ")          ❻
    result = "땡! 틀렸습니다."
    if ans2 == "orange" :
        result = "딩동댕! 참 잘했어요~~~"
    print(result)

    ans3 = input("'기차'의 영어 단어는 무엇일까요? : ")           ❼
    result = "땡! 틀렸습니다."
    if ans3 == "train" :
        result = "딩동댕! 참 잘했어요~~~"
    print(result)
```

¤ 실행 결과

'사자'의 영어 단어는 무엇일까요? : lion
딩동댕! 참 잘했어요~~~
'오렌지'의 영어 단어는 무엇일까요? : orage
땡! 틀렸습니다.
'기차'의 영어 단어는 무엇일까요? : drain
땡! 틀렸습니다.

❶ 질문에 대한 답을 키보드로 입력 받아 변수 ans1에 저장한다.

❷ 정답 또는 오답의 결과를 나타내는 변수 result에 기본 값으로 '땡! 틀렸습니다.'를 저
    장한다.

❸ if문의 조건식 ans1 == 'lion' 은 키보드로 입력 받은 문자열 ans1이 'lion'과 같은지
    를 판단한다.

❹ 이 문장은 ❸의 if문의 조건식이 참일 경우에만 수행된다. 조건식이 참일 때만 '딩동댕!
    참 잘했어요~~~'를 변수 result에 저장하게 된다.

❺ 실행 결과에 나타난 것과 같이 변수 result를 화면에 출력한다.

❻ ❼ 한글 단어 "오렌지"와 "기차"의 영어 단어 맞추기 퀴즈이다. 여기의 프로그램 코드
      는 ❶~❺와 거의 동일한 것을 사용하고 있으니 이해에 별 어려움이 없을 것이다.

특정 범위에 있는 수인지 판정하라!

C 코딩연습 C3-1

다음은 범위의 시작과 끝, 그리고 정수를 입력받아 해당 정수가 시작과 끝 수 사이에 있는 수인지를 판정하는 프로그램이다. 밑줄 친 부분을 채워 프로그램을 완성하시오. 단, 범위에 시작 수와 끝 수는 포함되지 않음.

> ¤ 실행결과 1
>
> 시작 수는? 200
> 끝 수는? 500
> 정수를 입력하세요 : 235
> 235은(는) 200~500 사이에 있다.
>
> ¤ 실행결과 2
>
> 시작 수는? 200
> 끝 수는? 500
> 정수를 입력하세요 : 77
> 77은(는) 200~500 사이에 없다.

```
start = int(input("시작 수는? "))
end = int(input("끝 수는? "))
num = int(input("정수를 입력하세요 : "))

result = "%d은(는) %d~%d 사이에 없다." % (num, start, end)

if ①_____ and ②_____ :
    result = "%d은(는) %d~%d 사이에 있다." % (num, start, end)

print(result)
```

정답은 134쪽에서 확인하세요.

월을 입력받아 계절을 판별하라!

코딩미션
C3-2

다음은 월을 입력받아 그 월이 봄, 여름, 가을, 겨울 중 어느 계절인지를 판별하는 프로그램이다. 밑줄 친 부분을 채워 프로그램을 완성하시오. 여기서 봄(3~5월), 여름(6~8월), 가을(9~11월), 겨울(12,1,2월)이라고 가정함.

¤ 실행결과 1
월을 숫자로 입력하세요 : 3
3월은 봄입니다.

¤ 실행결과 2
월을 숫자로 입력하세요 : 10
10월은 가을입니다.

```
month = input("월을 숫자로 입력하세요 : ")

if month == "3" or month == "4" or month == "5" :      # 봄인지 체크
    print("%s월은 봄입니다." % month)

if ①_____ :    # 여름인지 체크
    print("%s월은 여름입니다." % month)

if ②_____ :    # 가을인지 체크
    print("%s월은 가을입니다." % month)

if ③_____ :    # 겨울인지 체크
    print("%s월은 겨울입니다." % month)
```

정답은 134쪽에서 확인하세요.

주민번호로 남/여를 판정하라!

코딩연습
C3-3

다음은 주민번호 뒷 자리 첫 번째 숫자를 입력받아 남/여를 판정하는 프로그램이다. 밑줄 친 부분을 채워 프로그램을 완성하시오. 여기서 해당 숫자가 1 또는 3은 남성, 2 또는 4 는 여성으로 판정함.

¤ 실행결과 1
주민번호 뒷자리 첫 번째 숫자를 입력해 주세요 : 1
남성입니다!

¤ 실행결과 2
주민번호 뒷자리 첫 번째 숫자를 입력해 주세요 : 4
여성입니다!

---

a = input("주민번호 뒷자리 첫 번째 숫자를 입력해 주세요 : ")

if ①_____ :   # 변수 a가 1 또는 3인지 체크
   print("남성입니다!")

if ②_____ :   # 변수 a가 2 또는 4인지 체크
   print("여성입니다!")

정답은 134쪽에서 확인하세요.

if~ else~ 구문

if ~ else ~ 구문은 짝수/홀수, 남성/여성, 합격/불합격, 수신/비수신, 동의/비동의, 가입/미가입 등에서와 같이 두 가지 조건 만이 존재할 경우에 사용한다.

if ~ else ~ 구문의 사용 서식은 다음과 같다.

서식	
	if 조건식 : ┗문장1 ┗문장2 ... else : ┗문장A ┗문장B ...

if 다음의 조건식이 참이면 콜론(:) 다음 줄에 들여쓰기 되어 있는 문장1, 문장2, ... 를 수행하고, 그렇지 않으면 else : 다음 줄에 있는 문장A, 문장B, ...를 수행한다.

다음은 양의 정수를 입력받아 짝수인지 홀수인지를 판별하는 프로그램이다. 이 예를 통하여 if~ else~ 구문의 사용법을 익혀보자.

예제 3-5. 짝수/홀수 판별하기	03/ex3-5.py

```
x = int(input("양의 정수를 입력하세요: "))          ❶

if x%2 == 0 :                                   ❷
들여쓰기 → ┗print("짝수이다!")
        else :                                  ❸
          ┗print("홀수이다!")
```

¤ 실행 결과 1(홀수가 입력된 경우)

양의 정수를 입력하세요: 15
홀수이다!

¤ 실행 결과 2(짝수가 입력된 경우)

양의 정수를 입력하세요: 8
짝수이다!

❶ 키보드로 하나의 숫자를 입력 받아 정수로 변환하여 변수 x에 저장한다.

❷ 실행 결과 1에서와 같이 입력된 수가 짝수이면 if의 조건식인 x%2 == 0이 참이 되어
  '짝수이다!'가 출력된다.

❸ else는 ❷의 if문 조건식이 거짓일 때 실행되어 '홀수이다!' 메시지가 출력된다.

3.4.1 자격증 시험 합격/불합격 판정하기

다음은 if~ else~ 구문을 이용하여 자격증 시험의 합격과 불합격을 판정하는 프로그램이다.

◎ 합격 조건 : 필기 성적 : 80점 이상, 실기 성적 : 80점 이상

예제 3-6. 자격증 합격/불합격 판정하기　　　　　　　　　　03/ex3-6.py

```
pilgi = int(input("필기시험 점수는? "))                         ❶
silgi = int(input("실기시험 점수는? "))

if pilgi >= 80 and silgi >= 80 :      # 필기와 실기 둘다 80점 이상이면    ❷
    result = "합격"
else :
    result = "불합격"

print("- 필기시험 점수 : %d" % pilgi)                          ❸
print("- 실기시험 점수 : %d" % silgi)
print("- 판정 : %s" % result)
```

¤ 실행 결과 1(필기 85, 실기 90이 입력된 경우)

필기시험 점수는? 85
실기시험 점수는? 90
– 필기시험 점수 : 85
– 실기시험 점수 : 90
– 판정 : 합격

¤ 실행 결과 2(필기 95, 실기 79가 입력된 경우)

필기시험 점수는? 95
실기시험 점수는? 79
– 필기시험 점수 : 95
– 실기시험 점수 : 79
– 판정 : 불합격

❶ 키보드로 필기 점수와 실기 점수를 각각 입력 받아 정수로 변환한 다음 변수 pilgi와 변수 silgi에 저장한다.

❷ 필기 점수(변수 pilgi)가 80 이상이고 실기 점수(변수 silgi)가 80 이상이면 변수 result에 문자열 '합격'을 저장한다.
그렇지 않을 경우, 즉 if의 조건식이 거짓일 경우에는 result에 문자열 '불합격'을 저장한다.

❸ 필기시험 점수(변수 pilgi), 실기시험 점수(변수 silgi), 판정 결과(변수 result)를 화면에 출력한다.

3.4.2 영문 소문자 자음/모음 판별하기

다음은 영어 소문자를 입력받아 자음인지 모음인지를 판별하는 프로그램이다.

예제 3-7. 영문 소문자 자음/모음 판별하기	03/ex3-7.py

```python
char = input("영문 소문자 하나를 입력하세요 : ")

if char == "a" or char == "e" or char == "i" or char == "o" or char == "u" :
    print("%s 은(는) 모음이다." % char)
else :
    print("%s 은(는) 자음이다." % char)
```

¤ 실행 결과 1

영문 소문자 하나를 입력하세요 : e
e 은(는) 모음이다.

¤ 실행 결과 2

영문 소문자 하나를 입력하세요 : t
t 은(는) 자음이다.

키보드로 입력받은 영문 소문자가 'a', 'e', 'i', 'o', 'u'에 해당되면 실행 결과 1에서와 같이 모음의 메시지를 출력하고, 그렇지 않으면 실행 결과 2에서와 같이 자음이라는 메시지를 출력하게 된다.

¤ 영어 알파벳은 자음과 모음 둘 중의 하나에 해당 되기 때문에 if~ else~ 구문이 사용되는 것이다.

C 코딩연습 C3-4 — 영문 소문자 또는 대문자의 자음/모음을 판별하라!

앞의 예제 3-7에서는 영문 소문자를 입력받아 자음/모음을 판별하였는데, 다음은 영문소문자뿐만 아니라 대문자가 입력된 경우에도 자음/모음을 판별할 수 있는 프로그램이다. 밑줄 친 부분을 채워 프로그램을 완성하시오.

¤ 힌트 : 영문 소문자를 대문자로 변환하는 데에는 upper()라는 함수를 사용한다.

```
>>> a = "apple"
>>> b = a.upper()
>>> print(b)
APPLE
```

※ upper() 함수는 문자열 내에서만 사용된다. upper() 함수와 같이 특정 영역에서만 사용되는 함수를 메소드(Method)라고 부른다. 메소드를 사용할 때는 해당 문자열 다음에 점(.)을 찍고 함수를 사용한다. 메소드(Method) 대한 자세한 설명은 5장의 190쪽을 참고하기 바란다.

¤ 실행결과
영문 대문자 또는 소문자 하나를 입력하세요 : i
i -〉 모음

```
char = input("영문 대문자 또는 소문자 하나를 입력하세요 : ")
char2 = char.upper()              # upper() 함수는 소문자를 대문자로 변환

if  char2=="A" or   ①_____ or ②_____  or
③_____ or ④_____ : # 변수 char2가 모음인지 체크
    print("%s -〉 모음" % char)
else :
    print("%s -〉 자음" % char)
```

정답은 134쪽에서 확인하세요.

다이어트 필요성을 판정하라!

다음은 키와 몸무게를 입력받아 다이어트의 필요성을 판정하는 프로그램이다. 밑줄 친 부분을 채워 프로그램을 완성하시오. 단, 판단 기준은 키에서 100을 뺀 값에 0.9를 곱한 값보다 몸무게가 크면 다이어트가 필요하다고 판정함.

```
¤ 실행결과
키는? 175
몸무게는? 65
==================================================
키 : 175
몸무게 : 65
표준 또는 마른 체형입니다!
```

```
height = int(input("키는? "))        # 키를 입력받아 정수로 변환
weight = int(input("몸무게는? "))     # 몸무게를 입력받아 정수로 변환

s = (height - 100) * 0.9            # 다이어트 유무 판정하기

print("=" * 50)                    # 별표(*) 50개 출력
print("키 :", height)
print("몸무게 :", weight)

if ①_____ :      # 변수 weight가 s보다 큰지를 비교
    print("건강을 위해 다이어트가 필요합니다!")
②_____ :                          # 그렇지 않으면
    print("표준 또는 마른 체형입니다!")
```

정답은 134쪽에서 확인하세요.

아르바이트 급여를 계산하라!

다음은 주/야간 근무, 근무 시간을 입력받아 아르바이트 급여를 계산하는 프로그램이다. 밑줄 친 부분을 채워 프로그램을 완성하시오.

¤ 실행결과 1
아르바이트 급여 계산 프로그램
※ 시급
- 주간 근무 : 9,500원
- 야간 근무 : 주간 시급 * 1.5

1(주간 근무) 또는 2(야간근무)을 입력해주세요 : 1
근무 시간을 입력해주세요 : 5
5시간 동안 일한 주간 급여는 47500원 입니다.

¤ 실행결과 2
아르바이트 급여 계산 프로그램
※ 시급
- 주간 근무 : 9,500원
- 야간 근무 : 주간 시급 * 1.5

1(주간 근무) 또는 2(야간근무)을 입력해주세요 : 2
근무 시간을 입력해주세요 : 5
5시간 동안 일한 야간 급여는 71250원 입니다.

```python
print("아르바이트 급여 계산 프로그램")
print("※ 시급")
print("- 주간 근무 : 9,500원")
print("- 야간 근무 : 주간 시급 * 1.5")
print()

hour_pay = 9500

a = int(input("1(주간 근무) 또는 2(야간근무)을 입력해주세요 : "))
work_time = int(input("근무 시간을 입력해주세요 : "))

if ①_____ :               # 주간 근무, 변수 a가 1과 같은지를 비교
    day_night = "주간"
    pay = hour_pay * work_time
else :                               # 그렇지 않으면(야간 근무인 경우)
    day_night = "야간"
    pay = hour_pay * work_time * 1.5

print(②_____) # 포맷 코드(% 이용)로 결과 출력
```

정답은 134쪽에서 확인하세요.

3.5 if~ elif~ else~ 구문

if ~ elif~ else ~ 구문은 하나의 if문에 2개 이상의 조건식이 필요할 때 사용되는데 사용 서식은 다음과 같다.

서식

```
if 조건식 :
 ㄴ 문장1
 ㄴ 문장2
    ...
elif 조건식 :
 ㄴ 문장A
 ㄴ 문장B
    ...
...
else :
 ㄴ 문장i
 ㄴ 문장ii
    ...
```

if의 조건식이 참이면 들여쓰기 되어 있는 문장1, 문장2, ... 를 수행하고, 그렇지 않고 elif의 조건식이 참이면 문장A, 문장B,... 를 수행하고, 그렇지 않고 앞의 조건식들이 모두 거짓이면 else 다음의 문장i, 문장ii, ... 를 수행한다.

if ~ elif ~ else에서 사용되는 'elif'는 'else if' 의 약어로서 '그렇지 않고 만약'이라는 의미이다.

3.5.1 점수에 따라 등급 판정하기

다음은 점수를 입력받아 등급(점수에 해당되는 학점(A, B, C, D, F))을 판정하는 프로그램이다. 이 예제를 통하여 if~ elif~ else~ 구문의 기본 구조에 대해 알아보자.

예제 3-8. 점수에 따라 학점 판정하기　　　　　　　　　　　　　　03/ex3-8.py

```python
score = int(input("점수는? "))

if score >= 90 :              # 90점 이상이면              ❶
    grade = "A"
elif score >= 80 :            # 80점 이상이면              ❷
    grade = "B"
elif score >= 70 :            # 70점 이상이면              ❸
    grade = "C"
elif score >= 60 :            # 60점 이상이면              ❹
    grade = "D"
else :                        # 위의 조건 외의 조건이면      ❺
    grade = "F"

print("등급 : ", grade)                                   ❻
```

¤ 실행 결과 1

점수는? 88
등급 : B

¤ 실행 결과 2

점수는? 75
등급 : C

❶ score가 90이상이면 변수 grade에 'A'를 저장한다.

❷ 그렇지 않고 만약 score의 값이 80 이상이면 grade에 'B'를 저장한다.

❸ 그렇지 않고 만약 score의 값이 70 이상이면 grade에 'C'를 저장한다.

❹ 그렇지 않고 만약 score의 값이 60 이상이면 grade에 'D'를 저장한다.

❺ 그 외 나머지 모든 경우에는 grade에 'F'를 저장한다.

❻ 등급 grade를 화면에 출력한다.

3.5.2 간단 계산기 만들기

다음 예제를 통하여 if~ elif~ else~ 구문을 이용하여 사칙연산(+, −, *, /)을 하는 간단한
계산기 프로그램을 만드는 방법에 대해 알아보자.

예제 3-9. 간단 계산기 만들기	03/ex3-9.py

```
print("기능 선택")
print("1. 더하기")
print("2. 빼기")
print("3. 곱하기")
print("4. 나누기")
print()

s = input("계산기 기능을 선택하세요(1/2/3/4): ")            ❶

num1 = int(input("첫 번째 숫자를 입력하세요: "))            ❷
num2 = int(input("두 번째 숫자를 입력하세요: "))            ❸

if s == "1":                    # 더하기                ❹
    print("%d + %d = %d" % (num1, num2, num1 + num2))
elif s == "2":                  # 빼기
    print("%d − %d = %d" % (num1, num2, num1 − num2))
```

```
elif s == "3":                    # 곱하기
    print("%d * %d = %d" % (num1, num2, num1 * num2))
elif s == "4":                    # 나누기
    print("%d / %d = %d" % (num1, num2, num1 / num2))
else:
    print("입력 숫자가 잘못되었습니다!")
```

¤ 실행 결과

기능 선택
1. 더하기
2. 빼기
3. 곱하기
4. 나누기

계산기 기능을 선택하세요(1/2/3/4): 3
첫 번째 숫자를 입력하세요: 12
두 번째 숫자를 입력하세요: 10
12 * 10 = 120

❶ 계산기 기능을 선택하는 숫자 하나(1, 2, 3, 4)를 키보드로 입력 받아 변수 s에 저장한다.

❷ 계산에 사용되는 첫 번째 숫자를 입력 받아 변수 num1에 저장한다.

❸ 계산에 사용되는 두 번째 숫자를 입력 받아 변수 num2에 저장한다.

❹ if ~ elif ~ else ~ 구문을 이용하여 변수 s가 '1'이면 두 수를 덧셈한 결과를 출력, 변수 s가 '2'면 두 수를 뺄셈한 결과를 출력, 변수 s가 '3'이면 곱셈한 결과를 출력, 변수가 '4'면 나눗셈한 결과를 출력한다. 마지막으로 그 외의 경우에는 '입력 숫자가 잘못되었습니다!'를 출력한다.

if문의 중첩

앞의 3.3 ~ 3.5절을 통하여 if문의 세 가지 구문을 배웠다. 이 구문들이 단독으로 사용되기도 하지만 경우에 따라서는 중첩해서 사용하는 경우도 많이 있다.

if ~ elif ~ else ~ 구문과 if ~ else ~ 구문이 중첩되어 사용된 다음의 서식을 살펴보자.

서식	
if 조건식 :	❶
⌙〈문장들〉	
elif 조건식 :	❷
⌙if 조건식 :	❹
⌙⌙〈문장들〉	
⌙else :	
⌙⌙〈문장들〉	
else :	❸
⌙〈문장들〉	

❶, ❷, ❸에서는 if ~ elif ~ else ~ 구문이 사용되는데 ❷의 elif 내에는 ❹의 if ~ else ~ 구문이 사용된다.

❹의 파란색으로 표시된 문장들은 ❷의 elif의 조건식이 참일 때만 수행된다.

if문의 중첩 예로서 만 나이를 구하는 프로그램을 생각해 보자.

만 나이는 그 사람이 출생한 연, 월, 일과 오늘 날짜의 연, 월, 일에 따라 계산된다. 만 나이를 계산하는 방법을 표로 정리하면 다음과 같다.

표 3-5 만 나이 계산 방법(오늘 날짜가 2021년 5월 10일이라고 가정)

출생월	출생일	나이 계산
5월 이전(1~4월)	–	나이 = 2021- 출생년
5월	10일 이전(1일 ~ 9일)	나이 = 2021- 출생년
	10일 부터(10일 ~ 31일)	나이 = 2021- 출생년 – 1
5월 이후(6~12월)	–	나이 = 2021- 출생년 – 1

표 3-5에 나타난 것과 같이 만 나이는 출생 월과 일에 따라 조금 복잡하게 계산되는데 이 방법에 따라 프로그램을 짜려면 if문을 중첩해서 사용해야 한다.

표 3-5에서 제시된 방법으로 만 나이 계산 프로그램을 작성해 보면 다음과 같다.

예제 3-10. 만 나이 구하기   03/ex3-10.py

```
print("=" * 50)
now_year  = int(input("현재년은? "))                                   ❶
now_month = int(input("현재월은? "))
now_day   = int(input("현재일은? "))


birth_year  = int(input("출생년은? "))                                 ❷
birth_month = int(input("출생월은? "))
birth_day   = int(input("출생일은? "))


if birth_month < now_month :    # 출생월이 현재월 보다 빠른 경우       ❸
    age = now_year - birth_year
elif birth_month == now_month :   # 출생월과 현재월이 같은 경우        ❸
    if birth_day < now_day :        # 출생일이 현재일 보다 빠른 경우   ❹
        age = now_year - birth_year
    else :                          # 출생일이 현재일 보다 빠르지 않은 경우  ❹
        age = now_year - birth_year - 1
else :                          # 출생월이 현재월 보다 늦은 경우       ❸
    age = now_year - birth_year - 1
```

```
print("=" * 50)                                                    ❺
print("오늘날짜 : %d년 %d월 %d일" % (now_year, now_month, now_day))
print("생년월일 : %d년 %d월 %d일" % (birth_year, birth_month, birth_day))
print("-" * 50)
print("만 나이 : %d세" % age)
print("=" * 50)
```

¤ 실행 결과

```
==================================================
현재년은? 2021
현재월은? 5
현재일은? 10
출생년은? 1997
출생월은? 4
출생일은? 9
==================================================
오늘날짜 : 2021년 5월 10일
생년월일 : 1997년 4월 9일
--------------------------------------------------
만 나이 : 24세
==================================================
```

❶ 현재의 연, 월, 일을 입력 받아 정수로 변환하여 각각 변수 now_year, now_month, now_day에 저장한다.

❷ 출생한 연, 월, 일을 입력 받아 정수로 변환하여 각각 변수 birth_year, birth_month, birth_day에 저장한다.

❸ if ~ elif ~ else 구문을 이용하여 출생 월이 현재 월 보다 빠른지를 판단한다.

❹ 이 부분은 출생 월이 현재의 월과 같을 경우 실행된다. if ~ else ~ 구문을 이용하여 현재 일자와 출생한 일자를 서로 비교해서 거기에 맞는 만 나이를 계산한다.

❺ 실행 결과에 나타난 것과 같이 오늘날짜, 생년월일, 만 나이를 출력한다.

할인율에 따라 지불 금액을 계산하라!

코딩연습
C3-7

다음은 구매 금액에 따른 할인율을 적용하여 지불 금액을 계산하는 프로그램이다. 밑줄 친 부분을 채워 프로그램을 완성하시오. 단, 금액에 따른 할인율은 10,000~50,000원 : 5% 할인, 50,000~300,000원 : 7.5% 할인, 300,000원 이상 : 10% 할인, 10,000원 미만 : 0 % 라고 가정함.

> ¤ 실행결과
> 구매 금액은? 150000
> 구매금액 : 150000
> 할인율 : 7.5
> 할인금액 : 11250
> 지불금액 : 138750

```
spend = int(input("구매 금액은? "))

if ①_____ :      # 1만원 ~ 5만원 미만
   rate = 5.0
elif ②_____ :      # 5만원 ~ 30만원 미만
   rate = 7.5
elif ③_____ :      # 30만원 이상
   rate = 10.0
else :
   rate = 0

discount = spend * rate / 100                 # 할인금액 계산
pay = spend - discount                        # 지불금액 계산

print("구매금액 : %.0f" % spend)              # 구매금액 출력
print("할인율 : %.1f" % rate)                 # 할인율 출력
print("할인금액 : %.0f" % discount)           # 할인금액 출력
print("지불금액 : %.0f" % pay)                # 지불금액 출력
```

정답은 134쪽에서 확인하세요.

서비스 만족도에 따라 팁을 계산하라!

코딩연습
C3-8

다음은 음식점에서 서비스 만족도에 따라 팁을 계산하는 프로그램이다. 밑줄 친 부분을 채워 프로그램을 완성하시오. 단, 팁은 매우 만족 : 음식 값의 20%, 만족 : 음식 값의 10%, 불만족 : 0% 라고 가정함.

```
¤ 실행결과
서비스 만족도 :
  1: 매우만족
  2: 만족
  3: 불만족
서비스 만족도는?(1/2/3) 2
음식 값은? 10000

서비스 만족도:만족, 팁:1000원
```

```python
print("서비스 만족도 :")
print("  1: 매우만족")
print("  2: 만족")
print("  3: 불만족")
a = input("서비스 만족도는?(1/2/3) ")
price = int(input("음식 값은? "))

if ①_____ :        # 서비스가 매우 만족인지 체크
    tip = int(price * 0.2)
    service = "매우 만족"
elif ②_____ :      # 서비스가 만족인지 체크
    tip = int(price * 0.1)
    service = "만족"
else :                        # 그렇지 않으면
    tip = 0
    service = "불만족"
print()
print("서비스 만족도:%s, 팁:%d원" % (service, tip))
```

정답은 134쪽에서 확인하세요.

코딩연습 C3-9

세 정수 중 가장 큰 수를 찾아라!

다음은 입력받은 세 정수 중 가장 큰 수를 찾는 프로그램이다. 밑줄 친 부분을 채워 프로그램을 완성하시오.

¤ 실행결과
첫 번째 정수는? 32
두 번째 정수는? -50
세 번째 정수는? 45
32, -50, 45 중에서 가장 큰 수는 45 입니다.

```
num1 = int(input("첫 번째 정수는? "))
num2 = int(input("두 번째 정수는? "))
num3 = int(input("세 번째 정수는? "))

if ①_____ and ②_____ :
    largest = num1
elif ③_____ and ④_____ :
    largest = num2
else:
    largest = num3

print("%d, %d, %d 중에서 가장 큰 수는 %d 입니다." % (num1, num2,
num3, largest))
```

정답은 134쪽에서 확인하세요.

웹 사이트 콘텐츠 이용 가능 여부를 판단하라!

다음은 웹 사이트의 아이디와 회원 레벨에 따라 콘텐츠 이용 가능 여부를 판정하는 프로그램이다. 밑줄 친 부분을 채워 프로그램을 완성하시오. 단, 입력받은 아이디가 'admin'이면 콘텐츠 이용 가능 메시지를 출력하고, 그렇지 않을 경우에는 회원 레벨을 입력받아 회원 레벨이 1~3이면 콘텐츠 이용 가능하고, 그 외에는 콘텐츠를 이용할 수 없음.

¤ 실행결과 1
아이디는? admin
콘텐츠 이용이 가능합니다!

¤ 실행결과 2
아이디는? rubato
회원 레벨은?(1~9) 5
콘텐츠를 이용할 수 없습니다!

```
userid = input("아이디는? ")              # 사용자 아이디 입력

if ①_____ :          # 아이디가 "admin" 인지 체크
    print("콘텐츠 이용이 가능합니다!")
else :                                    # 그렇지 않으면
    level = int(input("회원 레벨은?(1~9) "))

    if ②_____ and ③_____ :    # 회원레벨 1~3인지 체크
        print("콘텐츠 이용이 가능합니다!")
    ④_____ :                        # 그렇지 않으면
        print("콘텐츠를 이용할 수 없습니다!")
```

정답은 134쪽에서 확인하세요.

온도에 따라 물의 상태를 판별하라!

코딩연습
C3-11

다음은 물의 온도와 단위(섭씨 또는 화씨)를 입력받아 물의 상태를 판별하는 프로그램이다. 밑줄 친 부분을 채워 프로그램을 완성하시오. 단, 단위로 화씨, 즉 2가 입력되었을 때는 섭씨로 변환한 다음 물의 상태를 판별하여 처리하여야 함.

> ¤ 실행결과 1
> 단위를 입력해 주세요(1:섭씨, 2:화씨): 1
> 온도를 입력해 주세요 : 30
> 물의 섭씨 온도 : 30.0도, 상태 : 액체
>
> ¤ 실행결과 2
> 단위를 입력해 주세요(1:섭씨, 2:화씨): 2
> 온도를 입력해 주세요 : 25
> 물의 섭씨 온도 : −3.9도, 상태 : 고체

```
unit = input("단위를 입력해 주세요(1:섭씨, 2:화씨): ")
temp = int(input("온도를 입력해 주세요 : "))

①____ unit == "2" :      # if~ 구문으로 화씨 온도가 입력되었는지 체크
    temp = (temp − 32) * 5 / 9     # 화씨 온도를 섭씨로 환산

②____ temp <= 0 :      # if~ elif~ else~ 구문을 이용하여 물의 상태 체크
    state = "고체"
③____ temp < 100 :
    state = "액체"
④____ :
    state = "기체"

print("물의 섭씨 온도 : %.1f도, 상태 : %s" % (temp, state))
```

정답은 134쪽에서 확인하세요.

코딩연습 정답   C3-1   ① num > start   ② num < end

                C3-2   ① month == "6" or month == "7" or month == "8"

                      ② month == "9" or month == "10" or month == "11"

                      ③ month == "12" or month == "1" or month == "2"

                C3-3   ① a == "1" or a == "3"   ② a == "2" or a == "4"

                C3-4   ① char2=="E"   ② char2=="I"   ③ char2=="O"

                      ④ char2=="U"

                C3-5   ① weight > s   ② else

                C3-6   ① a == 1

                      ② "%d시간 동안 일한 %s 급여는 %.0f원 입니다." %

                          (work_time, day_night, pay)

                C3-7   ① spend >= 10000 and spend < 50000

                      ② spend >= 50000 and spend < 300000

                      ③ spend >= 300000

                C3-8   ① a == "1"   ② a == "2"

                C3-9   ① num1 >= num2   ② num1 >= num3

                      ③ num2 >= num1   ④ num2 >= num3

               C3-10   ① userid == "admin"   ② level>=1   ③ level<=3

                      ④ else

              C3-11   ① if   ② if   ③ elif   ④ else

연습문제 3장. 조건문

E3-1. 키보드로 숫자를 입력받아 10보다 큰지를 비교하는 프로그램을 작성하시오.

☼ 실행결과 1
숫자를 입력하세요 : 15
15은(는) 10보다 크다.

☼ 실행결과 2
숫자를 입력하세요 : 7
7은(는) 10보다 크지 않다.

E3-2. 키보드로 입력받은 두 수를 비교하여 실행 결과와 같은 메시지를 출력하는 프로그램을 작성하시오.

☼ 실행결과 1
첫 번째 수를 입력하세요 : 10
두 번째 수를 입력하세요 : 5
10 은(는) 5 보다 크다.

☼ 실행결과 2
첫 번째 수를 입력하세요 : -7
두 번째 수를 입력하세요 : -3
-7 은(는) -3 보다 작다.

☼ 실행결과 3
첫 번째 수를 입력하세요 : 9
두 번째 수를 입력하세요 : 9
9 은(는) 9 와(과) 같다.

E3-3. 숫자를 입력받아 왼쪽에서 세 번째 자리의 수가 짝수인지 홀수인지를 판별하는 프로그램을 작성하시오.

¤ 실행결과 1
숫자를 입력하세요 : 37895
8은(는) 짝수이다.

¤ 실행결과 2
숫자를 입력하세요 : 6872996
7은(는) 홀수이다.

E3-4. 두 개의 숫자를 입력받아 두 숫자의 합이 3의 배수인지를 판별하는 프로그램을 작성하시오.

¤ 실행결과 1
첫 번째 숫자를 입력하세요 : 12
두 번째 숫자를 입력하세요 : 5
12 + 5 = 17
17은(는) 3의 배수가 아니다.

¤ 실행결과 2
첫 번째 숫자를 입력하세요 : 4
두 번째 숫자를 입력하세요 : 20
4 + 20 = 24
24은(는) 3의 배수이다.

E3-5. 나이를 입력받아 평균 나이(35세 기준)와 비교하는 프로그램을 작성하시오.

¤ 실행결과 1
당신의 나이는? 33
당신은 평균 나이(35세) 미만이다.

¤ 실행결과 2
당신의 나이는? 48
당신은 평균 나이(35세) 이상이다.

E3-6. 0에서 999까지의 숫자를 입력받아 입력된 숫자의 자리수를 구하는 프로그램을 작성하시오.

¤ 실행결과 1

수를 입력하세요 : 9
9 은(는) 한 자리 숫자이다.

¤ 실행결과 2

수를 입력하세요 : 286
286 은(는) 세 자리 숫자이다.

¤ 실행결과 3

수를 입력하세요 : 2777
오류! 2777 은(는) 범위(0~999) 이외의 숫자이다.

E3-7. 문자열을 입력받아 문자열의 개수를 출력하고 문자열의 개수가 짝수인지 홀수인지를 판별하는 프로그램을 작성하시오.

¤ 실행결과 1

문자열을 입력하세요 : You mean everything to me!
문자열의 개수 : 26
문자열의 개수는 짝수이다.

¤ 실행결과 2

문자열을 입력하세요 : You are good.
문자열의 개수 : 13
문자열의 개수는 홀수이다.

E3-8. 두 개의 숫자를 입력받아 사칙연산 기능을 수행하는 프로그램을 작성하시오.

¤ 실행결과 1

첫 번째 숫자를 입력하세요 : 25
두 번째 숫자를 입력하세요 : 15
원하는 연산은?
+, -, *, / 중 하나를 선택하세요 : -
25 - 15 = 10

¤ 실행결과 2

¤ 실행결과 2

첫 번째 숫자를 입력하세요 : 10
두 번째 숫자를 입력하세요 : 3
원하는 연산은?
+, −, *, / 중 하나를 선택하세요 : /
10 / 3 = 3.33

¤ 실행결과 3

첫 번째 숫자를 입력하세요 : 30
두 번째 숫자를 입력하세요 : 20
원하는 연산은?
+, −, *, / 중 하나를 선택하세요 : #
선택 오류!

E3-9. 입력받은 성적의 수우미양가 등급을 판정하는 프로그램을 작성하시오. 단, 등급 기준
은 수:90~100, 우:80~89, 미:70~79, 양:60~69, 가:0~59 이고, 그 외의 점수가 입력되었
을 때는 '입력 오류!' 메시지를 출력함.

¤ 실행결과 1

점수를 입력하세요 : 86
− 성적:86점, 등급:우

¤ 실행결과 2

점수를 입력하세요 : 55
− 성적:55점, 등급:가

¤ 실행결과 3

점수를 입력하세요 : 120
입력 오류!

S3-1. 등급(A+,A,B+, .., D+, D, F)을 입력받아 평점을 계산하는 프로그램을 작성하시오. 단, 평점은 A+ : 4.5, A : 4.0, B+ : 3.5, B : 3.0, C+ : 2.5, C : 2.0, D+ : 1.5, D : 1.0, F : 0 으로 계산함.

¤ 실행결과

등급을 입력해 주세요(A+,A,B+,..., F) : A+
등급:A+, 평점:4.5

S3-2. 두 시간 중 빠른 시간과 늦은 시간을 찾는 프로그램을 작성하시오. 단, 각 시간의 시와 분은 실행결과에서와 같이 키보드로 입력받음.

¤ 실행결과

첫 번째 시간의 시를 입력하세요 : 8
첫 번째 시간의 분을 입력하세요 : 30
두 번째 시간의 시를 입력하세요 : 8
두 번째 시간의 분을 입력하세요 : 45

- 빠른 시간 : 8:30
- 늦은 시간 : 8:45

S3-3. 일주일간 일한 시간에 따라 주급을 계산하는 프로그램을 작성하시오. 단, 시급은 12,000원, 40시간을 초과한 시간에 대해서는 오버타임을 적용하여 시급의 1.5배로 계산함.

¤ 실행결과

이름을 입력하세요 : 홍길동
일주일간 일한 시간을 입력하세요 : 50

- 이름 : 홍길동
- 일주일간 일한 시간 : 50시간
- 오버타임 : 10시간
- 주급 : 660000원

04

Chapter 04
반복문

프로그램의 일부 코드를 여러 번 반복시킬 때 사용하는 반복문에 대해 알아본다. 파이썬의 반복문인 for문과 while문의 기본 구조를 살펴보고, 반복문의 다양한 활용법과 break문으로 반복 루프를 빠져 나가는 방법을 배운다.

4.1 반복문이란?

컴퓨터가 가장 잘 하는 것 중 하나가 똑같은 작업을 반복하는 것이다. 프로그래밍 언어에서 반복문은 같은 블록의 코드를 반복해서 수행할 때 사용된다.

파이썬의 반복문에는 다음의 두 가지가 존재한다.
1. for문
2. while문

프로그램에서 반복문을 사용하지 않았을 경우와 반복문을 사용했을 경우를 서로 비교해보자.

다음은 반복문을 사용하지 않고 '안녕하세요!'을 화면에 다섯 번 출력하는 프로그램이다.

예제 4-1. 반복문을 사용하지 않은 경우　　　　　　　　　　　　　04/ex4-1.py

```python
print("안녕하세요!")
print("안녕하세요!")
print("안녕하세요!")
print("안녕하세요!")
print("안녕하세요!")
```

¤ 실행 결과

안녕하세요!
안녕하세요!
안녕하세요!
안녕하세요!
안녕하세요!

이번에는 반복문인 for문을 사용하여 예제 4-1과 같은 실행 결과를 가져오는 프로그램을 작성해보자.

예제 4-2. 반복문(for문)을 사용한 경우   04/ex4-2.py

```
for x in range(5) :                    # x가 0~4의 값을 가지고 5번 반복
    print("안녕하세요!")
```

¤ 실행 결과

안녕하세요!
안녕하세요!
안녕하세요!
안녕하세요!
안녕하세요!

반복문을 사용하면 예제 4-1의 프로그램을 위의 예제와 같이 단 두 줄로 해결할 수 있다. for문과 range(5)에 의해 for 다음에 들여쓰기 되어 있는 문장인 print("안녕하세요!")가 다섯 번 반복 수행되어 실행 결과에 나타난 것과 같이 '안녕하세요!'가 화면에 다섯 번 출력된다.

이와 같이 반복문은 특정 문장을 반복해서 여러 번 수행할 때 사용한다.

※ for문과 range() 함수에 대해서는 다음의 절부터 자세히 알아볼 것이다. 현재 시점에서는 'for문은 특정 문장을 여러 번 반복수행 시키는 데 사용 되는구나!' 하는 정도로만 이해하면 된다.

for문

for는 '~ 하는 동안'이란 의미를 갖는다. 파이썬을 포함한 많은 프로그래밍 언어에서 사용되는 for문은 주어진 조건에 따라 문장들을 반복 수행하게 된다.

4.2.1 for문의 기본 구조

다음의 for문을 이용하여 1~10까지 정수의 합계를 구하는 예제이다. 이 예제를 통하여 for문의 기본 구조에 대해 알아보자.

예제 4-3. 1~10 정수 합계 구하기	04/ex4-3.py

```
sum = 0                                                          ❶

for i in range(1, 11) :            # i가 1~10의 값을 가지고 10번 반복   ❷
 ⌐sum = sum + i                                                  ❸
 ⌐print("i의 값 : %d => 합계 : %d" % (i, sum))                   ❹
```

¤ 실행 결과

i의 값 : 1 => 합계 : 1
i의 값 : 2 => 합계 : 3
i의 값 : 3 => 합계 : 6
i의 값 : 4 => 합계 : 10
i의 값 : 5 => 합계 : 15
i의 값 : 6 => 합계 : 21
i의 값 : 7 => 합계 : 28
i의 값 : 8 => 합계 : 36
i의 값 : 9 => 합계 : 45
i의 값 : 10 => 합계 : 55

❶ 합계를 의미하는 변수 sum을 0으로 초기화한다.

❷ range(1, 11)은 1, 2, 3, ..., 10까지의 범위(끝 숫자 11은 포함되지 않음)를 갖게 되어 들여쓰기 되어있는 ❸과 ❹의 문장이 10번 반복된다. 이 때 변수 i는 range() 함수의 범위인 1~10의 정수 값을 가지게 된다.

❸ 각 반복 루프에서 우변의 sum + i의 결과가 다시 sum에 저장된다. 이러한 과정을 거쳐 변수 sum에 누적 합계가 구해진다.

❹ 각 반복 루프에서 i와 sum의 값을 포맷에 맞추어 출력한다.

표 4-1 예제 4-3의 각 반복 루프에 따른 변수 값의 변화

반복 루프	i	sum = sum + i
1번째	1	1 ← 0 + 1
2번째	2	3 ← 1 + 2
3번째	3	6 ← 3 + 3
4번째	4	10 ← 6 + 4
5번째	5	15 ← 10 + 5
6번째	6	21 ← 15 + 6
7번째	7	28 ← 21 + 7
8번째	8	36 ← 28 + 8
9번째	9	45 ← 36 + 9
10번째	10	55 ← 45 + 10

표 4-1에서 설명한 것과 같이 10번의 반복 루프가 끝나면 최종 결과인 누적된 합계 55가 sum에 저장된다.

위에서 사용된 for문의 서식은 다음과 같다.

서식	for 변수 in range(반복 횟수의 범위) : 　　문장1 　　문장2 　　......

range() 함수가 나타내는 반복 횟수의 범위 동안 문장1, 문장2, ... 가 반복 수행된다. 이 때 변수는 반복 루프 동안 반복 횟수의 범위에 있는 값을 가진다.

4.2.2 range() 함수

다음 예제를 통하여 for문에서 사용되는 range() 함수에 대해 좀 더 자세히 알아보자.

예제 4-4. range() 함수　　　　　　　　　　　　　　04/ex4-4.py

```
for i in range(10) :                    # 0 ~ 9              ❶
    print(i, end =" ")
print()          # 줄 바꿈


for i in range(1, 11) :                 # 1 ~ 10             ❷
    print(i, end =" ")
print()          # 줄 바꿈


for i in range(1, 10, 2) :              # 1, 3, 5, 7, 9      ❸
    print(i, end =" ")
print()          # 줄 바꿈


for i in range(20, 0, -2) :             # 20, 18, 16, ..., 2 ❹
    print(i, end =" ")
```

¤ 실행 결과

0 1 2 3 4 5 6 7 8 9
1 2 3 4 5 6 7 8 9 10
1 3 5 7 9
20 18 16 14 12 10 8 6 4 2

❶ range(10)은 0~9까지의 범위를 가지기 때문에 변수 i가 0, 1, 2, …, 9의 값을 가지고 문장이 반복 수행된다.

TIP　print(i, end=" ")　————————————————————————

예제 4-4에서 사용된 print(i, end ="")는 변수 i의 값을 출력한 다음 줄 바꿈 대신 공백(" ")을 삽입하라는 의미이다. 이렇게 하면 데이터가 옆으로 이어서 출력된다.

다음의 예에서는 출력할 데이터의 끝에 줄 바꿈 대신에 "/"를 붙이게 된다.

```
year = 2021
month = 10
day = 20
print(year, end="/")
print(month, end="/")
print(day)
```

¤ 실행 결과
　2021/10/20

---

❷ range(1, 11)은 1~10까지의 범위를 가지고 반복 루프가 진행되어 실행결과 2번째 줄의 결과가 출력된다.

❸ range(1, 10, 2)는 1~9의 범위에서 2씩 증가함을 의미하여 1, 3, 5, 7, 9의 값을 가진다. 실행 결과의 3번째 줄(빈 줄 제외)에 나타난 것과 같이 '1 3 5 7 9'가 화면에 출력된다.

❹ range(20, 0, -2)는 20, 18, 16, 14, 12 10, 8, 6, 4, 2의 값을 가지게 되어 실행 결과의 마지막 줄의 결과가 출력된다.

위 예제에서 사용된 range() 함수는 다음의 세 가지 형식으로 사용된다.

```
for 변수 in range(종료값) :
    문장1, 문장2, ...
```

range(종료값)은 0에서 종료값-1의 정수 범위를 갖게 된다. 그리고 변수는 각 반복 루프에서 range() 범위에 있는 각각의 값을 가지게 된다. 예를 들어 range(10)은 0에서 9까지의 정수 범위를 의미한다.

```
for 변수 in range(시작값, 종료값) :
    문장1, 문장2, ...
```

range(시작값, 종료값)은 시작값에서 종료값-1의 정수 범위를 갖는다. 예를 들어 range(1, 11)은 1에서 10까지의 정수 범위를 갖는다.

```
for 변수 in range(시작값, 종료값, 증가_감소) :
    문장1, 문장2, ...
```

range(시작값, 종료값, 증가_감소)는 시작값에서 종료값-1 사이의 정수 범위를 갖는데 각 정수 사이의 간격은 증가_감소에 의해 결정된다. 예를 들어 range(1, 11, 2)는 1에서 10까지의 정수 중에서 2씩 증가하는 범위를 나타내기 때문에 정수 1, 3, 5, 7, 9의 값을 의미한다.

4.2.3 5의 배수 합계 구하기

for문을 이용하여 100에서 200까지의 정수 중에서 5의 배수의 합을 구하는 프로그램을
작성해보자.

예제 4-5. 5의 배수 합계 구하기	04/ex4-5.py

```
sum = 0                                                          ❶

for i in range(100, 201, 5) :      # i가 100~200(5씩 증가)의 값을 가짐   ❷
    sum = sum + i                                                ❸

print("5의 배수의 합계 : %d" % sum)                                   ❹
```

¤ 실행 결과

5의 배수의 합계 : 3150

❶ 변수 sum을 0으로 초기화한다.

❷ range(100, 201, 5)는 100, 105, 110, …, 200의 정수 범위를 의미하고 이 범위의
값들은 각 반복 루프에서 변수 i의 값이 된다.

❸ 반복 루프가 진행되는 동안 sum = sum + i 의 문장이 실행되어 sum에 누적 합계가
구해진다.

❹ print() 함수를 이용하여 5의 배수의 합계(sum의 값)를 출력한다.

앞의 예제 4-5는 for문 안에 if문을 사용하여 다음과 같이 작성할 수도 있다.

예제 4-6. if문 사용하여 5의 배수 합계 구하기   04/ex4-6.py

```
sum = 0

for i in range(100, 201) :          # i가 100~200의 값을 가짐          ❶
    if i%5 == 0 :                   # 5의 배수인지 체크               ❷
        sum = sum + i

print("5의 배수의 합계 : %d" % sum)                                  ❸
```

¤ 실행 결과
5의 배수의 합계 : 3150

❶ range(100, 201)는 100, 101, 102, … , 200 의 값을 가지기 때문에 변수 i는 이 값
   들을 가지고 반복 루프가 진행된다.

❷ if문의 조건식 i%5 == 0 이 참일 경우, 즉 5의 배수인 경우에만 sum = sum + i 의 문
   장이 수행되어 누적 합계가 구해진다.

❸ 예제 4-5와 동일한 결과를 출력하게 된다.

4.2.4 for문에서 문자열 다루기

영어 문장을 입력 받아 세로로 한 글자씩 출력하는 예제를 통하여 for문에서 문자열을 처리
하는 방법을 익혀보자.

예제 4-7. 영어 문장을 세로로 한 자씩 출력하기   04/ex4-7.py

```
word = input("영어 문장을 입력하세요 : ")

for x in word :                     # x는 word의 각 문자를 가지고 반복
    print(x)
```

영어 문장을 입력하세요 : I am happy!
I

a
m

h
a
p
p
y
!

for의 반복 루프에서 변수 x는 문자열 word의 각 문자인 'I', ' ', 'a', 'm', ' ', 'h', 'a', 'p', 'p', 'y', '!'의 값을 가지게 된다. 따라서 print(x)에 의해 한 자씩 세로로 출력된다.

for문에서 문자열을 다루는 서식은 다음과 같다.

서식

```
for 변수 in 문자열 :
    문장1, 문장2, ...
```

for의 반복 루프에서 변수는 문자열의 각 문자 값을 가진다.

이번에는 전화번호에서 숫자 사이에 있는 하이픈(-)을 삭제하는 프로그램을 작성해 보자.

※ 전화번호는 문자열로 처리된다는 점에 유의하기 바란다.

예제 4-8. 전화번호에서 하이픈('-') 삭제하기	04/ex4-8.py

```
phone = input("하이픈(-)을 포함한 휴대폰 번호를 입력하세요: ")

for x in phone :                           ❶
    if x != "-" :                          ❷
        print("%s" % x, end="")
```

하이픈(-)을 포함한 휴대폰 번호를 입력하세요: 010-1234-5678
01012345678

❶ for 루프에서 변수 x는 입력된 전화번호의 각 문자 값을 가진다.

❷ if문의 조건식 x != "-" 는 변수 x의 값이 '-'이 아닐 때에만 실행 결과에서와 같이 해당 문자가 출력된다.

4.2.5 온도 환산표 만들기

for문을 이용하여 -20도에서 30도까지의 섭씨를 화씨로 환산하는 표를 만들어보자.

섭씨 온도를 화씨로 환산하는 수식은 다음과 같다.

> 화씨 온도 = 섭씨 온도 x 9/5 + 32

예제 4-9. 섭씨를 화씨로 환산하기　　　　　　　　　　　　　　04/ex4-9.py

```
print("-" * 30)              # "-"을 30개 출력              ❶
print(" 섭씨  화씨")
print("-" * 30)

for c in range(-20, 31, 5) :  # c : -20, -15, -5, ..., 30   ❷
    f = c * 9.0/ 5.0 + 32.0   # f : 화씨, c : 섭씨            ❸
    print("%5d %6.1f" % (c, f)) # %5d : 정수 5자리            ❹
                              # %6.1f : 실수 6자리, 소수점 첫째 자리까지
print("-" * 30)
```

¤ 실행 결과

```
------------------------------
 섭씨  화씨
------------------------------
   ⌴⌴-20 ⌴⌴⌴-4.0
    -15    5.0
    -10   14.0
     -5   23.0
      0   32.0
    ...
     25   77.0
     30   86.0
------------------------------
```

(5자리) (6자리)

❶ "-"*30은 문자 "-"를 30번 반복 출력한다

❷ range(-20, 31, 5)는 -20, -15, -10, …, 30의 값을 가지며 이 값들은 for 루프 내의 변수 c에 입력되어 반복 루프가 진행된다.

❸ 섭씨 온도(변수 c)를 수식을 이용하여 화씨 온도(변수 f)로 변환한다.

❹ 섭씨온도 c와 화씨온도 f를 포맷에 맞추어 출력한다. 이 때 사용된 문자 코드 %5d는 5자리의 정수를 나타낸다. %6.1f는 실수에 대해 전체 자리 수는 6이고 소수점 첫째 자리까지 구한다.

C 코딩연습 C4-1

for문으로 5의 배수가 아닌 수를 출력하라!

다음은 for문을 이용하여 200에서 800까지의 정수 중에서 5의 배수가 아닌 수를 한 줄에 10개씩 출력하는 프로그램이다. 밑줄 친 부분을 채워 프로그램을 완성하시오.

```
¤ 실행결과
201 202 203 204 206 207 208 209 211 212
213 214 216 217 218 219 221 222 223 224
226 227 228 229 231 232 233 234 236 237
...
776 777 778 779 781 782 783 784 786 787
788 789 791 792 793 794 796 797 798 799
```

```python
count = 0

for i in range(①_____) :
    if ②_____ :              # 조건식 : i는 5의 배수가 아니다
        print("%d"% i, end=" ")          # end=" " : 줄 바꿈 대신 공백(" ") 출력
        count = count + 1                # count : 출력 개수 카운트

        if ③_____:        # count를 10으로 나눈 나머지가 0
            print()                      # 줄 바꿈
```

정답은 176쪽에서 확인하세요.

for문으로 길이 환산표를 만들어라!

다음은 for문을 이용하여 센티미터(1~100cm, 1씩 증가)를 밀리미터(mm), 미터(m), 인치(inch)로 환산하는 표를 만드는 프로그램이다. 밑줄 친 부분을 채워 프로그램을 완성하시오.

```
¤ 실행결과
----------------------------------------
   cm    mm    m    inch
----------------------------------------
    1    10   0.01   0.4
    2    20   0.02   0.8
    3    30   0.03   1.2
    4    40   0.04   1.6
   ...
   99   990   0.99   39.0
  100  1000   1.00   39.4
----------------------------------------
```

```
print("-" * 40)
print("  cm    mm     m    inch")
print("-" * 40)

for ①_____ :          # cm는 1~100까지의 값
    mm = cm * 10.0
    m  = cm * 0.01
    inch = cm * 0.3937
    print(②_____)

print("-" * 40)
```

정답은 176쪽에서 확인하세요.

C 코딩연습 C4-3

for구문으로 별표(*) 트리를 만들어라!

다음은 for 구문 이용하여 별표(*)로 왼쪽 삼각형 모양 트리를 만드는 코드의 일부 코드입니다. 완성된 전체 코드는 그림과 같이 출력되어야 합니다.

¤ 실행결과

```
*
**
***
****
*****
******
*******
********
*********
**********
```

```
for i in range(1,11):
    print(①)    # i의 개수만큼 *를 출력
    print()
```

정답은 176쪽에서 확인하십시오.

코딩연습
C4-4

C4-3의 트리 모양을 변경하라!

다음은 C4-3의 프로그램을 수정하여 역삼각형 형태의 트리를 만드는 프로그램이다. 밑줄 친 부분을 채워 프로그램을 완성하시오.

¤ 실행결과
```
**********
*********
********
*******
******
*****
****
***
**
*
```

```
for i in range(10) :
    print(①_____)
    print()
```

정답은 176쪽에서 확인하세요.

다음은 for문을 이용하여 키보드로 입력된 숫자에서 홀수의 개수를 카운트하는 프로그램이다. 밑줄 친 부분을 채워 프로그램을 완성하시오.

> ☼ 실행결과
> 숫자를 입력하세요 : 477569040
> 홀수의 개수 : 4 개

```
number = input("숫자를 입력하세요 : ")

total = 0

for ①_____:        # number는 문자열로 처리됨
    a = int(a)                      # int() 함수는 정수로 변환
    if ②_____ :             # a가 홀수인지를 체크
        ③_____

print("홀수의 개수 : %d 개" % total)
```

정답은 176쪽에서 확인하세요.

for문으로 무게 단위 환산표를 만들어라!

다음은 100 ~ 200(2씩 증가)에 대해 킬로그램(kg)을 파운드(pound)와 온스(ounce)로 환산하는 환산 표를 만드는 프로그램이다. 밑줄 친 부분을 채워 프로그램을 완성하시오.

```
¤ 실행결과
--------------------------------------------------
  킬로그램    파운드     온스
--------------------------------------------------
   100    220.5   3527.4
   102    224.9   3597.9
   104    229.3   3668.5
   106    233.7   3739.0
   108    238.1   3809.6
   ...
   198    436.5   6984.2
   200    440.9   7054.8
--------------------------------------------------
```

```
print("-" * 50)
print("%7s %7s %7s" % ("킬로그램", "파운드", "온스"))
print("-" * 50)

for ①_____:   # kg은 100~200(2씩증가)
    pound = kg * 2.204623
    ounce = kg * 35.273962
    print(②_____)

print("-" * 50)
```

※ %7s는 전체 자리수가 7자리인 문자열을 의미한다. 자세한 설명은 153쪽을 참고하기 바란다.

정답은176쪽에서 확인하세요.

이중 for문

이중 for문은 for문을 이중으로 사용하는 것을 말한다. 2단에서 9단까지의 구구단 표를 만드는 과정을 통하여 이중 for문의 사용법을 익혀보자.

먼저 for문을 이용하여 구구단 표 2단을 만들어보자.

예제 4-10. 2단 구구단 만들기   04/ex4-10.py

```
a = 2                                                              ❶

for b in range(1, 10) :                                            ❷
    print("%d x %d = %d" % (a, b, a*b))
```

¤ **실행 결과**

```
2 x 1 = 2
2 x 2 = 4
2 x 3 = 6
2 x 4 = 8
2 x 5 = 10
2 x 6 = 12
2 x 7 = 14
2 x 8 = 16
2 x 9 = 18
```

❶ 구구단에서 단을 의미하는 변수 a에 2를 저장한다.

❷ 변수 b가 1에서 9까지의 값을 가지면서 반복 루프가 수행된다. 각 루프에서 변수 a, 변수 b, a*b의 값을 출력하여 2단 구구단을 만든다.

이번에는 이중 for문을 이용하여 2단 ~ 9단까지의 구구단 표를 만들어 보자.

예제 4-11. 전체 구구단 표 만들기　　　　　　　　　　　　　　04/ex4-11.py

```
print("-" * 30)

for a in range(2, 10) :                    # a : 2 ~ 9        ❶
    for b in range(1, 10) :                # b : 1 ~ 9        ❷
        print("%d x %d = %d" % (a, b, a*b))

    print("-" * 30)
```

¤ 실행 결과

```
------------------------------
2 x 1 = 2
2 x 2 = 4
2 x 3 = 6
2 x 4 = 8
2 x 5 = 10
2 x 6 = 12
2 x 7 = 14
2 x 8 = 16
2 x 9 = 18
------------------------------
3 x 1 = 3
3 x 2 = 6
3 x 3 = 9
...
9 x 7 = 63
9 x 8 = 72
9 x 9 = 81
------------------------------
```

2단 만들기

제일 먼저 ❶의 첫 번째 for문의 변수 a가 2의 값을 가진다. 변수 a의 값이 2로 고정된 상태에서 ❷의 두 번째 for문의 변수 b가 1에서 9까지의 값을 가지고 반복 루프가 진행되어 구구단 표 2단이 만들어진다.

3단 만들기

3단에서는 변수 a가 3 값으로 고정된 상태에서 다시 ❷의 for문의 변수 b가 1에서 9까지의 값으로 반복 루프가 수행되어 구구단 표 3단이 만들어진다.

같은 방식으로 나머지 4단에서 9단까지의 전체 구구단 표가 완성된다.

이중 for문으로 사각형 형태를 만들어라!

다음은 이중 for문을 이용하여 별표(*)로 실행 결과와 같은 형태를 만드는 프로그램이다. 밑줄 친 부분을 채워 프로그램을 완성하시오.

¤ 실행결과
```
* * * * * * * * * *
* * * * * * * * * *
* * * * * * * * * *
* * * * * * * * * *
* * * * * * * * * *
```

```
for i in ①_____ :        # i는 0~4 값을 가지고 5번 반복
    for j in ②_____ :   # j는 0~9 값을 가지고 10번 반복
        print("*", end=" ")
    print()
```

정답은 176쪽에서 확인하세요.

이중 for문으로 역삼각형 형태의 숫자를 만들어라!

다음은 이중 for문을 이용하여 숫자로 실행 결과와 같은 형태를 만드는 프로그램이다. 밑줄 친 부분을 채워 프로그램을 완성하시오.

```
¤ 실행결과
9 9 9 9 9 9 9 9 9
8 8 8 8 8 8 8 8
7 7 7 7 7 7 7
6 6 6 6 6 6
5 5 5 5 5
4 4 4 4
3 3 3
2 2
1
```

```
for i in ①_____ :
    for j in ②_____ :
        print(i, end=" ")
    print()
```

정답은 176쪽에서 확인하세요.

while문

while문은 for문과 함께 많이 사용되는 반복문으로서 사용 형태는 다음과 같다.

서식

```
while 조건식 :
    문장1
    문장2
    ...
```

while문은 조건식이 참인 동안 들여쓰기 되어 있는 문장1, 문장2, ... 이 반복 수행된다.

4.4.1 while문의 기본 구조

다음은 while문을 이용하여 1에서 10까지 정수의 합계를 구하는 프로그램이다. 이 예를 통하여 while문의 기본 구조에 대해 알아보자.

예제 4-12. while문으로 1~10 합계 구하기	04/ex4-12.py

```
sum = 0                                              ❶
i = 1                    # i를 1로 초기화              ❷

while i <= 10 :          # 반복 루프에서 i는 1~10 값을 가짐   ❸
    sum = sum + i        # 누적합계 구함                ❹
    print("i의 값 : %2d => 합계 : %d" % (i, sum))       ❺

    i = i + 1            # i는 1씩 증가                ❻
```

¤ 실행 결과

i의 값 : 1 =〉 합계 : 1

i의 값 : 2 =〉 합계 : 3

i의 값 : 3 =〉 합계 : 6

i의 값 : 4 =〉 합계 : 10

i의 값 : 5 =〉 합계 : 15

i의 값 : 6 =〉 합계 : 21

i의 값 : 7 =〉 합계 : 28

i의 값 : 8 =〉 합계 : 36

i의 값 : 9 =〉 합계 : 45

i의 값 : 10 =〉 합계 : 55

❶ 합계를 나타내는 변수 sum을 0으로 초기화한다.

❷ while문의 반복 루프에서 사용될 변수 i를 1로 초기화한다.

❸ while의 조건식 i 〈= 10 이 참인 동안 동안에 ❹~❻의 문장이 반복 수행된다. 그리고 while의 조건식 i 〈= 10 이 거짓이 되는 순간, 즉 i가 10이되면 바로 반복 루프를 빠져 나가게 된다.

다음의 표를 통해 각 반복 루프에서 조건식(i 〈= 10)의 참/거짓의 상태를 알아보고 루프 내의 변수들이 어떤 값을 갖는지 살펴보자.

표 4-2 예제 4-12의 각 반복 루프에 따른 변수 값의 변화

반복 루프	i	조건식(i〈=10)	sum = sum + i	i = i + 1
1번째	1	1〈=10 : 참	1 ← 0 + 1	2 ← 1 + 1
2번째	2	2〈=10 : 참	3 ← 1 + 2	3 ← 2 + 1
3번째	3	3〈=10 : 참	6 ← 3 + 3	4 ← 3 + 1
4번째	4	4〈=10 : 참	10 ← 6 + 4	5 ← 4 + 1
5번째	5	5〈=10 : 참	15 ← 10 + 5	6 ← 5 + 1
6번째	6	6〈=10 : 참	21 ← 15 + 6	7 ← 6 + 1
7번째	7	7〈=10 : 참	28 ← 21 + 7	8 ← 7 + 1

8번째	8	8<=10 : 참	36 ← 28 + 8	9 ← 8 + 1
9번째	9	9<=10 : 참	45 ← 36 + 9	10 ← 9 + 1
10번째	10	10<=10 : 참	55 ← 45 + 10	11 ← 10 + 1
11번째	11	11<=10 : 거짓	조건식이 거짓이 되어 반복 루프 빠져나감	

while문은 기본적으로 다음과 같은 세 가지 구성 요소를 가지고 있다.

서식

```
변수_초기화                                              ❶

while 조건식 :                                           ❷
    문장1
    문장2
    ...
    변수값_증가_감소                                      ❸
```

❶ while문의 조건식에서 사용되는 변수 값을 초기화한다.

❷ while의 조건식이 있어야 한다. 조건식이 참인 동안 반복 루프에 있는 문장들이 수행된다. 즉, 문장1, 문장2, ... 변수값_증가_감소가 모두 반복 수행된다.

❸ while문의 조건식에서 사용된 변수의 값이 증가하거나 감소하여야 한다.

❸에서와 같이 변수 값에 변화가 있어야 한다. 만약 그렇지 않으면 ❶에서 설정된 변수의 값에 변화가 없게 되어 while문의 조건식이 항상 참이 되기 때문에 컴퓨터는 해당 문장들을 무한 반복 수행하여 컴퓨터에 랙이 걸리게 된다.

4.4.2 while문으로 5의 배수 합계 구하기

다음 예제는 while문으로 500에서 600까지의 정수 중 5의 배수의 합계를 구하는 프로그램이다.

예제 4-13. while문으로 5의 배수 합계 구하기   04/ex4-13.py

```
sum = 0                                                        ❶
i = 500                          # i 의 값을 500으로 설정

while i <= 600 :                                               ❷
    if i % 5 == 0 :              # 5의 배수인지 체크             ❸
        sum = sum + i           # 누적합계 구함                 ❹

    i = i + 1                   # i 값을 1씩 증가시킴            ❺

print("5의 배수 합계 : %d" % (sum))                             ❻
```

☼ 실행 결과

5의 배수 합계 : 11550

❶ 합계를 의미하는 변수 sum을 0으로 초기화하고 변수 i를 500으로 초기화한다.

❷ while 루프에서 변수 i는 500에서 시작하여 ❺에 의해 1씩 증가한다. 조건식 i <= 600
  이 참인 동안 ❸~❺의 문장이 반복 수행된다. 변수 i의 값이 601이 되면 while의 조건
  식 601 <= 600 은 거짓이 되기 때문에 반복 루프를 빠져 나간다.

❸ if문의 조건식 i % 5 == 0 에 의해 i가 5의 배수일 때만 ❹의 문장이 수행되어 5의 배
  수의 누적 합계 sum이 구해진다.

❻ 실행 결과에 나타난 것과 같이 5의 배수 합계를 출력한다.

4.4.3 while문으로 영어 모음 개수 구하기

이번에는 while문을 이용하여 문자열을 처리하는 방법을 익혀 보자. 다음 예제는 while문을 이용하여 영어 문장에 포함된 모음의 개수를 카운트하는 프로그램이다

예제 4-14. while문으로 영어 모음 개수 구하기	04/ex4-14.py

```python
s = "Python is widely used by a number of big companies"

i = 0                                                          ❶
count = 0                    # 모음 개수 카운트 변수 count를 0으로 초기화

print("모음 : ", end = "")

while i <= len(s) - 1 :         # len(s)는 문자열 s의 문자 개수를 구함      ❷
    if (s[i] == "a" or s[i] == "A"  or s[i] == "e" or s[i] == "E" \      ❸
        or  s[i] == "i" or s[i] == "I" or s[i] == "o" or s[i] == "O" \
        or s[i] == "u" or s[i] == "U") :
        count = count + 1                                        ❹
        print(s[i], end=" ")                                     ❺

    i = i + 1                    # i의 값을 1씩 증가시킴

print()
print("모음 개수 : %d" % count)                                  ❻
```

¤ 실행 결과

모음 : o i i e u e a u e o i o a i e
모음 개수 : 15

❶ 문자열의 인덱스를 나타내는 변수 i를 0, 모음 개수를 의미하는 변수 count를 0으로 초기화한다.

❷ len(s)는 문자열 s의 길이를 의미한다. 조건식 i <= len(s) − 1 은 변수 i가 문자열의 길이에서 1을 뺀 숫자보다 작거나 같은 동안 while 루프가 반복된다. 따라서 while 루프에서 변수 i는 0 ~ len(s)−1 까지의 값을 갖는다. 변수 i는 문자열 s의 인덱스로 사용된다.

❸ if문의 조건식에서는 문자열의 각 문자를 의미하는 s[i]가 모음인지를 체크하여 참인 경우에는 ❹와 ❺의 문장을 수행한다.

※ 문장 끝에 역 슬래쉬(\)는 현 문장이 다음 줄에도 계속됨을 나타낸다.

❹ count = count + 1 은 변수 count의 값을 하나씩 증가시킨다.

❺ s[i]를 실행 결과의 첫 번째 줄에 나타난 것과 같이 화면에 출력한다.

❻ 실행 결과의 두 번째 줄에 나타난 것과 같이 모음의 개수(변수 count)를 출력한다.

TIP 한 줄의 코드를 여러 줄로 나눠 쓰기 : \ ────────────

예제 4-14 ❸에서와 같이 하나의 문장 끝에 사용된 역 슬래쉬(\)는 하나의 코드를 여러 줄로 나누어 쓸 때 사용한다. 이와 같이 한 줄의 코드가 길어져 프로그래밍 하기가 불편한 경우에는 역슬래쉬(\)를 이용하여 여러 줄에 나누어 입력할 수 있다.

※ 키보드에서 역 슬래쉬(\)를 입력하려면 엔터 키 위에 있는 ₩ 키를 누르면 된다.

---

break문으로 빠져 나가기

for문이나 while문을 사용하다 보면 반복 루프를 수행 중 중간에 루프를 빠져나가고 싶은 경우가 종종 생긴다. 이 때 사용하는 것이 break문이다. 일반적으로 break문은 if문과 같이 사용되어 반복 루프가 진행되는 동안 조건식을 만족하면 반복 루프를 빠져 나가게 한다.

다음 예제를 통하여 break문의 사용법을 익혀보자.

예제 4-15. break문으로 반복 루프 빠져 나가기	04/ex4-15.py

```
for i in range(1, 1001) :                    ❶
    print(i)                                 ❷

    if i == 10 :                             ❸
        break                                ❹
```

¤ 실행 결과

```
1
2
3
...
10
```

위의 예제 4-15의 ❸과 ❹에서 if문과 break문이 없다고 가정하면 ❶의 for 루프에서 변수 i는 1 ~ 1000까지의 값을 갖고 for의 반복 루프가 수행되기 때문에 1 ~ 1000의 숫자들이 실행 결과 화면에 출력될 것이다.

그러나 ❸의 if문에서 조건식 i == 10 에 의해 변수 i가 10의 값을 갖는 순간 조건식이 참이 되어 그 다음에 있는 break문에 의해 for 루프를 빠져 나가게 된다. 따라서 실행 결과에 나타난 것과 같이 1~10까지의 숫자 만이 출력된다.

break문의 사용 형식의 예는 다음과 같다.

```
for 변수 in range() :                    ❶
    문장1                                 ❷
    문장2
    …
    if 조건식 :                           ❸
        break                             ❹
    …                                     ❺
```

❶의 for문의 range() 함수의 범위 동안 ❷~❺의 문장들이 반복수행 된다. 반복 루프가 수행되는 도중 ❸의 if문의 조건식이 참이 되는 순간 ❹의 break문이 수행되어 ❺ 이하에 기술된 문장들은 수행하지 않고 반복 루프를 빠져나가게 된다.

while문에서도 유사하게 break문을 이용하면 원하는 조건에서 반복 루프를 빠져나가게 할 수 있다.

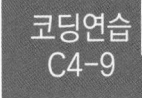

while문으로 홀수의 누적 합계를 구하라!

다음은 while문을 이용하여 1~100 정수 중 홀수의 누적 합계를 구하는 프로그램이다. 밑줄 친 부분을 채워 프로그램을 완성하시오.

¤ 실행결과

```
   1     4     9    16    25    36    49    64    81   100
 121   144   169   196   225   256   289   324   361   400
 441   484   529   576   625   676   729   784   841   900
 961  1024  1089  1156  1225  1296  1369  1444  1521  1600
1681  1764  1849  1936  2025  2116  2209  2304  2401  2500
```

```
n = 1                              # n을 1로 초기화
sum = 0                            # 누적합계 sum 0으로 초기화
count = 0                          # count를 0으로 초기화

while n <= 100 :
    if ①_____ :          # n이 홀수인지를 체크
        sum = sum + n              # 누적합계 구함
        print("%6d" % sum, end="")
        ②_____          # count를 1 증가시킴

        if ③_____ :      # count가 10의 배수이면 줄 바꿈함
            print()

    n = n + 1                      # n 값 1씩 증가
```

정답은 176쪽에서 확인하세요.

while문으로 통화 환산표를 만들어라!

다음은 while문을 이용하여 10~100 달러(10씩 증가)에 대한 원화와 유로의 환산표를 만드는 프로그램이다. 밑줄 친 부분을 채워 프로그램을 완성하시오.

```
¤ 실행결과
------------------------------
  달러   원화   유로
------------------------------
  10   10800   8.1
  20   21600   16.2
  30   32400   24.3
  ...
 100  108000   81.0
------------------------------
```

```
print("-" * 30)
print("  달러   원화   유로")
print("-" * 30)

①_____        # dollar를 10으로 초기화

while dollar <= 100 :
   won  = dollar * 1080
   euro = dollar * 0.81

   print("%7d %8.0f %7.1f" % (②_____))

   ③_____        # dollar를 10 증가시킴

print("-" * 30)
```

정답은 176쪽에서 확인하세요.

while문으로 영어 문장을 역순으로 출력하라!

다음은 while문을 이용하여 영어 문장을 역순으로 하고 공백(' ')을 하이픈('-')으로 변경하는 프로그램이다. 밑줄 친 부분을 채워 프로그램을 완성하시오.

> ¤ 실행결과
> 문장을 입력해 주세요: You mean everything to me.
> .em-ot-gnihtyreve-naem-uoY

```
sentence = input("문장을 입력해 주세요: ")

i = ①_____        #  i의 값 초기화, len() 함수 이용

while i >= 0 :
    if sentence[i] == " " :        # 문자가 공백이면
        print("-", end="")
    else :
        print('%s' % sentence[i], end="")

    ②_____            # i의 값을 1 감소시킴
```

정답은 176쪽에서 확인하세요.

코딩연습 정답　C4-1　① 200, 801　② i % 5 != 0　③ count % 10 == 0

C4-2　① cm in range(1, 101)

② "%7d %7.0f %7.2f %7.1f" % (cm, mm, m, inch)

C4-3　① "*" * i, end=""

C4-4　① "*" * (10−i), end=""

C4-5　① a in number　② a%2 == 1　③ total = total + 1

C4-6　① kg in range(100, 201, 2)

② "%8d %8.1f %8.1f" % (kg, pound, ounce)

C4-7　① range(5)　② range(10)

C4-8　① range(9, 0, −1)　② range(i)

C4-9　① n%2 == 1　② count = count + 1

③ count%10 == 0

C4-10　① dollar = 10　② dollar, won, euro

③ dollar = dollar + 10

C4-11　① len(sentence) − 1　② i = i − 1

연습문제 4장. 반복문

E4-1. for 문을 이용하여 1~10 까지의 수 중에서 홀수를 출력하는 프로그램을 작성하시오.

¤ 실행결과

1
3
5
7
9

E4-2. for 문을 이용하여 1~100 까지의 수 중에서 3의 배수의 합을 구하는 프로그램을 작성하시오.

¤ 실행결과

1~100 까지의 3의 배수 합계 : 1683

E4-3. for 문을 이용하여 1~100 까지의 수 중에서 5의 배수를 출력하는 프로그램을 작성하시오.

¤ 실행결과

5 10 15 20 25 30 35 40 45 50 55 60 65 70 75 80 85 90 95 100

E4-4. 3번 문제와 동일한 프로그램인데 다음의 실행 결과에서와 같이 5의 배수를 한 줄에 5개씩 출력하는 프로그램을 작성하시오.

¤ 실행결과

5 10 15 20 25
30 35 40 45 50
55 60 65 70 75
80 85 90 95 100

E4-5. for 문을 이용하여 1~100 까지의 수 중에서 4의 배수의 누적 합계를 구하는 프로그램을 작성하시오.

　¤ 실행결과

　4 --〉4
　8 --〉12
　12 --〉24
　...
　96 --〉1200
　100 --〉1300

E4-6. for 문을 이용하여 10!, 즉 10 팩토리얼(1*2*3... *10)을 구하는 프로그램을 작성하시오.

　¤ 실행결과
　10! = 362880

E4-7. 6번 문제와 동일한 결과를 가져오는 프로그램을 while문을 이용하여 작성하시오.

　¤ 실행결과
　※ 실행 결과는 E4-6의 결과와 동일함.

E4-8. for문을 사용하여 1~50cm(1씩 증가)에 대해 길이 환산표(cm, mm, m, inch)를 만드는 프로그램을 작성하시오.

　¤ 실행결과

```
-------------------------------------------
   cm    mm     m    inch
-------------------------------------------
    1    10    0.01    0.39
    2    20    0.02    0.79
    ...
    50   500   0.50    19.68
-------------------------------------------
```

E4-9. 8번 문제와 동일한 결과를 가져오는 프로그램을 while문을 이용하여 작성하시오.

　¤ 실행결과
　※ 실행 결과는 E4-8의 결과와 동일함.

☎ 심화 문제

S4-1. while문을 이용하여 1~1000까지의 수 중에서 3의 배수가 아닌 수를 출력하는 프로그램을 작성하시오. 단, 한 줄에 10개씩 출력함.

¤ 실행결과

```
1 2 4 5 7 8 10 11 13 14
16 17 19 20 22 23 25 26 28 29
31 32 34 35 37 38 40 41 43 44
...
976 977 979 980 982 983 985 986 988 989
991 992 994 995 997 998 1000
```

S4-2. 성적을 입력받아 등급(수:90점 이상, 우:80점 이상, 미:70점 이상, 양:60점 이상, 가:60점 미만)을 판정하는 프로그램을 작성하시오. 단, 'q'를 입력하면 프로그램이 종료됨.

¤ 실행결과

```
성적을 입력하세요 : 95
등급 : 수
계속하시겠습니까?(중단:q, 계속:y) y
성적을 입력하세요 : 65
등급 : 양
계속하시겠습니까?(중단:q, 계속:y) q
```

S4-3. 범위의 시작 수와 끝 수를 입력 받아 그 범위 내에 있는 소수를 구하는 프로그램을 작성하시오.

¤ 실행결과

```
시작 수를 입력해주세요 : 30
끝 수를 입력해주세요 : 80
31 37 41 43 47 53 59 61 67 71 73 79
```

05

Chapter 05
리스트

리스트는 하나의 변수로 다수의 데이터를 한꺼번에 처리할 수 있는 기능을 제공한다. 5장에서는 리스트 요소의 추가, 수정, 삽입, 삭제하는 방법을 배우고 반복문에서 리스트를 활용하는 방법을 익힌다. 또한 이중 for문을 이용하여 2차원 리스트를 처리하는 방법에 대해서도 배우게 된다.

리스트란?

리스트는 여러 개의 데이터 값을 하나의 변수, 즉 리스트에 담을 수 있는 데이터 구조이다. 리스트는 다음과 같이 요소들을 콤마(,)로 분리하고 대괄호([ ])로 둘러싸게 된다.

score = [90, 89, 77, 95, 67]
fruit = ["apple", "banana", "orange"]

5.1.1 리스트 생성하기

리스트를 생성할 때는 다음 예제에서와 같이 대괄호([])나 list() 함수를 사용한다.

예제 5-1. 리스트 생성　　　　　　　　　　　　　　　　　　　　05/ex5-1.py

```
list1 = [3, 15, -12.5, "사과", "딸기"]      # []를 이용하여 리스트 생성    ❶
print(list1)

list2 = list(range(1, 21, 2))            # list() 함수로 리스트 생성    ❷
print(list2)
```

¤ 실행 결과
[3, 15, -12.5, '사과', '딸기']
[1, 3, 5, 7, 9, 11, 13, 15, 17, 19]

❶ 리스트 list1은 3, 15, -12.5, "사과", "딸기"의 다섯 개 요소로 구성된다. 리스트는 정수, 실수, 문자열 등 다양한 데이터 형을 가질 수 있다.

❷ list() 함수를 이용하여 리스트 list2를 생성한다. 여기서 range(1, 21, 2)는 1, 3, 5, ... 19의 범위를 가진다.

대괄호([])를 이용하여 리스트를 생성하는 데 사용되는 서식은 다음과 같다.

서식	리스트명 = [요소1, 요소2, 요소3, ...]

요소1, 요소2, 요소3, ... 로 구성된 리스트명의 리스트를 생성한다. 리스트의 요소는 정수, 실수, 문자열 등 다양한 데이터 형을 가질 수 있다.

5.1.2 리스트에서 요소 추출하기

다음 예제를 통하여 리스트에서 하나의 요소 또는 여러 요소들을 추출하는 방법에 대해 알아보자.

예제 5-2. 리스트에서 요소 추출	05/ex5-2.py

```python
color = ["빨강", "주황", "노랑", "초록", "파랑", "남색", "보라"]       ❶

print(color[0])         # 인덱스는 0부터                              ❷
print(color[5])         # 인덱스 5의 요소                             ❸
print(color[2:6])       # 인덱스 2부터 5까지                          ❹
print(color[-3])        # 뒤에서 3번째 요소                           ❺
print(color[-4:-1])     # 뒤에서 4번째부터 뒤에서 2번째 까지의 요소   ❻
```

¤ 실행 결과

빨강
남색
['노랑', '초록', '파랑', '남색']
파랑
['초록', '파랑', '남색']

❶ 리스트 color에 7개의 문자열, 즉 '빨강', '주황', '노랑', '초록', '파랑', '남색', '보라'
를 저장한다.

❷ 대괄호([ ]) 안에 있는 숫자 0과 같은 것을 인덱스라고 하는데 리스트의 인덱스는 문자
열의 인덱스와 같이 0부터 시작한다. color[0]은 리스트 color의 0번째 인덱스의 요
소, 즉 '빨강'을 의미한다.

※ 문자열에서와 마찬가지로 리스트에서도 인덱스의 시작은 0이다.

❸ color[5]는 인덱스 5, 즉 리스트 color의 여섯 번째 요소인 '남색'을 의미한다.

❹ color[2:6]는 리스트 color의 인덱스 2인 '노랑'에서 부터 인덱스 5인 '남색'까지의 요
소로 구성된 리스트, 즉 ['노랑', '초록', '파랑', '남색']을 의미한다.

※ color[2:6]에서 인덱스 6인 요소는 포함되지 않는다는 것에 유의하기 바란다.

❺ color[-3]은 리스트 color의 뒤에서 세 번째 요소인 '파랑'을 의미한다.

❻ color[-4:-1]은 리스트 color의 인덱스 -4, 즉 뒤에서 네 번째 요소인 '초록'부터 인덱
스 -2인 '남색'까지의 요소들을 의미한다.

반복문과 리스트

리스트는 for문이나 while문 같은 반복문과 같이 많이 사용된다. 반복문의 반복 루프에서는 리스트의 각 요소를 반복적으로 읽어 들여 처리함으로써 리스트의 요소들을 효율적으로 다룰 수 있다.

5.2.1 for문에서 리스트 사용하기

다음은 for문에서 리스트를 사용하는 간단한 예이다. 이를 통하여 반복문에서 리스트를 처리하는 방법에 대해 알아보자.

예제 5-3. for문에서 리스트 사용 예 `05/ex5-3.py`

```python
colors = ["빨간색", "파란색", "노란색", "검정색", "초록색"]          ❶

for color in colors :                                          ❷
    print("나는 %s을 좋아한다" % color)     # %s는 문자열        ❸
```

¤ 실행 결과

나는 빨간색을 좋아한다
나는 파란색을 좋아한다
나는 노란색을 좋아한다
나는 검정색을 좋아한다
나는 초록색을 좋아한다

❶ 문자열 '빨간색', '파란색', '노란색', '검정색', '초록색'을 요소로 하는 리스트 colors를 생성한다.

❷ for 루프의 각 반복에서 사용되는 변수 color는 리스트 colors의 각각의 요소 값을 가진다. 리스트 colors의 요소가 다섯 개이기 때문에 ❸의 문장이 다섯 번 반복 수행된다.

❸ 문자열 포맷팅을 이용하여 '나는 ###을 좋아한다.'를 화면에 출력한다.

for문에서 리스트를 사용하는 기본 형식은 다음과 같다.

서식	
	for 변수 in 리스트명 :

변수는 리스트 각 요소의 값을 가지고 for 반복 루프가 진행된다.

앞 예제 5-3의 for문에서 리스트 데이터를 읽어 들일 때 다음 예제에서와 같이 range() 함수를 이용하면 리스트의 인덱스를 이용하여 요소에 접근할 수 있다.

예제 5-4. for문에서 range() 함수 사용 예	05/ex5-4.py

```
colors = ['빨간색', '파란색', '노란색', '검정색', '초록색']

n = len(colors)                         # len() 함수 : 리스트 길이        ❶
for i in range(0, n) :                   # i의 값 : 0 ~ 4               ❷
    print('나는 %s을 좋아한다' % colors[i])  # i : colors의 인덱스         ❸
```

¤ 실행 결과

※ 실행 결과는 예제 5-3과 동일하다.

❶ len(colors)는 리스트 colors의 길이인 5의 값을 가진다.

❷ for 루프에서 사용되는 변수 i는 colors의 인덱스를 의미하며 0 ~ 4의 값을 가진다.

❸ colors[i]는 인덱스 i의 요소를 의미한다. 예를 들어 colors[2]는 리스트 colors의 인덱스 2가 가리키는 "노란색"의 값을 가진다.

5.2.2 while문에서 리스트 사용하기

다음은 while문에서 리스트를 다루는 간단한 예이다.

예제 5-5. while문에서 리스트 사용 예	05/ex5-5.py

```
animals = ["코끼리", "호랑이", "사슴", "펭귄", "여우"]            ❶

i = 0                                                        ❷
while i < len(animals) :        # len() 함수 : 리스트 길이       ❸
    print(animals[i])           # animals[i] : 인덱스 i의 요소    ❹

    i = i + 1                                                 ❺
```

¤ 실행 결과

코끼리
호랑이
사슴
펭귄
여우

❶ '코끼리', '호랑이', '사슴', '펭귄', '여우'의 문자열 요소를 가진 리스트 animals를 생성한다.

❷ while 루프에서 사용될 변수 i를 0으로 초기화한다.

❸ len(animals)는 리스트 animals의 길이인 5의 값을 갖는다.

❹ print(animals[i])가 다섯 번 반복 수행되어 실행 결과와 같은 내용이 출력된다. animals[0]은 리스트 animals의 0번째 요소인 '코끼리'가 된다. 그리고 animals[1], animals[2], animals[3], animals[4]는 각각 문자열 '호랑이', '사슴', '펭귄', '여우' 의 값을 가진다.

❺ 변수 i의 값을 1 증가시킨다.

5.3 리스트 요소 변환

이번 절에서는 리스트 요소 값의 수정, 리스트에 새로운 요소 추가, 리스트에 요소 삽입, 리스트 요소 위치 찾기, 그리고 리스트에서 요소를 삭제하는 방법에 대해 알아본다.

5.3.1 리스트 요소 수정하기

다음 예제를 통하여 리스트 내에 있는 특정 요소의 값을 수정하는 방법에 대해 알아보자.

예제 5-6. 리스트 요소 수정   05/ex5-6.py

```python
flowers = ["목련", "벚꽃", "장미", "백일홍"]
print(flowers)

flowers[1] = "무궁화"                                         ❶
print(flowers)                                               ❷
```

¤ 실행 결과

['목련', '벚꽃', '장미', '백일홍']
['목련', '무궁화', '장미', '백일홍']

❶ flowers[1]='무궁화'는 리스트 flowers의 인덱스 1, 즉 두 번째 요소 값인 '벚꽃'을 '무궁화'로 수정한다.

❷ 실행 결과를 보면 리스트의 두 번째 요소의 값이 '벚꽃' 대신에 '무궁화'로 변경되어 있음을 알 수 있다.

리스트의 요소 값을 수정하는 데 사용되는 서식은 다음과 같다.

서식	리스트명[인덱스] = 데이터

리스트명의 인덱스가 지시하는 요소의 값을 데이터로 수정한다.

5.3.2 리스트 요소 추가하기

리스트의 append() 함수를 이용하면 다음 예제에서와 같이 리스트의 제일 뒤에 새로운 요소를 추가할 수 있다.

예제 5-7. 리스트 새로운 요소 추가	05/ex5-7.py

```
arr = [5, 3, 12, 9, 2]
print(arr)

arr.append(10)                                            ❶
print(arr)                                                ❷
```

¤ 실행 결과

[5, 3, 12, 9, 2]
[5, 3, 12, 9, 2, 10]

❶ arr.append(10)은 리스트 arr의 제일 뒤에 10의 값을 추가한다.
❷ 실행 결과를 보면 리스트의 마지막에 10이 추가된 것을 확인할 수 있다.

¤ 위에서 append() 함수를 사용할 때는 print(), input(), range() 등 일반적인 함수와는 달리 리스트명(arr) 다음에 점(.)을 찍은 다음 함수명을 사용하였다. append() 함수는 리스트 내에서만 사용 가능한데 이러한 함수를 메소드(Method)라고 부른다.

메소드(Method)는 객체지향(Object-oriented)에서 나온 말이다. 1장의 파이썬 개요에서 파이썬은 객체지향 언어 중의 하나라고 설명하였다. 사실 객체지향 언어의 관점에서 보면 우리가 사용하였던 정수, 실수, 문자열, 리스트 등은 모두 객체(Object)이다. 객체는 그 내부에 변수와 함수를 보유하고 있다. 객체에 소속된 함수를 메소드라고 한다.

예제 5-7에서 사용된 함수 append()는 리스트 객체 arr 내부에서 사용되는 함수, 즉 메소드가 된다.

정리하면 리스트의 append() 메소드는 리스트 내부에서 사용되는 함수로 리스트 마지막에 요소를 추가하는 역할을 수행한다.

※ 지금 단계에서는 'append() 메소드는 리스트 내부에서 사용되는 함수이다.' 정도로만 이해하고 있으면 된다. 객체와 메소드에 대해서는 11장의 클래스에서 자세히 배울 것이다.

리스트에서 사용되는 append() 메소드의 사용 서식은 다음과 같다.

<table>
<tr><td>서식</td><td>리스트명.append(데이터)</td></tr>
</table>

append() 메소드는 리스트명 요소의 제일 뒤에 데이터를 추가하는 역할을 수행한다. append() 메소드는 리스트명 뒤에 점('.')을 찍고 사용한다.

빈 리스트에 요소를 하나씩 추가하는 예를 통하여 append() 메소드의 활용법을 익혀 보자.

```
예제 5-8. 빈 리스트에 요소 추가                              05/ex5-8.py

scores = []                    # [] : 빈 리스트, 요소가 없음        ❶

while True :                   # 무한 반복                        ❷
    score = int(input("성적을 입력하세요(종료 : -1): "))          ❸

    if score == -1 :                                            ❹
        break                  # score가 -1이면 while 루프 빠져나감
    else :                                                      ❺
        scores.append(score)   # 리스트 추가

print(scores)                                                   ❻
```

¤ 실행 결과

성적을 입력하세요(종료 : -1): 95
성적을 입력하세요(종료 : -1): 88
성적을 입력하세요(종료 : -1): 76
성적을 입력하세요(종료 : -1): -1
[95, 88, 76]

❶ 리스트에 요소가 존재하지 않는 빈 리스트 scores를 생성한다.

❷ while의 조건식이 참(True)이기 때문에 ❸ ~ ❺의 문장이 반복 수행된다.

❸ 키보드로 입력 받은 성적을 정수로 변환하여 변수 score에 저장한다.

❹ if의 조건식에 있는 변수 score가 -1 이면, 즉, ❸에서 입력한 값이 -1이면 ❺의 break문이 수행되어 while 루프를 빠져나간다.

❺ 그렇지 않으면, 즉 ❹의 조건식이 거짓이면 리스트의 append() 메소드에 의해 변수 score의 값, 즉 키보드에서 입력 받은 성적을 리스트 scores의 제일 뒤에 추가한다.

❻ 실행 결과의 마지막 줄에 나타난 것과 같이 리스트 scores를 화면에 출력한다.

5.3.3 리스트 요소 삽입하기

리스트의 insert() 메소드는 리스트의 특정 위치에 새로운 요소를 삽입할 때 사용된다. 다음은 insert() 메소드의 간단한 사용 예이다.

예제 5-9. insert() 메소드로 요소 삽입하기	05/ex5-9.py

```
fruits = ["apple", "orange", "banana", "cherry"]
print(fruits)

fruits.insert(1, "melon")                                    ❶
print(fruits)

fruits.insert(2, "strawberry")                               ❷
print(fruits)
```

¤ 실행 결과

['apple', 'orange', 'banana', 'cherry']
['apple', 'melon', 'orange', 'banana', 'cherry']
['apple', 'melon', 'strawberry', 'orange', 'banana', 'cherry']

❶ fruits.insert(1, "melon")은 리스트 fruits의 1번 인덱스 앞에 'melon'을 삽입한다.

❷ fruits.insert(2, "strawberry")는 ❶에서와 같은 방법으로 fruits의 2번 인덱스 앞에 'strawberry'를 삽입한다.

insert() 메소드의 사용 서식은 다음과 같다.

<table>
<tr><td>서식</td><td>리스트명.insert(인덱스번호, 데이터)</td></tr>
</table>

insert() 메소드는 리스트의 인덱스번호가 가리키는 요소의 앞에 데이터를 삽입한다.

5.3.4 리스트 요소 위치 찾기

리스트의 index() 메소드는 리스트의 특정 요소의 위치, 즉 인덱스 번호를 구하는 데 사용된다.

예제 5-10. index() 메소드로 요소의 인덱스 구하기	05/ex5-10.py

```
number = [5, 20, 13, 7, 8, 22, 7, 17]
print(number)

idx = number.index(7)                                    ❶
print(idx)
```

¤ 실행 결과

[5, 20, 13, 7, 8, 22, 7, 17]
3

❶ number.index(7)은 리스트 number에서 7의 값이 가장 먼저 나오는 위치, 즉 그 때의 인덱스 번호를 의미한다. 리스트의 네 번째 요소가 7이기 때문에 idx의 값은 3이된다.

5.3.5 리스트 요소 삭제하기

리스트에서 요소를 삭제하는 데에는 리스트의 remove(), pop(), clear() 메소드가 사용된다.

먼저 remove() 메소드를 이용하여 리스트의 요소를 삭제하는 방법을 익혀 보자.

예제 5-11. remove() 메소드로 리스트의 요소 삭제	05/ex5-11.py

```
member = ["홍지웅", 20, "경기도 김포시", "jiwoong@naver.com", "010-1234-
5678"]
print(member)


member.remove(20)          # 20의 값을 가진 요소 삭제          ❶
print(member)
```

¤ 실행 결과

```
['홍지웅', 20, '경기도 김포시', 'jiwoong@naver.com', '010-1234-5678']
['홍지웅', '경기도 김포시', 'jiwoong@naver.com', '010-1234-5678']
```

❶ remove() 메소드는 리스트의 요소를 삭제할 때 사용한다. member.remove(20)은 리스트 member의 요소 중 20의 값을 가진 요소를 삭제한다.

실행 결과의 두 번째 줄을 보면 원래 리스트 member에서 요소 20이 삭제되어 있음을 확인할 수 있다.

리스트 remove() 메소드의 사용 서식은 다음과 같다.

리스트명.remove(데이터)

리스트의 remove() 메소드는 리스트명의 뒤에 점('.') 다음에 사용한다. 리스트명 내에 있는 요소의 값이 데이터인 요소를 리스트에서 삭제한다.

다음 예제에서는 리스트의 pop() 메소드를 이용하여 리스트의 요소를 추출하고 삭제하고 있다.

예제 5-12. pop() 메소드로 리스트의 요소 삭제	05/ex5-12.py

```
data = [10, 20, 30, 40, 50, 60, 70, 80]
print(data)


x = data.pop(2)          ❶
print(x)                 ❷
print(data)              ❸


x = data.pop(3)          ❹
print(x)
print(data)
```

¤ 실행 결과

```
[10, 20, 30, 40, 50, 60, 70, 80]
30
[10, 20, 40, 50, 60, 70, 80]
50
[10, 20, 40, 60, 70, 80]
```

❶ data.pop(2)는 리스트 data에서 인덱스가 2인 요소의 값 30을 가진다. pop() 메소드를 사용하면 요소 추출과 더불어 해당 요소가 리스트에서 삭제된다.

❷ 변수 x의 값 30을 화면에 출력한다.

❸ 실행 결과의 세 번째 줄을 보면 리스트에서 30이 삭제되어 있음을 알 수 있다.

❹ data.pop(3)은 리스트 data의 인덱스가 3인 요소, 즉 50을 추출하여 변수 x에 저장하고 해당 요소를 리스트에서 삭제한다.

리스트 pop() 메소드의 사용 서식은 다음과 같다.

리스트명.pop(인덱스번호)

리스트의 pop() 메소드는 인덱스번호가 지시하는 요소 값을 얻은 다음 해당 요소를 리스트에서 삭제한다.

다음 예제에서와 같이 리스트의 clear() 메소드는 리스트의 모든 요소를 삭제한다.

예제 5-13. 리스트의 모든 요소 삭제	05/ex5-13.py

```
data = [3, 12, 7, -3, -9]
print(data)

data.clear()                                                    ❶
print(data)
```

¤ 실행 결과

[3, 12, 7, -3, -9]
[]

❶ data.clear()는 리스트 data 내에 있는 모든 요소를 삭제한다.

리스트 clear() 메소드의 사용 서식은 다음과 같다.

리스트명.clear()

리스트의 clear() 메소드는 리스트명 내에 있는 모든 요소를 삭제한다.

1 ~ 20의 양의 정수 리스트를 생성하라!

다음은 list() 함수를 이용하여 1 ~ 20의 양의 정수 리스트를 만든 다음 실행 결과와 같이 출력하는 프로그램이다. 밑줄 친 부분을 채워 프로그램을 완성하시오.

¤ 실행결과

1 2 3 4 5 6 7 8 9 10 11 12 13 14 15 16 17 18 19 20

```
data = list(range(1, 21))

for i in range(0, ①_____) :
    print("%d" % ②_____, end=" ")
```

정답은 223쪽에서 확인하세요.

C5-1에서 짝수 번째 요소를 출력하라!

C5-1의 프로그램을 수정하여 실행 결과에서와 같이 짝수 번째 요소를 출력하는 프로그램을 작성하시오. 단, for문을 사용해야 함.

¤ 실행결과

2 4 6 8 10 12 14 16 18 20

정답은 223쪽에서 확인하세요.

C5-3

코딩연습 C5-3

C5-2에서 홀수 번째 요소를 출력하라!

C5-2의 프로그램을 수정하여 실행 결과에서와 같이 홀수 번째 요소를 출력하는 프로그램을 작성하시오. 단, while문을 사용해야 함.

¤ 실행결과
1 3 5 7 9 11 13 15 17 19

정답은 223쪽에서 확인하세요.

C5-4

코딩연습 C5-4

빈 리스트에 요소를 추가하라!

다음은 빈 리스트를 만든 다음 10 ~ 20의 양의 정수를 하나씩 추가하는 프로그램이다. 밑줄 친 부분을 채워 프로그램을 완성하시오.

¤ 실행결과
[10, 11, 12, 13, 14, 15, 16, 17, 18, 19, 20]

```
data = ①_____

for x in range(10, 21) :
    data.append(②_____)

print(data)
```

정답은 223쪽에서 확인하세요.

리스트 다루기

이번 절에서는 리스트의 병합, 리스트 요소들의 합계, 리스트 순서 거꾸로 하기, 리스트의 요소 정렬, 그리고 리스트를 복사하는 방법에 대해 알아본다.

5.4.1 리스트 병합하기

두 개의 리스트를 서로 병합하려면 문자열을 병합할 때와 마찬가지로 덧셈 기호(+)를 사용한다.

예제 5-14. 리스트 병합	05/ex5-14.py

```
person1 = ["kim", 24, "kim@naver.com"]
person2 = ["lee", 35, "lee@hanmail.net"]

person = person1 + person2          # 두 리스트 합치기          ❶

print(person)
```

¤ 실행 결과
['kim', 24, 'kim@naver.com', 'lee', 35, 'lee@hanmail.net']

❶ 덧셈 기호(+)를 이용하여 리스트 person1과 person2를 병합하여 리스트 person을 생성한다.

리스트를 병합하는 데 사용되는 서식은 다음과 같다.

서식	리스트명 = 리스트1 + 리스트2 + ...

리스트1, 리스트2, ... 등 여러 개의 리스트를 병합하여 하나의 새로운 리스트를 생성한다.

5.4.2 리스트 합계 구하기

리스트에서 요소들의 합계를 구할 때에는 sum() 함수를 이용한다.
※ sum() 함수는 리스트에서 사용되는 함수, 즉 메소드가 아니라 파이썬의 내장 함수이다.

다음 예제는 sum() 함수를 이용하여 요소들의 합계와 평균을 구하는 예이다.

예제 5-15. 리스트 요소의 합계와 평균	05/ex5-15.py

```
scores = [80, 90, 85, 95, 100]

sm = sum(scores)                              ❶
avg = sm/len(scores)                          ❷

print("합계 :", sm)
print("평균 :", avg)
```

¤ 실행 결과
합계 : 450
평균 : 90.0

❶ sum(scores)는 리스트 scores 내에 있는 요소들의 합계를 구하는 데 사용된다.

❷ 합계 sm을 리스트의 길이로 나누면 평균 값 avg를 얻을 수 있다.

파이썬의 내장 함수인 sum() 함수의 사용 서식은 다음과 같다.

sum(리스트명)

sum() 함수는 리스트명에 있는 요소들의 합계를 구한다. sum() 함수는 파이썬의 내장 함수로써 리스트뿐만 아니라 6장에서 배울 튜플 요소들의 합계를 구할 때에도 사용된다.

5.4.3 리스트 순서 반대로 하기

리스트에서 요소들의 순서를 반대로 할 때에는 리스트의 reverse() 메소드를 이용한다.

예제 5-16. reverse() 메소드로 리스트 순서 반대로 하기   05/ex5-16.py

```
data = [10, 20, 30, 40, 50]
print(data)

data.reverse()                                                    ❶
print(data)
```

¤ 실행 결과
[10, 20, 30, 40, 50]
[50, 40, 30, 20, 10]

❶ data.reverse()는 실행 결과에 나타난 것과 같이 리스트 요소들의 순서를 거꾸로 만든다.

리스트의 reverse() 메소드에 대한 사용 서식은 다음과 같다.

리스트명.reverse()

reverse() 메소드는 리스트명 내에 있는 요소들의 순서를 반대로 만든다.

5.4.4 리스트 복사하기

리스트의 copy() 메소드는 기존의 리스트를 복사하여 새로운 리스트를 생성한다.

예제 5-17. copy() 메소드로 리스트 복사하기   05/ex5-17.py

```
fruits = ["apple", "banana", "orange"]
print(fruits)

x = fruits.copy()                                                        ❶
print(x)
```

¤ 실행 결과
['apple', 'banana', 'orange']
['apple', 'banana', 'orange']

❶ fruits.copy()는 리스트 fruits를 복사하여 새로운 리스트를 생성한다. 실행 결과를 보면 리스트 fruits와 리스트 x의 요소들이 서로 같은 값을 가지고 있음을 알 수 있다.

리스트 메소드 copy()의 사용 서식은 다음과 같다.

서식

리스트명.copy()

copy() 메소드는 리스트명의 리스트를 복제하여 새로운 리스트를 생성한다.

5.4.5 리스트 정렬하기

리스트의 sort() 메소드는 리스트 내의 요소들을 오름차순으로 정렬한다.

예제 5-18. sort() 메소드로 리스트 정렬하기	05/ex5-18.py

```
data = [12, 8, 15, 32, -3, -20, 15, 34, 6]
print(data)

data.sort()                              ❶
print(data)

data.sort(reverse=True)                  ❷
print(data)
```

¤ 실행 결과
[12, 8, 15, 32, -3, -20, 15, 34, 6]
[-20, -3, 6, 8, 12, 15, 15, 32, 34]
[34, 32, 15, 15, 12, 8, 6, -3, -20]

❶ data.sort()는 리스트 data 내의 요소들을 오름차순으로 정렬한다.
❷ 옵션 reverse=True는 요소들을 내림차순으로 정렬한다.

리스트 요소들을 정렬하는 데 사용되는 sort() 메소드의 사용 서식은 다음과 같다.

서식	리스트명.sort()

sort() 메소드는 리스트명 내에 있는 요소들을 오름차순으로 정렬한다. 옵션 reverse=True
는 내림차순으로 요소들을 정렬하게 한다.

앞의 5.4절에서 배운 리스트의 메소드들을 표로 정리해 보면 다음과 같다.

표 5-1 리스트 메소드

메소드	의미
append()	리스트의 제일 뒤에 새로운 요소를 추가함
insert()	리스트에서 특정 인덱스 앞에 새로운 요소를 삽입함
index()	리스트에서 특정 요소의 위치인 인덱스 번호를 구함
remove()	리스트에서 특정 값을 가진 요소를 삭제함
pop()	리스트에서 특정 인덱스 번호를 가진 요소를 추출하고 그 요소를 리스트에서 삭제함
clear()	리스트의 전체 요소를 삭제함
reverse()	리스트 요소들의 순서를 거꾸로 함
copy()	리스트를 복사하여 새로운 리스트를 생성함
sort()	리스트 요소들을 오름차순(또는 내림차순)으로 정렬함

지금까지 리스트 예제에서 사용된 내장 함수를 표로 정리해 보면 다음과 같다.

표 5-2 리스트에서 사용되는 파이썬의 내장 함수

내장 함수	의미
list()	새로운 리스트를 생성함
len()	리스트의 길이를 구함
sum()	리스트 요소들의 합계를 구함

5.5 문자열과 리스트

2장의 2.3절에서는 문자열의 추출, 문자열 연산자, 문자열 길이, 문자열 포맷팅에 대해 공부하였다. 이번 절에서는 문자열에서 특정 문자열 찾기, 문자열 치환, 문자열 쪼개기 등에 사용되는 메소드와 리스트에서 문자열을 처리하는 방법에 대해 알아본다.

5.5.1 문자열 찾기

다음은 문자열의 find() 메소드를 이용하여 문자열 내에서 특정 문자열을 찾는 예이다.

```
예제 5-19. find() 메소드로 문자열 찾기                          05/ex5-19.py

string1 = "Python is fun!"
print(string1)


x = string1.find("fun")                                              ❶
print(x)
```

¤ 실행 결과
Python is fun!
10

❶ string1.find("fun")는 문자열 string1에서 "fun"이 제일 먼저 나오는 위치, 즉 인덱스 번호 값을 가진다. 실행 결과에 나타난 10은 문자열 string1에서 "fun"이 시작되는 "f"의 인덱스 번호를 의미한다.

5.5.2 문자열 치환하기

문자열의 replace() 메소드는 문자열 내에 있는 특정 문자열을 다른 문자열로 치환하는 데
사용된다.

예제 5-20. replace() 메소드로 문자열 치환하기　　　　　05/ex5-20.py

```
string1 = "사과는 맛있다. 나는 사과를 제일 좋아한다."
print(string1)

x = string1.replace("사과", "딸기")        ❶
print(x)
```

¤ 실행 결과
사과는 맛있다. 나는 사과를 제일 좋아한다.
딸기는 맛있다. 나는 딸기를 제일 좋아한다.

❶　string1.replace("사과", "딸기")는 문자열 string1 내에 있는 문자열 "사과"를 "딸기"
　　로 치환한다.

replace() 메소드를 이용하면 다음과 같이 하이픈(-)이 포함된 전화번호 "###-####-
####"를 하이픈이 삭제된 "###########"의 형태로 쉽게 바꿀 수 있다.

예제 5-21. 전화번호에서 하이픈 삭제하기　　　　　05/ex5-21.py

```
phone1 = "010-3654-2637"
print(phone1)

phone2 = phone1.replace("-", "")        ❶
print(phone2)
```

010-3654-2637
01036542637

❶ phone1.replace("-", "")는 문자열 phone1에서 하이픈 "-"을 "", 즉 NULL 문자로
변경한다. NULL 문자는 빈 문자열을 의미한다. 이렇게 함으로써 문자열 phone2는
하이픈이 삭제된 숫자만으로 구성된 값을 가진다.

※ NULL 문자에 대한 자세한 설명은 2장 76쪽을 참고하기 바란다.

5.5.3 문자열 쪼개기

문자열의 split() 메소드는 문자열에 있는 특정 문자를 기준으로 문자열을 분리하는 데 사
용된다.

예제 5-22. split() 메소드 사용 예	05/ex5-22.py

```
hello = "have a nice day"
print(hello)


list1 = hello.split(" ")                                    ❶
print(list1)
print(type(list1))                                          ❷


for i in range(0, len(list1)) :                             ❸
    print("list1[%d] : %s" % (i, list1[i]))
```

¤ 실행 결과
have a nice day
['have', 'a', 'nice', 'day']
⟨class 'list'⟩
list1[0] : have
list1[1] : a
list1[2] : nice
list1[3] : day

❶ hello.split(" ")는 공백(" ")을 기준으로 문자열 hello를 쪼갠 다음 리스트 형태로 저장한다.

❷ type(list1)으로 list1의 데이터 형을 확인해 보면 데이터 형이 'list'임을 알 수 있다.

❸ for문으로 리스트 list1의 각 요소 값을 출력한다. list1의 네 개의 요소의 값이 'have', 'a', 'nice', 'day'로 구성되어 있음을 알 수 있다.

5.5.4 리스트 문자열로 변환하기

문자열의 join() 메소드는 리스트의 요소들을 하나로 묶어서 문자열로 변환하는 데 사용된다.

예제 5-23. join() 메소드로 리스트를 문자열로 변환하기	05/ex5-23.py

```
names = ["황예린", "홍지수", "안지영"]
print(names)


x = "/".join(names)                                    ❶
print(x)                                               ❷
```

¤ 실행 결과
['황예린', '홍지수', '안지영']
황예린/홍지수/안지영

❶ "/".join(names)는 리스트 names의 요소들 사이에 "/"를 넣어서 하나의 문자열로 만든다.

❷ 실행 결과에 나타난 것과 같이 문자열 x는 "황예린/홍지수/안지영"의 값을 가진다.

이번에는 join() 메소드를 이용하여 리스트에 저장된 전화번호를 하이픈('-')이 삽입된 문자열로 변환하는 방법에 대해 알아 보자.

```
phone1 = ["010", "1234", "5678"]
print(phone1)


phone2 = "-".join(phone1)                                            ❶
print(phone2)
```

¤ 실행 결과
['010', '1234', '5678']
010-1234-5678

❶ "-".join(phone1)은 리스트 phone1의 요소들 사이에 "-"를 삽입하여 하나의 문자열
로 만든다. 따라서 phone2는 실행 결과에 나타난 것과 같이 하이픈이 포함된 전화번
호를 갖게 된다.

5.5.5 리스트 문자열에서 하이픈 삭제하기

다음은 하이픈이 포함된 문자열에서 하이픈을 삭제하는 방법에 대해 알아 보자.

```
phone_list1 = ["010-3654-2637", "010-3984-5377", "010-3554-0973"] ❶
print(phone_list1)


phone_list2 = []                                                    ❷
for number in phone_list1 :                                         ❸
    x = number.replace("-", "")                                     ❹

    phone_list2.append(x)                                           ❺

print(phone_list2)
```

['010-3654-2637', '010-3984-5377', '010-3554-0973']
['01036542637', '01039845377', '01035540973']

❶ 리스트 phone_list1은 하이픈을 포함한 세 개의 휴대폰 번호를 저장하고 있다.

❷ 빈 리스트 phone_list2를 생성한다.

❸ for 루프에서 number는 리스트 phone_list1의 요소인 각각의 전화번호를 의미한다.

❹ x = number.replace("-", "")는 문자열 number에서 '"-"을 NULL 문자인 ""로 변경한 다음 x에 저장한다.

❹ phone_list2.append(x)는 리스트 phone_list2에 문자열 x를 새로운 요소로 추가한다.

5.5.6 리스트에서 문자열 치환하기

다음의 예제에서는 리스트 sentences의 요소가 영어 문장들로 구성되어 있다. 영어 문장에 포함된 공백(" ")을 밑 줄("_")로 치환하여 보자.

예제 5-26. 리스트 문자열에서 문자 치환하기	05/ex5-26.py

```
sentences = ["Love me, love my dog.","No news is good news.",
        "Blood is thicker than water."]

for sentence in sentences :                                    ❶
    x = sentence.replace(" ", "_")      # 공백(' ')을 밑줄('_')로 치환   ❷
    print(x)
```

¤ 실행 결과

Love_me,_love_my_dog.
No_news_is_good_news.
Blood_is_thicker_than_water.

❶ for 루프에서 sentence는 리스트 sentences의 각 요소 값을 가진다.

❷ x = sentence.replace(" ", "_")는 sentence에 포함된 공백(' ')을 밑줄('_')로 치환한다.

지금까지 배운 문자열 메소드들을 표로 정리해 보면 다음과 같다.

표 5-3 문자열 메소드

메소드	의미
find()	문자열에서 특정 문자열을 찾아 위치(인덱스 번호)를 구함
replace()	문자열에서 특정 문자열을 다른 문자열로 치환함
split()	특정 문자열을 기준으로 문자열을 쪼개서 리스트에 저장함
join()	리스트의 요소를 하나로 묶어서 문자열로 변환함

2차원 리스트

2차원 리스트는 리스트의 각 요소에 있는 데이터의 형이 리스트인 경우이다. 하나의 예로 써 5명 학생에 대해 국어, 영어, 수학의 세 과목 성적을 저장하는 리스트를 생각해보자.

> scores = [[75, 83, 90], [86, 86, 73], [76, 95, 83], [89, 96, 69], [89, 76, 93]]

2차원 리스트 scores에는 리스트 형태로 된 5개 요소들이 있고, 각각의 요소들 또한 3개의 정수로 구성된 리스트이다.

이번 절에서는 2차원 리스트의 기본 구조와 2차원 리스트를 반복문에서 활용하는 방법을 배운다.

5.6.1 2차원 리스트의 구조

다음 예제를 통하여 2차원 리스트의 기본 구조를 알아보자. 그리고 인덱스를 이용하여 2차 원 리스트의 각 요소에 접근하는 방법을 익혀보자.

예제 5-27. 2차원 리스트의 구조	05/ex5-27.py

```
numbers = [[10, 20, 30], [40, 50, 60, 70, 80]]          ❶

print(numbers[0][0])                                     ❷
print(numbers[0][1])
print(numbers[0][2])
```

```
print(numbers[1][0])                                              ❸
print(numbers[1][1])
print(numbers[1][2])
print(numbers[1][3])
print(numbers[1][4])
```

¤ 실행 결과

10
20
30
40
50
60
70
80

❶ 리스트의 각 요소가 리스트인 [10, 20, 30]과 [40, 50, 60, 70, 80]으로 구성된 2차
  원 리스트 numbers를 만든다.

❷ numbers[0]은 리스트 numbers의 0번째 인덱스의 요소, 즉 [10, 20, 30]를 의미한
  다. 따라서 numbers[0][0]은 10, numbers[0][1]은 20, numbers[0][2]는 30의 값
  을 갖게 된다.

❸ numbers[1]은 리스트 numbers의 1번째 인덱스가 지시하는 요소, 즉 [40, 50, 60,
  70, 80]의 값을 가진다. 따라서 numbers[1][0]은 40, numbers[1][1]은 50, …,
  numbers[1][4]는 80의 값을 가진다.

2차원 리스트의 사용 형식은 다음과 같다.

서식 | 리스트명 = [[데이터, 데이터,....], [데이터, 데이터, ...], ... , [데이터, 데이터, ...]]

2차원 리스트에서는 리스트명의 각 요소가 [데이터, 데이터,....]의 형태를 가지는 리스트가
된다. 여기서 데이터는 정수형과 실수형 숫자, 문자열 등의 다양한 데이터 형태를 가질 수
있다.

5.6.2 2차원 리스트와 이중 for문

다음은 4행의 2열로 구성된 2차원 리스트의 예이다. 이중 for문을 이용하여 2차원 리스트의 요소들을 추출하는 방법을 익혀보자.

예제 5-28. 2차원 리스트와 이중 for문	05/ex5-28.py

```
data = [[10, 20], [30, 40], [50, 60], [70, 80]]

for i in range(4) :          # i는 리스트의 행                    ❶
    for j in range(2) :      # j는 리스트의 열                    ❷
        print("data[%d][%d] = %d" % (i, j, data[i][j]))         ❸
```

¤ 실행 결과

data[0][0] = 10
data[0][1] = 20
data[1][0] = 30
data[1][1] = 40
data[2][0] = 50
data[2][1] = 60
data[3][0] = 70
data[3][1] = 80

❶의 첫 번째 for 루프에서 변수 i는 0, 1, 2, 3의 값을 가진다. 그리고 각각의 i 값에 대해 ❷의 두 번째 for 루프에 있는 j는 0, 1의 값을 가지고 ❸의 문장을 두 번 수행한다. 따라서 ❸의 문장은 4행 x 2열 = 8회 반복 수행된다.

2차원 리스트에서 data[0][0]는 1행 1열의 요소인 10을 의미하고, data[0][1]은 1행 2열의 요소인 20을 의미한다.

같은 방식으로 data[1][0]는 30(2행 1열), data[1][1]은 40(2행 2열)의 값을 가진다. 이러한 방식으로 2차원 리스트에서 각 요소를 추출할 수 있다.

5.6.3 2차원 리스트로 합계와 평균 구하기

다음 예제를 통하여 2차원 리스트를 이용하여 다섯 명의 학생에 대한 세 과목 성적의 합계와 평균을 구하는 프로그램을 작성해보자.

예제 5-29. 2차원 리스트로 성적 합계와 평균 구하기	05/ex5-29.py

```
scores = [[75,83,90], [86,86,73], [76,95,83], [89,96,69], [89,76,93]]    ❶

for i in range(len(scores)) :          # i : 인덱스의 행, j : 인덱스의 열      ❷
    sum = 0                                                              ❸
    for j in range(len(scores[i])) :   # len(scores[i]) : 인덱스 i 행의 길이   ❹
        sum = sum + scores[i][j]       # scores[i][j] : 인덱스의 각 요소        ❺

    avg = sum/len(scores[i])                                             ❻

    print("%d번째 학생의 합계 : %d, 평균 : %.2f" % (i+1, sum, avg) )           ❼
```

¤ 실행 결과

1번째 학생의 합계 : 248, 평균 : 82.67
2번째 학생의 합계 : 245, 평균 : 81.67
3번째 학생의 합계 : 254, 평균 : 84.67
4번째 학생의 합계 : 254, 평균 : 84.67
5번째 학생의 합계 : 258, 평균 : 86.00

❶ 다섯 명의 세 과목 성적을 2차원 리스트 scores에 저장한다.

❷ len(scores)는 리스트 scores 길이인 5가 된다. 이 for 루프에서 변수 i는 0, 1, 2, 3, 4의 값을 가지면서 ❸~❼의 문장이 반복 수행된다.

❸ 합계를 나타내는 변수 sum을 0으로 초기화한다.

❹ ❷의 반복 루프에서 첫 번째, 즉 i가 0일 때 len(scores[0])의 값은 3이다. 따라서 변수 j의 값은 0, 1, 2 값을 가지면서 ❺의 문장이 반복 수행된다.

❺ i가 0일 때, 이 문장이 세 번 반복(j는 0, 1, 2)되면, 첫 번째 학생의 세 과목 성적의 합계 sum이 구해진다.

❻ i가 0일 때, len(scores[0])는 3이 된다. 이 3은 과목 수를 나타낸다. sum을 3으로 나눈 평균 값을 avg에 저장한다.

❼ i가 0일 때, 실행 결과의 첫 번째 줄에 나타난 것과 같이 print() 함수에서 지정된 포맷대로 첫 번째 학생의 합계와 평균이 화면에 출력된다.

같은 방법으로 나머지 4명의 학생들에 대한 성적의 합계와 평균이 구해져 실행 결과에 나타난 것과 같이 화면에 그 결과가 출력된다.

5.6.4 2차원 리스트로 문자열 다루기

다음은 문자열로 구성된 2차원 리스트를 만들고 이중 for문으로 문자열을 출력하는 프로그램이다.

예제 5-30. 2차원 리스트로 문자열 다루기	05/ex5-30.py

```
strings = [["원두커피", "라떼", "콜라"], ["우동", "국수", "피자", "파스타"]]     ❶

for i in range(len(strings)) :          # len(strings) : 2, 리스트 행의 개수      ❷
    for j in range(len(strings[i])) :   # len(strings[i]) : 리스트 각 행의 길이    ❸
        print(strings[i][j])                                                    ❹
```

¤ 실행 결과

원두커피
라떼
콜라
우동
국수
피자
파스타

❶ ['원두커피', '라떼', '콜라']와 ['우동', '국수', '피자', '파스타']를 요소로 하는 2차원 리스트 strings를 생성한다.

❷ len(strings)는 2의 값을 가진다. 이 for 루프에서 변수 i는 0, 1의 값을 가지면서 ❸ 과 ❹의 문장이 반복 수행된다.

❸ i가 0일 때 len(strings[0])은 3이 되어 ❹의 문장이 세 번 반복 수행되고, i가 1일 때는 len(strings[1])은 4가 되기 때문에 ❹의 문장이 네 번 반복 수행된다.

❹ 실행 결과에 나타난 것과 같이 문자열을 화면에 출력한다.

C 코딩연습 C5-5

리스트로 영어 스펠링 퀴즈를 만들어라!

다음은 리스트와 for문을 이용하여 영어 스펠링 퀴즈를 만드는 프로그램이다. 밑줄 친 부분을 채워 프로그램을 완성하시오.

```
¤ 실행결과
s_hool : 밑 줄에 들어갈 알파벳은? c
정답!
compu_er : 밑 줄에 들어갈 알파벳은? d
틀렸어요!
deco_ation : 밑 줄에 들어갈 알파벳은? r
정답!
windo_ : 밑 줄에 들어갈 알파벳은? w
정답!
hi_tory : 밑 줄에 들어갈 알파벳은? d
틀렸어요!
```

```
questions = ["s_hool", "compu_er", "deco_ation", "windo_", "hi_tory"]
answers   = ["c", "t", "r","w", "s"]        # 리스트 answer : 퀴즈의 정답

for i in range(①_____) :
    q = "%s : 밑 줄에 들어갈 알파벳은? " % ②_____
    guess = input(q)

    if ③_____:     # 정답이 맞는지 비교
        print("정답!")
    else :
        print("틀렸어요!")
```

정답은 223쪽에서 확인하세요.

리스트로 성적 합계와 평균을 구하라!

다음은 성적을 입력받아 리스트에 저장한 다음 성적의 합계와 평균을 구하는 프로그램이다.
밑줄 친 부분을 채워 프로그램을 완성하시오.

¤ 실행결과
성적을 입력하세요(종료 시 −1 입력): 77
성적을 입력하세요(종료 시 −1 입력): 86
성적을 입력하세요(종료 시 −1 입력): 95
성적을 입력하세요(종료 시 −1 입력): −1
합계 : 258, 평균 : 86.00

```
scores = []                    #  빈 리스트 scores 생성

while True :                   # 무한반복
    x = int(input("성적을 입력하세요(종료 시 −1 입력): "))

    if x == −1 :
        ①_____      # while문 빠져나감
    else :
        scores.append(x)       # x를 리스트 scores에 추가

sum = 0
for score in scores :
    ②_____        # 누적 합계 sum을 구함

avg = sum/len(scores)
print("합계 : %d, 평균 : %.2f" % (③_____))
```

정답은 223쪽에서 확인하세요.

다음은 리스트를 이용하여 20명 학생의 성적에 대해 각 등급(수, 우, 미, 양, 가)의 개수를 카운트하는 프로그램이다. 밑줄 친 부분을 채워 프로그램을 완성하시오.

¤ 실행결과
수 : 3명
우 : 6명
미 : 3명
양 : 4명
가 : 4명

```
s = [64, 89, 100, 85, 77, 58, 79, 67, 96, 87,\
     87, 36, 82, 98, 84, 76, 63, 69, 53, 22]

soo = 0          # 90점 ~ 100점
woo = 0          # 80점 ~ 89점
mi = 0           # 70점 ~ 79점
yang = 0         # 60점 ~ 69점
ga = 0           # 0점  ~ 59점

i = 0
while i < len(s) :                    # len(s) : 리스트 s의 길이
    if ①_____ :       # 성적이 수에 해당?
        soo = soo + 1

    if ②_____ :       # 성적이 우에 해당?
        woo = woo + 1
```

```
    if ③_____ :        # 성적이 미에 해당?
        mi = mi + 1

    if ④_____ :        # 성적이 양에 해당?
        yang = yang + 1

    if ⑤_____ :        # 성적이 가에 해당?
        ga = ga + 1

    i = i + 1

print("수 : %d명" % soo)
print("우 : %d명" % woo)
print("미 : %d명" % mi)
print("양 : %d명" % yang)
print("가 : %d명" % ga)
```

정답은 223쪽에서 확인하세요.

리스트로 영화관 예약 가능 좌석을 표시하라!

다음은 리스트를 이용하여 영화관의 예약 가능한 좌석에는 '□', 예약 불가능한 좌석은 '■'
이라고 표기하는 프로그램이다. 밑줄 친 부분을 채워 프로그램을 완성하시오.

¤ 실행결과

```
seats = [[0, 0, 0, 0, 0, 0, 0, 0, 0, 0],\        # 0 : 예약 가능, 1 : 예약 불가
    [0, 0, 0, 0, 0, 0, 0, 0, 0, 0],\
    [0, 0, 0, 0, 0, 0, 0, 0, 0, 0],\
    [1, 1, 1, 0, 0, 0, 0, 0, 1, 0],\
    [0, 0, 0, 0, 0, 1, 0, 0, 0, 0],\
    [0, 1, 0, 0, 0, 1, 0, 1, 0, 0],\
    [0, 0, 0, 0, 0, 0, 1, 0, 0, 0],\
    [1, 0, 1, 0, 0, 0, 0, 0, 0, 1]]

for i in ①_____ :        # i : 리스트 seats의 행
    for j in ②_____ :    # j : 리스트 seats의 열
        if seats[i][j] == 0 :            # 예약 가능하다면
            print("%3s" % "□", end="")
        else :
            print("%3s" % "■", end="")
    print()
```

정답은 223쪽에서 확인하세요.

코딩연습 정답   C5-1   ① len(data) ② data[i]

C5-2   data = list(range(1, 21))
for i in range(0, len(data)) :
    if (i+1)%2 == 0 :
        print("%d" % data[i], end=" ")

C5-3   data = list(range(1, 21))
i = 0
while i < len(data) :
    if (i+1)%2 == 1 :
        print("%d" % data[i], end=" ")
    i = i + 1

C5-4   ① [] ② x

C5-5   ① len(questions) ② questions[i]

        ③ guess == answers[i]

C5-6   ① break ② sum = sum + score ③ sum, avg

C5-7   ① s[i] >= 90 and s[i] <=100

        ② s[i] >= 80 and s[i] <= 89

        ③ s[i] >= 70 and s[i] <= 79

        ④ s[i] >= 60 and s[i] <= 69

        ⑤ s[i] >= 0 and s[i] <= 59

C5-8   ① range(len(seats)) ② range(len(seats[i]))

■ 다음은 리스트 my_list에 관한 것이다. 물음에 답하시오.(E5-1 ~ E5-4)

> my_list = ["p","y","t","h","o","n","i","s","f","u","n","!"]

E5-1. 다음 명령의 실행 결과는?

```
print(my_list[5:11])
```

E5-2. 다음 명령의 실행 결과는?

```
print(my_list[-5:-2])
```

E5-3. 다음 명령의 실행 결과는?

```
print(my_list[8:])
```

E5-4. 다음 명령의 실행 결과는?

```
print(my_list[:4])
```

E5-5. for문을 이용하여 문자열 'I am a genius!'의 각 문자를 요소로 하는 리스트를 생성하여 실행 결과와 같이 출력하는 프로그램을 작성하시오.

¤ 실행결과
['I', ' ', 'a', 'm', ' ', 'a', ' ', 'g', 'e', 'n', 'i', 'u', 's', '!']

E5-6. 5번 문제에서 사용된 for문 대신 while문을 사용해서 프로그램을 다시 작성하시오.

¤ 실행결과
※ 실행 결과는 E5-5의 결과와 동일함.

■ 다음은 10개의 정수로 구성된 리스트 numbers에 관한 것이다. 물음에 답하시오.(E5-7 ~ E5-9)

```
numbers = [7, 9, 15, 18, 30, -3, 7, 12, -16, -12]
```

E5-7. for문을 이용하여 리스트 numbers 요소들의 합계를 구하는 프로그램을 작성하시오.

¤ 실행결과

합계 : 67

E5-8. 7번 문제와 동일한 프로그램을 for문 대신 while문을 이용하여 작성해 보시오.

¤ 실행결과

※ 실행 결과는 E5-7의 결과와 동일함.

E5-9. while문을 이용하여 리스트 numbers의 요소 중 짝수 번째를 출력하고 그 요소들의 합계를 구하는 프로그램을 작성하시오.

¤ 실행결과

짝수 번째 요소 : 9 18 -3 12 -12
합계 : 24

E5-10. 다음은 for문과 range() 함수를 이용하여 문자열을 구성된 리스트에서 요소를 추출하는 프로그램이다. 밑줄 친 부분을 채워 프로그램을 완성하시오.

¤ 실행결과

1. 사과
2. 오렌지
3. 딸기
4. 수박
5. 멜론

```
fruits = ["사과", "오렌지", "딸기", "수박", "멜론"]

for i in range(len(fruits)) :
    print("%d. %s" % (_____, _____))
```

■ 다음은 2차원 리스트 data에 관한 것이다. 물음에 답하시오.(E5-11 ~ E5-12)

```
data = [[10, 20, 30], [40, 50], [60, 70, 80, 90]]
```

E5-11. for문을 이용하여 2차원 리스트 data의 요소를 실행 결과와 같이 출력하는 프로그램을 작성하시오.

¤ 실행결과

```
10 20 30
40 50
60 70 80 90
```

```
data = [[10, 20, 30], [40, 50], [60, 70, 80, 90]]

for row in _____ :
    for x in _____ :
        print(x, end=" ")
    print()
```

E5-12. for문과 range() 함수를 이용하여 2차원 리스트 data의 첫 번째 요소를 실행 결과와 같이 출력하는 프로그램을 작성하시오.

¤ 실행결과

```
10
40
60
```

```
data = [[10, 20, 30], [40, 50], [60, 70, 80, 90]]

for i in range(_____):
    for j in range(_____):
        if j == 0 :
            print(data[i][j], end=" ")
    print()
```

S5-1. 다음은 리스트 file_names에 관한 것이다. for문을 이용하여 실행 결과에서와 같이 파일명과 확장자를 분리하는 프로그램을 작성하시오.

```
file_names = ["file1.py", "file2.txt", "file3.pptx", "file4.doc"]
```

¤ 실행결과
file1.py =〉파일명:file1, 확장자:.py
file2.txt =〉파일명:file2, 확장자:.txt
file3.pptx =〉파일명:file3, 확장자:.pptx
file4.doc =〉파일명:file4, 확장자:.doc

S5-2. 다음은 2차원 리스트 emails를 이용하여 실행 결과와 같이 출력하는 프로그램이다. 밑줄 친 부분을 채워 프로그램을 완성하시오.

```
emails = [["kim", "naver.com"], ["hwang", "hanmail.net"],
          ["lee", "korea.com"], ["choi", "gmail.com"]]
```

¤ 실행결과
['kim@naver.com', 'hwang@hanmail.net', 'lee@korea.com', 'choi@gmail.com']

```
emails = [["kim", "naver.com"], ["hwang", "hanmail.net"],
       ["lee", "korea.com"], ["choi", "gmail.com"]]

email_new = []
for email in emails :
    email_new.append(_____)

print(email_new)
```

06

Chapter 06
튜플과 딕셔너리

- -

6장에서는 파이썬에서 리스트 다음으로 많이 사용되는 튜플과 딕셔너리에 대해 알아본다. 튜플의 개념을 이해하고 튜플 요소를 추출하고 병합하는 방법을 익힌다. 또한 딕셔너리의 생성, 요소 추출, 요소 추가, 요소 수정, 요소 삭제에 대해 알아본다. 마지막으로 for 문에서 딕셔너리를 활용하는 방법을 배운다.

튜플이란?

파이썬에서 튜플(Tuple)은 리스트와 많은 부분이 유사하고 사용법도 거의 같다. 튜플과 리스트의 차이점은 다음의 두 가지로 볼 수 있다.

1 튜플에서는 리스트의 대괄호([ ]) 대신에 소괄호(())를 사용한다.
2 튜플에서는 리스트와는 달리 요소의 수정과 추가가 불가능하다.

6.1.1 튜플 생성하기

튜플은 생성하려면 다음과 같이 소괄호, ()를 이용하거나 tuple() 함수를 사용한다.

예제 6-1. 튜플 생성	06/ex6-1.py

```
animals = ("토끼", "거북이", "사자", "여우")        # 튜플 animals 생성        ❶
print(animals)

numbers = tuple(range(10))              # tuple()을 이용한 튜플 생성        ❷
print(numbers)
```

¤ 실행 결과

('토끼', '거북이', '사자', '여우')
(0, 1, 2, 3, 4, 5, 6, 7, 8, 9)

❶ 문자열 "토끼", "거북이", "사자", "여우"를 요소로 하는 튜플 animals를 생성한다. 튜플에서는 소괄호(())로 전체 요소들을 감싸게 된다.

❷ tuple() 함수와 range() 함수를 이용하면 간단하게 숫자로 구성된 튜플을 만들 수 있다.

튜플에서는 다음의 예제에서와 같이 요소의 값을 변경하려고 하면 오류가 발생한다.

예제 6-2. 튜플 요소 수정 시 오류 발생   06/ex6-2.py

```
animals = ("토끼", "거북이", "사자", "여우")

animals[2] = "호랑이"              # 튜플은 요소 수정 불가
```

¤ 실행 결과

Traceback (most recent call last):
  File "C:/source/06/ex6-2.py", line 3, in 〈module〉
    animals[2] = "호랑이"
TypeError: 'tuple' object does not support item assignment

animals[2] = "호랑이"에서와 같이 튜플의 요소를 변경하려고 하면, 실행 결과에서와 같이 오류 메시지가 표시된다.

¤ 튜플에서는 요소의 항목을 수정할 수 없다.

튜플을 생성하는 데 사용되는 기본 서식은 다음과 같다.

서식	튜플명 = (데이터, 데이터, 데이터, ...)

6.1.2 튜플 요소 추출하기

튜플에서는 리스트(또는 문자열)에서와 같은 방법으로 인덱스를 이용하여 요소를 추출할
수 있다.

예제 6-3. 튜플의 요소 추출　　　　　　　　　　　　　　　　　　　　　06/ex6-3.py

```python
n = tuple(range(10, 21))
print(n)

print("n[0] =", n[0])
print("n[2:5] =", n[2:5])
print("n[2:] =", n[2:])
print("n[:5] =", n[:5])
print("n[-2] =", n[-2])
print("n[::-1] =", n[::-1])                                      ❶
```

¤ 실행 결과

```
(10, 11, 12, 13, 14, 15, 16, 17, 18, 19, 20)
n[0] = 10
n[2:5] = (12, 13, 14)
n[2:] = (12, 13, 14, 15, 16, 17, 18, 19, 20)
n[:5] = (10, 11, 12, 13, 14)
n[-2] = 19
n[::-1] = (20, 19, 18, 17, 16, 15, 14, 13, 12, 11, 10)
```

¤ 튜플의 인덱스는 0부터 시작한다.

❶　n[::-1]을 이용하면 튜플 n의 순서가 반대로 된 튜플을 얻을 수 있다.

리스트에서와 마찬가지로 len() 함수를 이용하면 튜플의 길이를 쉽게 구할 수 있다.

예제 6-4. 튜플의 길이   06/ex6-4.py

```
tup1 = (10, 20, 30, 40, 50)

for i in range(len(tup1)) :          #  len(tup1) : tup1의 길이        ❶
    print(tup1[i])
```

¤ 실행 결과

10
20
30
40
50

❶ len(tup1)은 튜플 tup1의 길이인 5의 값을 가진다. for 루프가 튜플의 길이 만큼 반복
시켜 튜플 요소들을 화면에 출력한다.

6.1.4 튜플 병합하기

리스트에서와 마찬가지로 덧셈 기호(+)를 이용하면 튜플을 서로 병합할 수 있다.

예제 6-5. 튜플의 병합	06/ex6-5.py

```
tup1 = (10, 20, 30)
tup2 = (40, 50, 60)
tup3 = tup1 + tup2                    # 튜플 합치기        ❶
print(tup3)
```

¤ 실행 결과

(10, 20, 30, 40, 50, 60)

❶ 덧셈 기호(+)를 이용하여 튜플 tup1와 tup2를 합쳐서 튜플 tup3에 저장한다.

튜플을 병합하는 데 사용되는 서식은 다음과 같다.

서식	
	튜플 = 튜플1 + 튜플2 + 튜플 3

튜플1, 튜플2, 튜플3, … 등을 하나로 합쳐서 튜플에 저장한다.

6.1.5 튜플에 관리자 정보 저장하기

다음은 웹 사이트의 관리자 정보를 튜플에 저장한 다음 저장된 정보를 추출하는 예이다.

예제 6-6. 튜플에 관리자 정보 저장	06/ex6-6.py

```python
admin_info = ("admin", "12345", "webmaster@naver.com")          ❶


print("관리자 정보")
print("아이디 : " + admin_info[0])        # 인덱스 0 : 관리자 아이디    ❷
print("비밀번호 : " + admin_info[1])      # 인덱스 1 : 비밀번호
print("이메일 : " + admin_info[2])        # 인덱스 2 : 이메일 주소
```

¤ 실행 결과

관리자 정보
아이디 : admin
비밀번호 : 12345
이메일 : webmaster@naver.com

❶ 튜플 admin_info에 관리자의 아이디, 비밀번호, 이메일 주소를 저장한다.

❷ 리스트에서와 마찬가지로 튜플의 인덱스를 이용하여 실행 결과에서와 같이 각 요소를 추출할 수 있다.

튜플로 구구단표를 만들어라!

다음은 튜플을 이용하여 구구단 표를 만드는 프로그램이다. 밑줄 친 부분을 채워 프로그램을 완성하시오

```
¤ 실행결과
구구단표
==============================
2단
2 x 1 = 2
2 x 2 = 4
...
------------------------------
3단
3 x 1 = 3
...
9 x 9 = 81
------------------------------
```

```
dans = (2, 3, 4, 5, 6, 7, 8, 9)              # dans : 2 ~ 9단

print("구구단표")
print("=" * 30)

for dan in ①_____ :
    print(str(dan) + "단")                    # str() 함수 : 숫자를 문자열로 변환
    for i in ②_____ :
        print("%d x %d = %d" % (dan, i, dan*i))
    print("-" * 30)
```

정답은 247쪽에서 확인하세요.

6.2 딕셔너리란?

파이썬의 딕셔너리는 자료를 찾는 인덱스를 의미하는 키(Key)와 자료의 내용인 값(Value) 을 이용하여 데이터를 관리한다. 딕셔너리에서는 다음과 같이 요소들을 중괄호 { }로 감싸 게 된다.

```
score = {"kor":90, "eng":89, "math":95}
member = {"name":"홍길동", "age":18, "phone":"01037873146"}
```

{"name":"홍길동", "age":18, "phone":"01037873146"}

| 키 | 값 | 키 | 값 | 키 | 값 |

6.2.1 딕셔너리 생성하기

다음 예제를 통하여 중괄호, {} 또는 dict() 함수를 이용하여 새로운 딕셔너리를 생성하는 방법을 익혀 보자.

예제 6-7. 딕셔너리 생성 06/ex6-7.py

```
member = {"name": "황예린", "age": 22, "email": "yerin@hanmail.net"} ❶
print(member)

score = dict([("국어", 80), ("영어", 90), ("수학", 100)])            ❷
print(score)
```

¤ 실행 결과

{'name': '황예린', 'age': 22, 'email': 'yerin@hanmail.net'}
{'국어': 80, '영어': 90, '수학': 100}

❶ 중괄호 {}를 이용하여 딕셔너리 member를 생성한다. 여기서 'name', 'age', 'email' 을 딕셔너리의 키라고 부르고 '황예린', 22, 'yerin@hanmail.net'을 값이라고 한다. 이와 같이 딕셔너리는 키와 값으로 구성된다.

❷ dict() 함수를 이용해도 새로운 딕셔너리를 생성할 수 있다. 여기서는 키와 값을 쌍으로 한 튜플을 리스트 형태로 엮어서 딕셔너리 score를 생성한다.

딕셔너리를 생성하는 일반적인 사용 서식은 다음과 같다.

서식	딕셔너리 = { 키:값, 키:값, 키:값, 키:값, ... }

딕셔너리에서는 키와 값으로 구성된 전체 요소들을 중괄호({})로 감싸게 된다.

6.2.2 딕셔너리 요소 추출하기

다음 예제를 통하여 딕셔너리에서 요소를 추출하는 방법을 익혀 보자.

예제 6-8. 딕셔너리 요소 추출　　　　　　　　　　　　　06/ex6-8.py

```
user = {"id":"kim55", "name":"강성준", "level":7, "point":10000}

print(user)                     # 딕셔너리 전체 출력
print(user["id"])               # "id" 키의 값 출력            ❶
print(user["name"])             # "name" 키의 값 출력          ❷
print(user["point"])            # "point" 키의 값 출력
```

¤ 실행 결과

{'id': 'kim55', 'name': '강성준', 'level': 7, 'point': 10000}
kim55
강성준
10000

❶ user["id"]는 딕셔너리 user의 키 "id"에 해당되는 값을 의미한다.

❷ user["name"]와 user["point"]는 각각 키 "name"과 "point"에 해당되는 값을 나타 낸다.

6.3 딕셔너리 요소 변환

이번 절에서는 딕셔너리에서 요소를 추가, 요소를 수정, 요소를 삭제하는 방법에 대해 알아본다.

6.3.1 딕셔너리에 요소 추가하기

다음의 예제를 통하여 딕셔너리에 요소를 추가하는 방법을 익혀 보자.

예제 6-9. 딕셔너리에 요소 추가   06/ex6-9.py

```
scores = {"kor": 90, "eng": 89, "math": 98}          ❶
print(scores)

scores["music"] = 100              # 'music':100 추가   ❷
print(scores)                                          ❸
```

¤ 실행 결과

```
{'kor': 90, 'eng': 89, 'math': 98}
{'kor': 90, 'eng': 89, 'math': 98, 'music': 100}
```

❶ 세 과목(국어, 영어, 수학)에 대해 과목명과 성적을 키와 값으로 하는 딕셔너리 scores 를 생성한다.

❷ 음악 성적을 의미하는 요소 scores["music"]에 100을 저장한다. 딕셔너리 scores에 서는 'music' 키가 존재하지 않기 때문에 'music' 키와 대응되는 값 100이 딕셔너리 의 새로운 요소로 추가된다.

❸ 실행 결과의 두 번째 줄을 보면 딕셔너리 scores에 새로운 요소인 'music': 100이 추 가된 것을 확인할 수 있다.

6.3.2 딕셔너리 요소 수정하기

이번에는 딕셔너리의 요소 값을 수정하는 방법에 대해 알아 보자.

```
예제 6-10. 딕셔너리 요소 수정                                    06/ex6-10.py

words = {"door": "문", "chair": "의자", "table": "책상", "house": "집"}   ❶
print(words)

words["table"] = "테이블"          # "table" 키의 요소를 "테이블"로 변경   ❷
print(words)

words["house"] = "하우스"          # "house" 키의 요소를 "하우스"로 변경   ❸
print(words)
```

¤ 실행 결과

{'door': '문', 'chair': '의자', 'table': '책상', 'house': '집'}
{'door': '문', 'chair': '의자', 'table': '테이블', 'house': '집'}
{'door': '문', 'chair': '의자', 'table': '테이블', 'house': '하우스'}

❶ 딕셔너리 words를 생성한다.

❷ 딕셔너리 words의 키 'table'에 문자열 '테이블'을 저장한다.

실행 결과의 두 번째 줄를 보면 키 'table'에 대응하는 값이 '테이블'로 변경되어 있는 것을 알 수 있다.

❸ ❷에서와 같은 방식으로 words["house"]에 '하우스'를 저장하여 해당 키의 요소 값을 수정한다.

딕셔너리에서 요소를 수정하거나 추가하는 데 사용되는 서식은 다음과 같다.

서식	딕셔너리[키] = 값

딕셔너리 키에 값을 저장함으로써 해당 키의 값을 수정할 수 있다. 이 때 해당 키가 딕셔너리에 존재하여야 한다. 만약 딕셔너리에 해당 키가 존재하지 않으면 키와 값을 쌍으로 한 새로운 요소가 딕셔너리에 추가된다.

6.3.3 딕셔너리 요소 삭제하기

딕셔너리의 pop() 메소드를 이용하여 딕셔너리의 요소를 삭제하는 방법에 대해 알아 보자.

예제 6-11. 딕셔너리 요소 삭제   06/ex6-11.py

```
car = {"brand":"현대", "model":"아반떼", "start":1990, "year":2021}
print(car)

x = car.pop("start")        # "start" 요소 추출과 동시에 해당 요소 삭제        ❶
print(x)

print(car)                                                                    ❷
```

¤ 실행 결과
{'brand': '현대', 'model': '아반떼', 'start': 1990, 'year': 2021}
1990
{'brand': '현대', 'model': '아반떼', 'year': 2021}

❶ car.pop("start")는 키 "start"의 값을 얻은 다음 x에 저장한다. 동시에 키 "start"의 요소는 딕셔너리 car에서 삭제된다.
❷ 딕셔너리 car를 출력해 보면 car의 목록에서 "start"의 키와 값이 삭제된 것을 확인할 수 있다.

딕셔너리의 clear() 메소드는 딕셔너리의 전체 요소를 삭제하는 데 사용된다.

```
예제 6-12. 딕셔너리 전제 요소 삭제                                06/ex6-12.py

car = {"brand":"현대", "model":"아반떼", "start":1990, "year":2021}
print(car)


car.clear()                    #  딕셔너리 car의 전체 요소 삭제        ❶
print(car)
```

¤ 실행 결과

{'brand': '현대', 'model': '아반떼', 'start': 1990, 'year': 2021}
{}

❶ car.clear()는 딕셔너리 car의 전체 요소를 삭제한다. 실행 결과에 나타난 {}는 빈 딕
   셔너리를 의미한다. 이것은 딕셔너리 car의 요소가 하나도 존재하지 않는다는 것을 나
   타낸다.

for문과 딕셔너리

for문을 이용하면 딕셔너리의 키와 값을 반복해서 읽고 처리할 수 있다. 다음 예제를 통하여 for문에서 딕셔너리를 이용하는 방법에 대해 알아 보자.

예제 6-13. for문에서 딕셔너리 사용하기	06/ex6-13.py

```
area_code = {"서울":"02", "부산":"051", "대구":"053", "광주":"062"}        ❶

for key in area_code :     # 반복 루프에서 key는 area_code의 키를 의미    ❷
    print("%s 지역번호 : %s" % (key, area_code[key]))
```

¤ 실행 결과

서울 지역번호 : 02
부산 지역번호 : 051
대구 지역번호 : 053
광주 지역번호 : 062

❶ 딕셔너리 area_code는 도시와 해당 도시의 지역번호를 각각 딕셔너리의 키와 값으로 하고 있다.

❷ for 루프에서 변수 key는 딕셔너리 area_code의 키, 즉 도시 이름을 의미한다. 따라서 area_code[key]는 key에 해당되는 값인 지역번호를 나타낸다.

for문에서 딕셔너리를 사용하는 데 사용되는 서식은 다음과 같다.

서식

```
for 변수 in 딕셔너리 :
    ...
    딕셔너리[변수]
```

for 루프에서 사용되는 변수는 딕셔너리의 키가 되고, 딕셔너리[변수]는 딕셔너리의 해당 키에 대응되는 값이 된다.

딕셔너리로 성적 합계 평균을 구하라!

딕셔너리를 이용하여 다섯 명 학생들에 대한 성적의 합계와 평균을 구하는 프로그램을 작성하시오.

¤ 실행결과
```
김채린 : 85
박수정 : 98
함소희 : 94
안예린 : 90
연수진 : 93
합계 : 460, 평균 : 92.00
```

```
scores = {"김채린":85, "박수정":98, "함소희":94, "안예린":90, "연수진":93}

sum = 0

for key in scores :
    sum = ①_____

    print("%s : %d" % (key, scores[key]))

avg = ②_____          # len() 함수 이용

print("합계 : %d, 평균 : %.2f" % (sum, avg))
```

정답은 247쪽에서 확인하세요.

딕셔너리로 정보 접근을 제어하라!

딕셔너리를 이용하여 웹 사이트의 정보 접근을 제어하는 프로그램을 작성하시오.

¤ 실행결과 1
아이디를 입력하세요: admin
비밀번호를 입력하세요: 12345
정보에 접근 권한이 있습니다!

¤ 실행결과 2
아이디를 입력하세요: admin
비밀번호를 입력하세요: 36637
정보에 접근 권한이 없습니다!

```
admin_info = {"id":"admin", "password":"12345"}

input_id = input("아이디를 입력하세요: ")
input_pass = input("비밀번호를 입력하세요: ")

if ①_____and ②_____:
    print("정보에 접근 권한이 있습니다!")
else :
    print("정보에 접근 권한이 없습니다!")
```

정답은 247쪽에서 확인하세요.

딕셔너리로 영어 단어 퀴즈를 만들어라!

딕셔너리를 이용하여 영어 단어 퀴즈를 만드는 프로그램을 작성하시오.

¤ 실행결과 1
〈영어 단어 맞추기 퀴즈〉
'꽃'에 해당되는 영어 단어를 입력해주세요: flower
정답입니다!
'나비'에 해당되는 영어 단어를 입력해주세요: butterfly
정답입니다!
'학교'에 해당되는 영어 단어를 입력해주세요: school
정답입니다!
'자동차'에 해당되는 영어 단어를 입력해주세요: cat
틀렸습니다!
'비행기'에 해당되는 영어 단어를 입력해주세요: train
틀렸습니다!

```
words = {"꽃":"flower", "나비":"butterfly", "학교":"school", "자동차":"car", "비행기":"airplane"}

print("〈영어 단어 맞추기 퀴즈〉")

for ①_____ in words :
    input_word = input("'%s'에 해당되는 영어 단어를 입력해주세요: " % kor)

    if ②_____ :              # input_word와 정답 비교
        print("정답입니다!")
    else :
        print("틀렸습니다!")
```

정답은 247쪽에서 확인하세요.

코딩연습 정답　　C6-1　① dans　② range(1, 10)

　　　　　　　　　　C6-2　① sum + scores[key]　② sum/len(scores)

　　　　　　　　　　C6-3　① input_id == admin_info["id"]

　　　　　　　　　　　　　② input_pass == admin_info["password"]

　　　　　　　　　　C6-4　① kor

　　　　　　　　　　　　　② input_word == words[kor]

■ 다음의 딕셔너리 year_sale은 어느 자동차 대리점의 연간 자동차 판매량을 나타낸다. 물음에 답하시오.(E6-1 ~ E6-4)

year_sale = {"2016":237, "2017":98, "2018":158, "2019":233,"2020":120}

E6-1. 다음은 2017년도의 자동차 판매량을 구하는 프로그램이다. 밑줄 친 부분을 채워 프로그램을 완성하시오.

¤ 실행결과

2017년 차동차 판매량 : 98대

```
year_sale = {"2016":237, "2017":98, "2018":158, "2019":233,"2020":120}

for key in year_sale :
    if ①_____:
        print("%s년 차동차 판매량 : %d대" % (key, ②_____))
```

E6-2. 다음은 2018년과 2019년의 판매량과 2년간 판매량의 합계를 구하는 프로그램이다. 밑줄 친 부분을 채워 프로그램을 완성하시오.

¤ 실행결과

2018년 자동차 판매량 : 158
2019년 자동차 판매량 : 233
2년간 자동차 판매량 : 391대

```
year_sale = {"2016":237, "2017":98, "2018":158, "2019":233,"2020":120}
sm = 0
for key in year_sale :
    if ①_____ or ②_____ :
        print("%s년 자동차 판매량 : %d" % (key, year_sale[key]))
        sm = sm + ③_____

print("2년간 자동차 판매량 : %d대" % sm)
```

E6-3. 다음은 5년간 전체 판매량을 구하는 프로그램이다. 밑줄 친 부분을 채워 프로그램을 완성하시오.

¤ 실행결과

5년간 총 판매량 : 846대
5년간 평균 판매량 : 169대

```
year_sale = {"2016":237, "2017":98, "2018":158, "2019":233,"2020":120}
sm = 0
for ①_____ :
    sm = sm + year_sale[key]

avg = sm/len(②_____)

print("5년간 총 판매량 : %d" % sm)
print("5년간 연 평평균 판매량 : %d" % avg)
```

E6-4. 판매량이 가장 많은 해와 그 때의 판매량을 구하는 프로그램을 작성하시오.

¤ 실행결과

판매량이 가장 많은 해 : 2016년
판매량 : 237대

```
year_sale = {"2016":237, "2017":98, "2018":158, "2019":233,"2020":120}

big_year = 2016
biggest = year_sale["2016"]
for key in year_sale :
    if year_sale[key] > ①_____ :
        big_year = key
        biggest = ②_____

print("판매량이 가장 많은 해 : %s년" % big_year)
print("판매량 : %d대" % biggest)
```

■ 딕셔너리 person이 다음과 같이 정의된다. 물음에 답하시오.(E6-5 ~ E6-8)

```
person = {"name":"홍길동", "age":30, "family":5, "children":["선미","성진","소영"],
        "pets":["강아지", "고양이", "이구아나"]}
```

E6-5. 다음 명령의 실행 결과는?

```
print(person["age"])
```

E6-6. 다음 명령의 실행 결과는?

```
print(len(person))
```

E6-7. 다음 프로그램의 실행 결과는?

```
person = {"name":"홍길동", "age":30, "family":5, "children":["선미","성진","소영"],
        "pets":["강아지", "고양이", "이구아나"]}

for key in person :
    if key == "pets" :
        for name in person[key] :
            print(name, end="/")
```

E6-8. 딕셔너리 키 "children"의 길이(자녀의 수)를 구하는 프로그램을 작성하시오.

¤ 실행결과

자녀 수 : 3명

☎ 심화 문제

■ 다음은 일주일간 일일 기온을 저장한 딕셔너리 temp에 관한 것이다. 물음에 답하시오.(S6-1 ~ S6-3)

temp = {"월":15.5, "화":17.0, "수":16.2, "목":12.9, "금":11.0, "토":10.5, "일":13.3}

S6-1. 딕셔너리 temp에 저장된 데이터를 실행 결과와 같이 출력하는 프로그램을 작성하시오.

¤ 실행결과

```
-----------------------------------------------
 월   화   수   목   금   토   일
-----------------------------------------------
 15.5 17.0 16.2 12.9 11.0 10.5 13.3
-----------------------------------------------
```

S6-2. 딕셔너리 temp에서 주중 최저 기온을 가지는 요일과 최저 기온을 실행 결과와 같이 출력하는 프로그램을 작성하시오.

¤ 실행결과

요일:토, 최저 기온:10.5˚

S6-3. 딕셔너리 temp에서 일주일간 기온 평균을 구하는 프로그램을 작성하시오.

¤ 실행결과

일주일간 기온 평균 : 13.8˚

07

Chapter 07
함수

파이썬의 함수에는 파이썬 자체에 내장되어 있는 내장 함수와 프로그래머가 그 기능을 정의해서 사용하는 사용자 함수가 있다. 함수를 정의하고 호출하는 방법, 함수의 매개변수와 값의 반환에 대해 배운다. 또한 지역 변수와 전역 변수의 개념을 파악하여 이를 실제 프로그래밍에 적용하는 방법을 익힌다.

함수란?

파이썬을 포함한 많은 프로그래밍 언어에서 사용되는 함수(Function)는 수학에서의 '함수'의 개념과 '함수'의 영어 단어인 function이 가지는 '기능'이라는 의미를 모두 가진다.

함수는 함수명()과 같은 형태로 쓰이는데 지금까지 우리가 사용해 온 print(), input(), range(), list(), append(), remove() 등은 모두 함수이다. 또한 함수는 사용자가 함수명과 기능을 새롭게 정의해서 사용할 수도 있다.

7.1.1 함수 정의와 호출

다음 예제를 통해 함수의 기본 구조와 함수가 프로그램에서 어떻게 사용되는지 알아보자.

예제 7-1. 함수로 '안녕하세요!' 출력하기	07/ex7-1.py

```
def hello() :                          # 함수 정의          ❶
    print("안녕하세요!")

hello()                                # 함수 호출          ❷
hello()                                # 함수 호출          ❸
hello()                                # 함수 호출          ❹
```

¤ 실행 결과

안녕하세요!
안녕하세요!
안녕하세요!

❶ hello() 함수 정의

def는 'define'(정의하다)의 약어로 함수를 정의한다는 뜻이다. hello()는 함수 이름을 의미하고 콜론(:) 다음 줄에 들여쓰기 되어 있는 문장은 함수의 기능을 뜻한다. 정의된 함수 hello()는 화면에 '안녕하세요!'를 출력하는 기능을 수행한다.

¤ 함수를 정의한 ❶의 코드는 함수의 호출(❷, ❸, ❹)이 있기 전에는 실행되지 않는다.

❷ hello() 함수 호출

hello()는 ❶에서 정의된 hello() 함수를 호출한다. hello() 함수가 호출되면 ❶의 hello() 함수를 실행한다. 즉, print("안녕하세요!")의 문장이 실행된다. 그 결과 실행 결과의 첫 번째 줄에 나타난 것과 같이 '안녕하세요!'가 화면에 출력된다.

❸ hello() 함수 재호출

다시 hello() 함수를 호출한다. 그러면 ❶에 정의된 hello() 함수가 다시 실행되어 실행 결과의 두 번째 줄에 나타난 것과 같이 '안녕하세요!'가 화면에 출력된다.

❹ hello() 함수 재호출

또 다시 hello() 함수를 호출한다. hello() 함수가 또 다시 실행되어 실행 결과의 세 번째 줄에 '안녕하세요!'가 화면에 출력된다.

위에서 설명한 프로그램의 실행 순서와 출력된 결과를 좀 더 자세히 살펴보자.

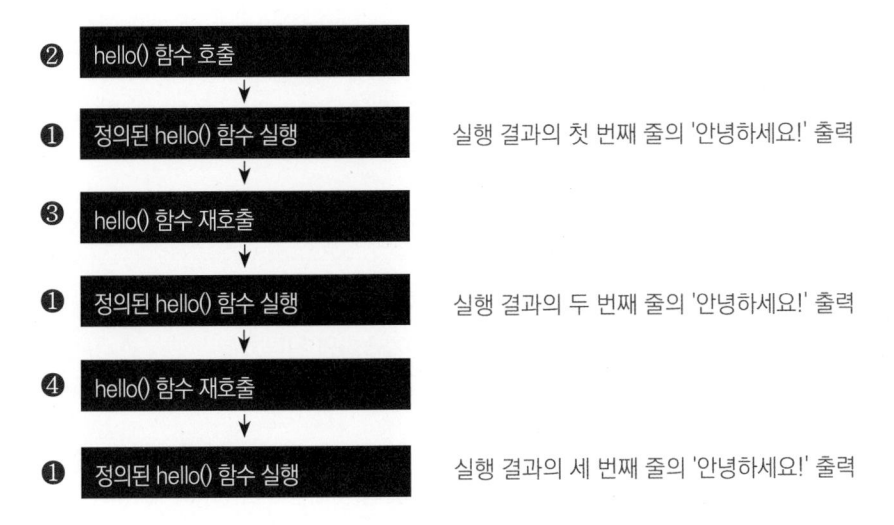

그림 7-1 예제 7-1 프로그램의 실행 순서

그림 7-1에서 ❷의 함수 호출이 일어나면 ❶에서 정의된 함수를 실행한 다음 원래의 호출 위치로 돌아온다. 다시 ❸의 함수가 호출되면 ❶에서 정의된 함수를 실행하고 돌아온다. 그리고 ❹의 함수가 또 다시 호출되면 ❶에서 정의된 함수를 실행하고 원래 위치로 돌아와서 프로그램이 종료된다.

¤ 예제 7-1의 프로그램의 실행 순서를 정리해 보면 ❷ → ❶ → ❸ → ❶ → ❹ → ❶ 이 된다.

앞의 예를 통하여 함수는 다음과 같이 함수 정의부와 함수 호출부로 구성되어 있다는 것을 알 수 있다.

함수 정의와 호출

함수 정의와 호출에 사용되는 서식은 다음과 같다.

서식	
def 함수명() : 　　문장1 　　문장2 　　...	함수 정의
... 함수명()	함수 호출
... 함수명() ...	함수 호출

함수 정의에서는 def 다음에 함수명()과 콜론(:)을 삽입한 후에 함수가 수행할 기능을 다음 줄에 들여쓰기 한 뒤 문장1, 문장2, ... 에 기술하면 된다.

프로그램 내에서 함수명을 적어주면 함수가 호출된다. 함수가 호출되면 함수 정의 부분에서 정의된 함수명()을 실행한 다음 다시 호출한 위치로 돌아온다.

파이썬에서 사용되는 함수는 크게 두 가지로 나눌 수 있다.

(1) 사용자 함수

사용자 함수는 예제 7-1의 hello() 함수와 같이 사용자가 직접 함수를 정의해서 사용하는 함수이다. 사용자 함수에는 함수의 정의 부분과 함수의 호출 부분이 존재한다.

(2) 내장 함수

사용자 함수와는 달리 내장 함수에서는 사용자가 직접 함수를 정의할 필요가 없다. 내장 함수는 파이썬 프로그램 설치 시 내장 함수 정의 부분의 코드들이 같이 설치 되기 때문에 사용자가 함수를 별도로 정의할 필요가 없는 것이다.

그 동안 배운 파이썬의 내장 함수의 이름과 기능을 표로 정리해 보면 다음과 같다.

표 7-1 파이썬의 내장 함수

내장 함수	의미
print()	화면에 데이터 값을 출력함
input()	키보드를 통해 데이터를 입력 받음
range()	정수의 범위를 설정함
list()	리스트를 생성함
int()	문자열이나 실수형 숫자를 정수형 숫자로 변환함
float()	문자열이나 정수형 숫자를 실수형 숫자로 변환함
str()	정수형 숫자나 실수형 숫자를 문자열로 변환함
type()	데이터의 형을 구함

매개변수

앞에서 배운 함수 정의의 형식은 'def 함수명() :' 이다. 경우에 따라서는 함수 정의 시에 다음과 같은 매개변수(Parameter)가 사용된다.

```
def 함수명(매개변수명) :
    …
```

7.2.1 매개변수란?

매개변수는 호출 함수에서 전달하고자 하는 값이나 변수를 전달받기 위해 함수 정의에서 사용되는 변수를 말한다.

다음 예제를 통하여 함수의 매개변수 개념과 사용법을 익혀보자.

예제 7-2. 함수의 매개변수   07/ex7-2.py

```
def say_hello(name) :              # 매개변수 : name       ❶
    print("%s님 안녕하세요!" % name)

say_hello("홍지수")                 # 인수 : "홍지수"        ❷
say_hello("안지영")                 # 인수 : "안지영"        ❸
say_hello("황예린")                 # 인수 : "황예린"        ❹
```

홍지수님 안녕하세요!
안지영님 안녕하세요!
황예린님 안녕하세요!

❶ say_hello() 함수의 정의에서 매개변수 name이 사용된다.

❷ say_hello() 함수를 호출한다. 이 때 함수의 괄호 안에 있는 인수 '홍지수'가 함수 정의 부분인 ❶의 매개변수 name으로 복사된다. 따라서 매개변수 name은 '홍지수' 값을 가진다. print("%s님 안녕하세요!" % name) 문장이 수행되면 실행 결과의 첫 번째 줄에 나타난 것과 같이 '홍지수님 안녕하세요!'가 출력된다.

❸ say_hello() 함수를 재호출한다. 이 때 호출 함수 측의 인수 '안지영'을 say_hello() 함수 정의부의 매개 변수 name에 복사한다. 따라서 실행 결과 두 번째 줄의 메시지가 화면에 출력된다.

❹ ❸과 같은 방식으로 say_hello() 함수를 재차 호출하여 실행결과 세 번째 줄의 메시지를 출력한다.

예제 7-2에서 호출 함수에서 데이터 값을 매개 변수로 전달하는 방법을 도식화해 보면 다음과 같다.

```
def say_hello(name) :
    ...
                  ↑ 매개변수
                     호출함수의  인수  "홍지수"가  매개변수
say_hello("홍지수")    name으로 복사된다.
    ...
        인수
```

■ 매개변수(Parameter) : 호출 함수의 인수를 정의 함수에서 전달받기 위해 사용되는
                        변수

■ 인수(Argument) : 호출 함수에서 정의 함수의 매개변수에 값을 전달하기 위해
                    사용되는 데이터나 변수

다음은 함수에서 매개변수가 두 개 사용되는 예이다. 여기에서와 같이 호출 함수의 인수 개수와 정의 함수에서 사용되는 매개변수의 개수는 같아야 한다.

```
예제 7-3. 매개변수와 인수의 개수 일치                           07/ex7-3.py

  # 매개변수 : first_name, last_name
  def print_name(first_name, last_name) :                         ❶
      name = first_name + last_name
      print("이름 :", name)


  print_name("홍", "정원")          # 인수 : "홍", "정원"          ❷
```

¤ 실행 결과

이름 : 홍정원

❶ print_name() 함수는 first_name과 last_name의 두 개의 매개변수를 가지고 있다.

❷ print_name() 함수를 호출한다. 이 때 호출 함수의 인수 '홍'은 매개변수 first_name에 복사되고, '정원'은 last_name에 복사된다.

예제 7-3에서와 같이 함수에서 매개변수가 두 개일 경우에는 호출하는 함수에서도 반드시 인수의 개수가 두 개여야 한다.

다음은 매개변수와 인수의 개수가 일치하지 않아 오류가 발생하는 예이다.

```
예제 7-4. 매개변수에서의 오류 발생                              07/ex7-4.py

  def print_name(first_name, last_name) :        # 매개변수는 2개
      name = first_name + last_name
      print("이름 :", name)


  print_name("최")                               # 인수는 1개
```

Traceback (most recent call last):
  File "C:/source/07/ex7-4.py", line 5, in ⟨module⟩
    print_name('최')
TypeError: print_name() missing 1 required positional argument: 'last_name'

위에서와 같이 함수 정의에서 사용된 매개변수가 두 개인데, 함수 호출 측에서 하나의 값만
을 전달할 경우에는 오류가 발생하게 된다.

7.2.3 매개변수의 유효 범위

정의 함수에서 사용되는 매개 변수는 정의된 함수 내에서만 유효하다. 다음은 매개변수를
이용하여 짝수인지 홀수인지를 판별하는 프로그램이다.

예제 7-5. 매개변수 사용 예 : 짝수/홀수 판별	07/ex7-5.py

```python
def even_odd(n) :                              # 매개변수 : n        ❶
    if n % 2 == 0 :
        print("%d은(는) 짝수이다." % n)
    else :
        print("%d은(는) 홀수이다." % n)

x = int(input("양의 정수를 입력하세요 : "))                          ❷
even_odd(x)                                    # 인수 : x           ❸
```

¤ 실행 결과

양의 정수를 입력하세요 : 12
12은(는) 짝수이다.

❶ even_odd() 함수를 정의한다. even_odd() 함수는 매개변수 n이 짝수인지 홀수인지를 판별하여 그 결과를 화면에 출력한다.

❷ 양의 정수를 입력받아 정수로 변환하여 변수 x에 저장한다.

❸ even_odd() 함수를 호출한다. 이 때 키보드로 입력받은 변수 x의 값이 ❶의 함수 정의부에 있는 even_odd() 함수의 매개변수 n으로 복사된다. 실행 결과에서와 같이 12가 입력되면 매개변수 n은 12의 값을 가진다. 따라서 if문에서 12는 짝수로 판별되어 '12은(는) 짝수이다.'란 메시지가 화면에 출력된다.

☼ 위 예제 7-5의 even_odd(n) 함수에서 사용된 매개변수 n은 even_odd() 함수 내에서만 유효하다는 점에 유의하기 바란다.

만약 다음 예제에서와 같이 매개변수 n을 함수 호출부인 메인 루틴에서 사용하려고 하면 오류가 발생한다.

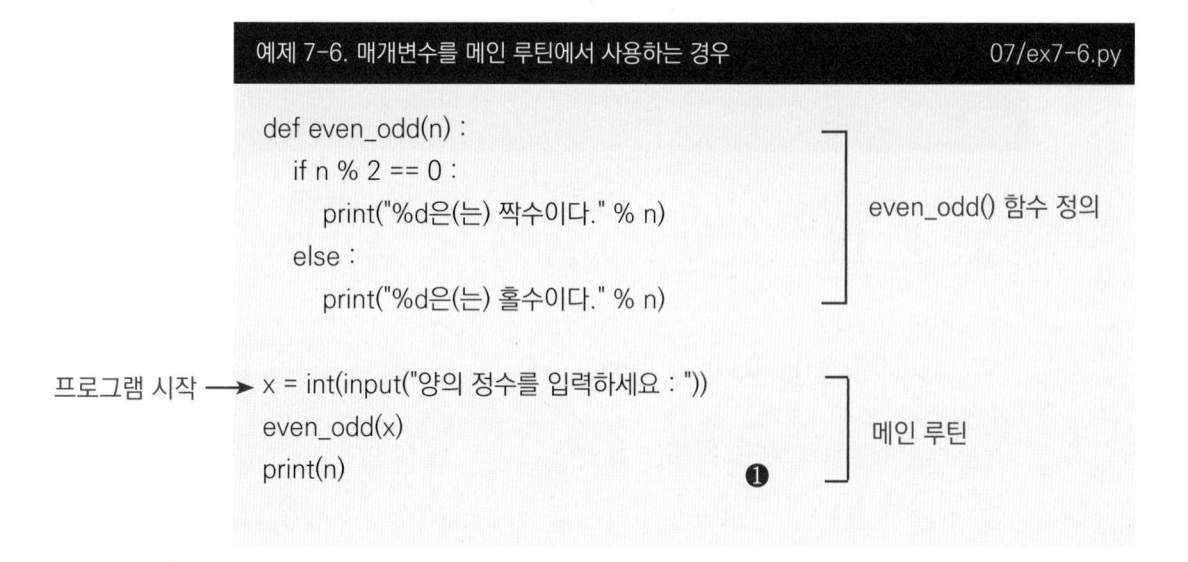

예제 7-6. 매개변수를 메인 루틴에서 사용하는 경우　　　　07/ex7-6.py

```
def even_odd(n) :
    if n % 2 == 0 :
        print("%d은(는) 짝수이다." % n)
    else :
        print("%d은(는) 홀수이다." % n)
```
even_odd() 함수 정의

프로그램 시작 ⟶
```
x = int(input("양의 정수를 입력하세요 : "))
even_odd(x)
print(n)                                    ❶
```
메인 루틴

☼ 실행 결과

양의 정수를 입력하세요 : 15
15은(는) 홀수이다.
Traceback (most recent call last):
　File "C:/source/07/ex7-5.py", line 10, in ⟨module⟩
　　print(n)
NameError: name 'n' is not defined

❶에서와 같이 변수 n을 메인 루틴(Main Routine)에서 사용하면 변수 n이 정의되지 않았다는 오류 메시지가 발생한다.

7.2.4 매개변수 *args

앞에서 설명한 것과 같이 일반적인 함수 정의에서는 매개변수의 개수가 고정된다. 그러나 하나의 함수에서 매개변수의 개수를 고정하지 않고 호출 함수에서 전달하는 인수의 개수에 따라 매개변수를 가변적으로 하고 싶은 경우에 사용하는 것이 매개변수 *args이다.

다음 예제를 통하여 매개변수 *args의 사용법에 대해 알아보자.

예제 7-7. 매개변수 *args의 사용 예	07/ex7-7.py

```
def average(*args) :                    # args는 튜플 데이터 형        ❶
    num_args = len(args)                                            ❷
    sum = 0
    for i in range(num_args) :                                     ❸
        sum = sum + args[i]

    avg = sum/num_args                                             ❹
    print("%d과목 평균 : %.1f" % (num_args, avg))                    ❺

average(85, 96, 87)                     # 인수 3개                  ❻
average(77, 93, 85, 97, 72)             # 인수 5개                  ❼
```

3과목 평균 : 89.3

5과목 평균 : 84.8

❻ average() 함수를 호출한다. 세 개의 인수 85, 96, 97을 매개변수 args에 전달한다.

❶ 매개변수 args는 전달되는 세 개의 인수 85, 96, 97을 튜플로 전달받게 된다. 따라서 args[0], args[1], args[2]는 각각 85, 96, 97의 값을 가진다.

❷ len(args)는 튜플 args의 요소 개수인 3의 값을 가진다. 따라서 변수 num_args의 값은 3이 된다.

❸ for문을 이용하여 3과목의 합계 sum을 구한다.

❹ 합계 sum을 과목 수인 num_args로 나누면 평균이 되는데 이 값을 변수 avg에 저장한다.

❺ 실행 결과의 첫 번째 줄에 3 과목에 대한 평균 값 89.3을 출력한다.

❼ average() 함수를 재호출한다. 이번에는 다섯 개의 인수 77, 93, 85, 97, 72의 값을 매개변수 args에 전달한다.

❶ average() 함수에서 사용되는 매개변수 args의 요소들, 즉 args[0], args[1], args[2], args[3], args[4]는 각각 77, 93, 85, 97, 72의 값을 가지게 된다.

❷~❺ 앞에서와 같은 방법으로 5과목의 평균을 구해 실행 결과의 두 번째 줄에 5과목에 대한 평균 값인 84.8을 출력한다.

¤ 위 예제 7-7 ❶의 *args에서와 같이 반드시 args란 매개변수 이름을 사용할 필요는 없다. *scores와 같이 다른 이름을 사용해도 무방하다. 매개변수 이름을 *scores로 하였을 경우에는 당연히 호출 함수에서의 인수들은 scores의 튜플로 전달된다. 따라서 정의 함수에서는 scores[0], scores[1], ... 와 같은 형태로 매개변수 scores를 이용할 수 있다.

앞의 예제들에서는 정수, 문자열 등의 데이터(또는 변수)를 호출 함수의 인자로 사용하여 정의 함수의 매개변수에 전달하였다. 리스트와 튜플 등의 다른 데이터 형도 정의 함수의 매개변수에 전달될 수 있다.

다음 예제를 통하여 리스트를 매개변수로 전달하는 방법을 익혀보자.

예제 7-8. 매개변수에 리스트 전달하기	07/ex7-8.py

```
def func(food):        # food는 fruits가 저장된 메모리 주소를 전달받음    ❶
    for x in food:                                                      ❷
        print(x)


fruits = ["사과", "오렌지", "바나나"]                                      ❸


func(fruits)                    # 인수 : 리스트 fruits                    ❹
```

¤ 실행 결과

사과
오렌지
바나나

❸ 리스트 fruits를 생성한다.

❹ 리스트 fruits를 인자로 하여 func() 함수를 호출한다.

❶ 정의 함수 func()에서는 호출 함수로부터 리스트 fruits가 저장된 컴퓨터 메모리의 주소, 즉 레퍼런스(Reference)를 전달받아 매개변수 food에 저장한다.

따라서 다음 그림 7-2에서와 같이 매개변수 food는 호출 함수에서 사용된 리스트 fruits의 메모리 시작 주소의 값을 가진다. 따라서 food[0], food[1], food[2]는 각각 메인 루틴에서 사용되는 fruits[0], fruits[1], fruits[2]와 동일한 값, 즉 '사과', '오렌지', '바나나'의 값을 가진다.

❷ for문에서 실행 결과에서와 같이 food의 요소들, 즉 메인 루틴에서 사용되는 리스트 fruits를 출력한다.

그림 7-2 메모리에 저장된 리스트 fruits

그림 7-2에서 리스트명 fruits는 데이터가 저장된 첫 번째 요소의 메모리 주소, 즉 레퍼런스를 저장하고 있다.

> **TIP** 레퍼런스란?
>
> 프로그래밍 언어에서 말하는 레퍼런스(Reference)는 데이터가 저장된 메모리 번지의 주소를 의미한다. 쉽게 생각해서 레퍼런스는 데이터가 저장된 메모리 주소라고 생각하면 된다.

예제 7-8의 ❹와 ❶에서와 같이 인수와 매개변수로 리스트 데이터 형이 사용되면, 인수에서 사용된 리스트의 레퍼런스가 매개변수에 전달된다. 따라서 fruits의 레퍼런스, 즉 fruits[0]이 저장된 주소가 매개변수 food에 저장된다.

이렇게 함으로써 매개변수 food는 바로 fruits[0]의 시작 주소를 의미하기 때문에, food의 요소들인 food[0], food[1], food[2]는 각각 fruits[0], fruits[1], fruits[2]와 동일한 값을 가지게 되는 것이다.

위의 개념을 명확하게 이해하기 위해 다음과 같이 정의 함수 func()에서 리스트의 요소를 추가해보고 메인 루틴에서 그 결과를 출력해보자.

예제 7-9. func() 함수에서 리스트 요소 추가하기	07/ex7-9.py

```
def func(food):                                                    ❶
    food.append("딸기")               # 요소 추가                    ❷
    food.append("수박")               # 요소 추가


fruits = ["사과", "오렌지", "바나나"]


print(fruits)                         # 3개 요소 출력됨              ❸
func(fruits)                                                        ❹
print(fruits)                         # 5개 요소 출력됨              ❺
```

¤ 실행 결과

['사과', '오렌지', '바나나']
['사과', '오렌지', '바나나', '딸기', '수박']

❸ 실행 결과의 첫 번째 줄에 리스트 fruits ['사과', '오렌지', '바나나']를 출력한다.

❹ 리스트 fruits를 인자로 하여 func() 함수를 호출한다.

❶ 정의 함수 func()에서는 호출 함수로부터 리스트 fruits가 저장된 레퍼런스(Reference)를 전달받아 매개변수 food에 저장한다.

❷ append() 함수를 이용하여 리스트 food, 즉 리스트 fruits에 요소를 두 개 추가한다.

❺ 리스트 fruits ['사과', '오렌지', '바나나', '딸기', '수박']를 실행 결과 마지막 줄에 출력한다. 여기서 리스트 fruits는 func() 함수의 ❷에서 추가한 두 개의 리스트 요소를 포함한다.

함수와 매개변수로 두 수의 합을 구하라!

다음은 함수와 매개변수를 이용하여 두 수의 합을 구하는 프로그램이다. 밑줄 친 부분을 채워 프로그램을 완성하시오.

¤ 실행결과
```
12 + 15 = 27
245 + 300 = 545
-38 + -12 = -50
```

```
def add(①_____) :            #  매개변수 2개 사용됨
    c = a + b
    print("%d + %d = %d" % (②_____))

add(12, 15)
add(245, 300)
add(-38, -12)
```

정답은 287쪽에서 확인하세요.

C 코딩연습 C7-2

함수와 매개변수로 정수 합계를 구하라!

다음은 함수와 매개변수를 이용하여 정수의 합계를 구하는 프로그램이다. 밑줄 친 부분을 채워 프로그램을 완성하시오.

☼ 실행결과
20 ~ 50 정수 합계 : 1085
600 ~ 800 정수 합계 : 140700

```
def sum_int(start, end) :          # start : 시작 수, end : 끝 수
    total = 0
    for i in range(①_____) :       #  start ~ end(end 포함)
        total = ②_____          # 누적 합계
    print("%d ~ %d 정수 합계 : %d" % (start, end, total))


sum_int(20, 50)
sum_int(600, 800)
```

정답은 287쪽에서 확인하세요.

매개변수 *args를 활용하는 프로그램을 작성하라!

다음은 함수에서 매개변수의 수를 가변으로 해주는 *args를 활용하는 프로그램 예이다. 밑줄 친 부분을 채워 프로그램을 완성하시오.

¤ 실행결과
가입 회원 : 김정연 안서영
가입 회원 : 황선형 김철영 이창연
가입 회원 : 정수진 김보람 정수연 함소영

```
def member_join(*args) :
    result = ""                     # 문자열 result를 NULL("")로 초기화
    for ①_____ :    # 매개변수 args에 각 요소 값을 가지고 반복
        result = result + arg + " "

    print("가입 회원 :", ②_____)

member_join("김정연", "안서영")
member_join("황선형", "김철영", "이창연")
member_join("정수진", "김보람", "정수연", "함소영")
```

정답은 287쪽에서 확인하세요.

다음은 함수를 이용하여 리스트의 각 요소에 10을 곱하여 다시 리스트에 저장하는 프로그램이다. 밑줄 친 부분을 채워 프로그램을 완성하시오.

¤ 실행결과
[100, 200, 300, 400, 500]
[1000, 2000, 3000, 4000, 5000]

```
def multiply(①_____, x) :
    i = 0
    while i< ②_____ :    # len() 함수를 이용
        num[i] = num[i] * x

        i= i + 1

numbers = [10,20,30,40,50]          # 리스트 생성

multiply(numbers, 10)
print(numbers)

multiply(numbers,10)
print(numbers)
```

정답은 287쪽에서 확인하세요.

함수 값의 반환

정의된 함수에서 얻은 값을 return문을 이용하여 호출한 함수 측에 반환할 수 있다. 이것을 함수 값의 반환이라고 한다.

다음 예제를 통하여 함수의 값을 반환하는 방법에 대해 알아보자.

예제 7-10. 함수 값의 반환   07/ex7-10.py

```
def func(n) :                                                    ❶
    x = n + 5
    return x                 # x를 함수 값으로 반환

a = func(10)                 # func(10)은 함수 정의에서 반환된 x 값을 가짐    ❷
print(a)
b = func(20)                 # func(20)은 함수 정의에서 반환된 x 값을 가짐    ❸
print(b)
```

¤ 실행 결과

15
25

❶ func() 함수를 정의한다. func() 함수는 매개변수 n으로 숫자를 전달받아 5를 더한 값을 변수 x에 저장한 다음 변수 x의 값을 호출한 함수에 반환한다.

❷ func(10)으로 func() 함수를 호출한다. 이 때 10이 ❶의 func() 함수의 매개변수 n에 저장된다. n(값:10)에 5를 더한 값을 저장한 변수 x(값:15)를 호출한 함수에 반환한다. ❷의 func(10)은 15의 값을 가지게 된다. 따라서 변수 a의 값은 15가 된다.

❸ ❷에서와 같은 방식으로 func(20)으로 func() 함수를 호출하여 반환된 값인 25를 변수 b에 저장한다.

함수 값의 반환에 사용되는 서식은 다음과 같다.

서식

```
def 함수(매개변수1, 매개변수2, ...) :                          ❶
    문장1
    문장2
    ...
    return 변수1                                             ❷
...
변수2 = 함수(입력값1, 입력값2, ...)                            ❸
...
```

❸의 우측에서 함수를 호출하면 ❶에서 정의된 함수가 실행되어 얻은 그 결과 값인 변수1의 값이 return에 의해 ❸의 우측에서 호출한 함수에 반환된다. 얻어진 함수 값이 ❸의 좌측의 변수2에 저장된다. 결론적으로 ❸의 좌측에 있는 변수2는 ❷에서 반환한 변수1의 값을 가지게 된다.

이번에는 함수 값의 반환을 이용하여 인치를 센티미터로 환산하는 프로그램을 작성해보자.

예제 7-11. 함수 값의 반환을 이용한 인치/센티미터 환산   07/ex7-11.py

```
def inch_to_cm(inch) :                                       ❶
    cm = inch * 2.54
    return cm                         # cm를 함수 값으로 반환

num = int(input("인치를 입력하세요: "))                         ❷
result = inch_to_cm(num)                                     ❸
print("%d inch => %.2f cm" % (num, result))                  ❹
```

¤ 실행 결과

인치를 입력하세요: 30
30 inch => 76.20 cm

❶ 함수 inch_to_cm()를 정의한다.

❷ 키보드로 인치를 입력 받아 변수 num에 저장한다.

❸ 우측의 inch_to_cm(num)은 ❶에서 정의된 inch_to_cm() 함수를 호출한다. inch_to_cm() 함수가 실행되어 얻어진 결과 값인 변수 cm를 호출한 함수 측에 반환한다. 이렇게 하여 얻은 inch_to_cm(num) 함수의 값을 변수 result에 저장한다.

❹ 변수 num과 result의 값을 실행 결과에 나타난 것과 같이 화면에 출력한다.

코딩연습 C7-5

함수로 삼각형의 면적을 계산하라!

다음은 삼각형의 너비와 높이를 입력받아 함수를 이용하여 삼각형의 면적을 구하는 프로그램이다. 밑줄 친 부분을 채워 프로그램을 완성하시오.

> ¤ 실행결과
> 너비를 입력하세요: 10
> 높이를 입력하세요: 15
> – 삼각형의 너비 : 10
> – 삼각형의 높이 : 15
> – 삼각형의 면적 : 75.0

```
def tri_area(①_____) :
    result = w * h * 0.5
    ②_____                    # result 값의 반환

width = int(input("너비를 입력하세요: "))
height = int(input("높이를 입력하세요: "))

print("- 삼각형의 너비 :", width)
print("- 삼각형의 높이 :", height)
print("- 삼각형의 면적 :", ③_____)      # 함수 호출
```

정답은 287쪽에서 확인하세요.

함수로 배수의 합계를 구하라!

다음은 함수를 이용하여 1부터 100까지의 양의 정수 중 배수의 합계를 구하는 프로그램이다. 밑줄 친 부분을 채워 프로그램을 완성하시오.

¤ 실행결과
구하고자 하는 배수를 입력하세요: 3
1~100 사이 3의 배수의 합계 : 1683

```
def sum_besu(n) :                    # n : 구하고자 하는 배수
    sum = 0
    for i in range(1, 101) :
        if i%n == 0 :
            sum = sum + i

    return ①_____            # sum을 함수 값으로 반환

besu = int(input("구하고자 하는 배수를 입력하세요: "))

total = ②_____

print("1~100 사이 %d의 배수의 합계 : %d " % (besu, total))
```

정답은 287쪽에서 확인하세요.

함수로 문장에 포함된 공백을 카운트하라!

다음은 함수를 이용하여 영어 문장에 포함된 공백을 카운트하는 프로그램이다. 밑줄 친 부분을 채워 프로그램을 완성하시오.

¤ 실행결과
Python is easy and powerful.
– 공백의 개수 : 4

```python
def count_space(①_____) :
    count = 0                          # 공백의 개수 초기화

    for x in a :
        if x == " " :                  # 공백인지 체크
            count = count + 1

    return ②_____               # count를 함수 값으로 반환

sentence = "Python is easy and powerful."

print(sentence)
num_space = ③_____         # count_space() 함수 호출
print("– 공백의 개수 :", num_space)
```

정답은 287쪽에서 확인하세요.

함수로 딕셔너리에서 게임 아이템을 가져오라!

다음은 사용자 아이디에 따라 딕셔너리에 저장되어 있는 게임 아이템을 가져오는 프로그램이다. 밑줄 친 부분을 채워 프로그램을 완성하시오.

¤ 실행결과
kim의 게임 아이템 : 총
hwang의 게임 아이템 : 병사

```
"""
get_item() 함수는 사용자 아이디에 따라 딕셔너리에서 게임 아이템을 찾아서 반
환함.
"""
def get_item(userid) :
    game_items = {"kim":"총", "lee":"대포", "choi":"전투기", "hwang":"병사"}

    for key in game_items :  # 딕셔너리의 키, 즉 아이디를 반복해서 체크함
        if ①_____ :    # 매개변수 userid와 딕셔너리 키가 같은지를 비교
            item = game_items[key]

        return ②_____    # 얻은 게임 아이템 반환

user1 = "kim"
user2 = "hwang"

print("%s의 게임 아이템 : %s" % (user1, ③_____))    # 함수 호출
print("%s의 게임 아이템 : %s" % (user2, ④_____))    # 함수 호출
```

정답은 287쪽에서 확인하세요.

7.4 지역 변수와 전역 변수

사용자 함수를 정의해서 사용하다 보면 정의된 함수에서 사용되는 변수(지역 변수)와 메인 루틴에서 사용하는 변수(전역 변수) 간에 충돌이 발생할 수 있다. 이런 문제를 미연에 방지하기 위해서 지역 변수와 전역 변수의 개념을 잘 이해하고 프로그램에서 변수를 적절하게 잘 사용해야 한다.

이번 절을 통하여 지역 변수와 전역 변수의 개념과 활용법에 대해 알아보자.

7.4.1 지역 변수

지역 변수(Local Variable)는 정의된 함수 내에서 사용되는 변수를 말한다.

다음 예제를 통하여 지역 변수의 개념에 대해 알아보자.

예제 7-12. 지역 변수 사용 예 · 07/ex7-12.py

```
def func() :
    x = 100                        # 지역 변수 : x
    print(x)

func()
```

¤ 실행 결과

100

위에서 정의된 함수 func() 내에서의 변수 x는 지역 변수이다. 지역 변수는 해당 지역, 즉 func() 함수의 영역에서만 사용 가능하다.

예를 들어 다음과 같이 메인 루틴에서 변수 x를 사용하려고 하면 오류가 발생하게 된다.

예제 7-13 메인 루틴에서 지역 변수 사용 시 오류	07/ex7-13.py

```
def func() :
    x = 100                                            ❶  func() 함수의 영역
    print(x)


func()
print(x)                    # x가 정의되지 않음          ❷  메인 루틴
```

¤ 실행 결과
```
100
Traceback (most recent call last):
  File "C:/source/07/ex7-10.py", line 6, in <module>
    print(x)
NameError: name 'x' is not defined
```

메인 루틴에서 ❷에서와 같이 변수 x를 출력하려고 하면 실행 결과에 보여지듯 변수 x가 정의되지 않았다는 오류 메시지가 발생한다.

❶에서 정의되어 있는 지역 변수 x는 func() 함수의 범위에서만 사용할 수 있다. 메인 루틴에서는 변수 x가 정의되어 있지 않기 때문에 오류가 발생하는 것이다.

※ 메인 루틴에 대한 자세한 설명은 263쪽을 참고하기 바란다.

전역 변수(Global Variable)는 메인 루틴의 제일 앞에 정의된 변수를 말한다. 전역 변수는
메인 루틴과 정의된 함수 내에서 사용 가능하다.

다음 예제를 통하여 전역 변수의 개념을 익혀보자.

예제 7-14. 전역 변수 사용 예	07/ex7-14.py

```
def func() :
    print(x)                    # x --> 전역 변수        ❶

    x = 100                     # 전역 변수 : x          ❷
    func()
    print(x)                    # x --> 전역 변수        ❸
```

¤ 실행 결과
100
100

❷의 메인 루틴에 정의된 전역 변수 x는 메인 루틴 영역에 있는 ❸과 func() 함수 내에 있
는 ❶에서도 모두 사용 가능하다.

위의 예에서 만약 변수 x를 메인 루틴과 func() 함수에서 각각 정의하여 사용하면 어떻게
될까?

다음의 예제를 통하여 같은 이름의 변수를 메인 루틴과 사용자 함수에서 정의하여 사용할
경우 발생하는 문제들에 대해 알아보자.

예제 7-15. 동일한 이름의 전역/지역 변수 사용 예   07/ex7-15.py

```
def func() :
    x = 200                          # 지역 변수 : x          ❶
    print(x)                         # x --〉 지역 변수


x = 100                              # 전역 변수 : x          ❷
func()
print(x)                             # x --〉 전역 변수        ❸
```

¤ 실행 결과

200
100

메인 루틴의 ❷에서 정의된 전역 변수 x와 func() 함수 내 ❶에서 정의된 지역 변수 x는
변수 이름이 같을지라도 전혀 다른 변수로 처리된다. 실행 결과를 보면 ❸의 실행 결과는
200이 아니라 100이 된다. ❸에서 사용된 변수 x는 ❷에서 정의된 전역 변수 x라는 것을
알 수 있다.

위에서 사용된 전역 변수 x와 지역 변수 x가 저장되는 컴퓨터 메모리를 나타내는 다음 그림
을 보면 쉽게 이해될 것이다.

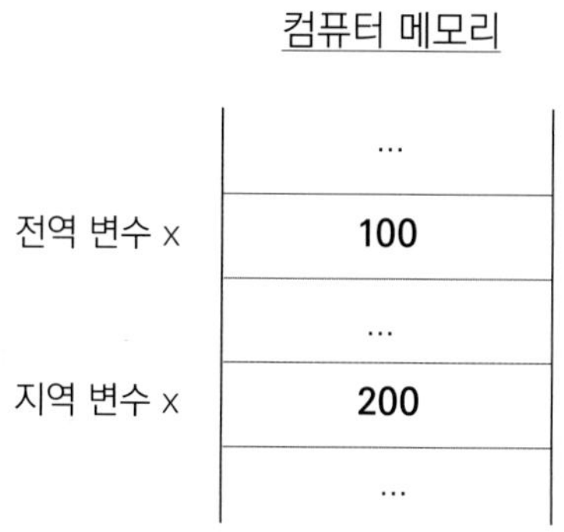

컴퓨터 메모리

	...
전역 변수 x	**100**
	...
지역 변수 x	**200**
	...

그림 7-3 메모리에 저장된 전역 변수와 지역 변수

그림 7-3에 나타난 것과 같이 전역 변수 x와 지역 변수 x는 메모리의 각기 다른 장소에 저장된다.

따라서 같은 이름의 변수를 전역 변수와 지역 변수로 사용하여도 전혀 문제가 되진 않지만 두 변수가 유효한 장소가 서로 다르다는 점만 이해하고 있으면 된다.

7.4.3 키워드 global

예제 7-13에서 func() 내에서 전역 변수를 정의하고 싶은 경우에는 다음의 예에서와 같이 키워드 global을 사용하면 된다.

다음 예제를 통하여 키워드 global의 개념에 대해 알아보자.

예제 7-16. 키워드 global 개념 익히기	07/ex7-16.py

```
def func() :
    global x                    # 여기서 x는 메인 루틴의 전역 변수임      ❶
    x = 200                     # x --〉전역 변수                        ❷
    print(x)                    # x --〉전역 변수                        ❸

x = 100                         # 전역 변수 : x                         ❹
print(x)                        # x --〉전역 변수                        ❺
func()                                                                  ❻
print(x)                        # x --〉전역 변수                        ❼
```

¤ 실행 결과
100
200
200

❹ 전역 변수 x에 100을 저장한다.

❺ 전역 변수 x의 값 100을 실행 결과 첫 번째 줄에 출력한다.

❻ func() 함수를 호출한다.

❶ global x는 변수 x가 메인 루틴에서 사용되는 전역 변수(Global Variable)라는 것을 선언하는 것이다.

❷ 전역 변수 x에 200을 저장한다.

❸ 전역 변수 x의 값 200을 실행 결과 두 번째 줄에 출력한다.

❼ ❷에 의해 설정된 전역 변수 x의 값 200을 실행 결과 세 번째 줄에 출력한다.

다음은 원의 면적과 둘레의 길이를 구하는 프로그램에서 키워드 global이 사용된다. 이 예를 통하여 키워드 global의 활용법을 익혀보자.

예제 7-17. 키워드 global을 이용한 원의 면적과 둘레 구하기	07/ex7-17.py

```
def cir_area() :           # 원의 면적 구하기
    global r                                               ❶
    result = r * r * 3.14
    return result


def cir_length() :         # 원의 둘레 길이 구하기
    global r                                               ❷
    result = 2 * 3.14 * r
    return result

r = float(input("반지름을 입력하세요: "))                    ❸
area = cir_area()
length = cir_length()
print("원의 면적 : %.1f, 원주의 길이 :%.1f" % (area, length ))
```

¤ 실행 결과

반지름을 입력하세요: 10
원의 면적 : 314.0, 원주의 길이 :62.8

❸ 반지름을 나타내는 변수 r은 메인 루틴의 제일 앞에서 정의되었기 때문에 전역 변수가 된다.

❶ global r에 의해 cir_area() 함수 내에서 사용되는 변수 r은 지역 변수가 아니라 ❸에 의해 메인 루틴에서 정의된 전역 변수 r을 의미하게 된다.

❷ 여기서 사용된 global r도 ❶과 같은 맥락에서 cir_length() 함수 내의 변수 r이 메인 루틴의 ❸에 정의된 전역 변수라는 것을 의미한다.

사실 위 예제 7-17의 ❶과 ❷에서 사용된 global r은 생략해도 된다. 앞의 7.4.2절의 전역 변수에서 설명한 것과 같이 전역 변수는 메인 루틴과 사용자 함수 내부에서도 사용가능하기 때문에 굳이 키워드 global을 사용하지 않더라도 전역 변수로 간주되기 때문이다.

그러나 정의 함수에서 전역 변수를 사용할 경우에는 사용되는 변수가 메인 루틴의 전역 변수라는 것을 명확히 하기 위해 키워드 global을 사용하는 것을 추천한다.

예제 7-17에서 사용된 전역 변수 r을 cir_area()와 cir_length() 함수의 매개변수로 사용해보면 다음과 같은 프로그램으로 작성해 볼 수 있다.

예제 7-18. 매개변수를 이용한 원의 면적과 둘레 구하기　　　　07/ex7-18.py

```
def cir_area(r) :                               # 매개변수 : r        ❶
    result = r * r * 3.14
    return result

def cir_length(r) :                             # 매개변수 : r        ❷
    result = 2 * 3.14 * r
    return result

r = float(input("반지름을 입력하세요: "))
area = cir_area(r)                              # 인수 : r            ❸
length = cir_length(r)                          # 인수 : r            ❹
print("원의 면적 : %.1f, 원주의 길이 :%.1f" % (area, length ))
```

※ 앞의 예제 7-17의 실행 결과와 동일하다.

❸과 ❹의 함수 호출에서는 변수 r의 값을 ❶과 ❷의 정의 함수에서 사용된 매개변수 r로 전달하게 된다.

예제 7-17과 7-18은 둘 다 원의 면적과 둘레의 길이를 구하는 프로그램이다. 둘 간의 차이점은 예제 7-17에서는 메인 루틴의 반지름 r을 전역 변수로 사용하였고, 예제 7-18에서는 메인 루틴의 반지름 r을 정의 함수의 매개 변수로 전달하여 정의 함수 내부에서 사용하게 하였다.

전역 변수를 사용할 경우에는 변수 값이 메인 루틴이나 정의 함수들에서도 변경될 수 있기 때문에 그 값을 추적하기 힘들 때가 종종 있다. 따라서 전역 변수는 꼭 필요한 경우에만 사용하고, 일반적인 경우에는 매개변수나 지역 변수를 사용하는 것이 좋은 프로그래밍 방식이라는 것을 꼭 기억하기 바란다.

코딩연습 정답   C7-1   ① a, b ② a, b, c

C7-2   ① start, end+1 ② total + i

C7-3   ① arg in args ② result

C7-4   ① num ② len(num)

C7-5   ① w, h ② return result ③ tri_area(width, height)

C7-6   ① sum ② sum_besu(besu)

C7-7   ① a ② count ③ count_space(sentence)

C7-8   ① userid == key ② item ③ get_item(user1)

④ get_item(user2)

E7-1. 다음 프로그램을 실행하면 오류가 발생한다. 오류가 발생하는 원인에 대해 설명하시오.

```
def func() :
    x = 200

func()
print(x)
```

E7-2. 다음 프로그램의 실행 결과는 무엇인가?

```
def func() :
    x = 200
    print(x)

x = 100
func()
print(x)
```

E7-3. 다음 프로그램의 실행 결과는 무엇인가?

```
def func() :
    global x
    x = 200
    print(x)

x = 100
func()
print(x)
```

E7-4. 사용자 함수를 정의하여 킬로미터를 마일로 환산하는 프로그램을 작성하시오.

환산 수식 : 마일 = 킬로미터 x 0.621371

¤ 실행결과

킬로미터를 입력하세요 : 30
30 킬로미터는 18.64 마일이다.

E7-5. 하나 이상의 사용자 함수를 정의하여 다음과 같은 실행 결과를 가져오는 간단한 계산기 프로그램을 작성하시오.

¤ 실행결과

– 선택 옵션
1. 더하기
2. 빼기
3. 곱하기
4. 나누기
원하는 연산을 선택하세요(1/2/3/4) : 2
첫 번째 숫자를 입력하세요 : 10
두 번째 숫자를 입력하세요 : 7

10 – 7 = 3

E7-6. 사용자 함수를 이용하여 영어 문장에 있는 알파벳의 개수를 카운트하는 프로그램을 작성하시오.

¤ 실행결과

영어 문장을 입력하세요 : I am a student.
알파벳 하나를 입력하세요 : a
I am a student. 에 포함된 a 의 개수는 2 개이다.

E7-7. 사용자 함수를 이용하여 튜플 tup1의 합계를 구하는 프로그램을 작성하시오.

```
tup1 = (10, 20, 30, 40, 50)
```

¤ 실행결과

튜플의 합계 : 150

E7-8. 사용자 함수를 이용하여 입력된 문자열을 역순으로 출력하는 프로그램을 작성하시오.

¤ 실행결과

문자열을 입력하세요: Thank you.
.uoy knahT

E7-9. 사용자 함수를 이용하여 입력된 문자열에서 공백을 하이픈(-)으로 치환하는 프로그램을 작성하시오.

¤ 실행결과

문자열을 입력하세요: I am a student.
I-am-a-student.

E7-10. 하나 이상의 사용자 함수를 정의하여 다음의 실행 결과를 가져오는 단위 환산표 프로그램을 작성하시오.

인치 = 센티미터 x 0.393701
파운드 = 킬로그램 x 2.204623

¤ 실행결과 1

- 선택 옵션
1. 길이 환산(센티미터 --> 인치)
2. 무게 환산(킬로그램 --> 파운드)
원하는 환산 단위를 선택하세요.(1/2): 1
센티미터 단위의 길이를 입력하세요 : 80
80 센티미터 --> 31.50 인치

¤ 실행결과 2

- 선택 옵션
1. 길이 환산(센티미터 --> 인치)
2. 무게 환산(킬로그램 --> 파운드)
원하는 환산 단위를 선택하세요.(1/2): 2
킬로그램 단위의 무게를 입력하세요 : 100
100 킬로그램 --> 220.46 파운드

S7-1. 사용자 함수를 이용하여 n의 값을 입력받아 2에서 n까지의 정수 중 소수를 구하는 프로그램을 작성하시오.

¤ 실행결과

n값을 입력해 주세요 : 50
2 ~ 50까지의 정수 중 소수 : 2 3 5 7 11 13 17 19 23 29 31 37 41 43 47

S7-2. 딕셔너리 eng_dict를 이용하여 영어 단어 퀴즈 맞추기 프로그램을 작성하시오. 단, 사용자 함수를 사용하여야 함.

eng_dict = {"house":"집", "piano":"피아노", "christmas":"크리스마스",
           "friend":"친구", "bread":"빵"}

¤ 실행결과

집에 맞는 영어 단어는? house
참 잘했어요!
피아노에 맞는 영어 단어는? piano
참 잘했어요!
크리스마스에 맞는 영어 단어는? chrismas
틀렸어요!
친구에 맞는 영어 단어는? frend
틀렸어요!
빵에 맞는 영어 단어는? bread
참 잘했어요!

S7-3. 사용자 함수를 이용하여 n의 값을 입력받아 1에서 n까지의 정수의 제곱을 구하는 프로그램을 작성하시오.

¤ 실행결과

n 값을 입력하세요: 10
[1, 4, 9, 16, 25, 36, 49, 64, 81, 100]

08

Chapter 08
함수 활용

이번 8장에서는 지금까지 배운 내장 함수들을 정리하고 7장에서 배운 사용자 함수의 정의, 호출, 매개변수, 반환 값 등을 실제 프로그램에 활용하는 방법을 익힌다. 또한 주어진 데이터에서 특정 데이터를 찾는 선형 탐색과 이진 탐색 기법의 원리를 파악하고 이를 실제 프로그램에서 활용하는 방법을 익힌다.

파이썬의 내장 함수

파이썬의 내장 함수(Built-in function)는 말 그대로 파이썬에 기본적으로 내장되어 있는 함수이다. 그 동안 써왔던 print(), input(), int(), str(), float() 등이 모두 내장 함수이다. 이번 절에서는 이전 7장까지 사용했던 내장 함수들을 정리하고 추가적으로 ord(), hex(), bin(), round(), max(), min() 함수의 사용법에 대해 알아 본다.

파이썬에서 자주 사용되는 내장 함수를 표로 정리하면 다음과 같다.

표 8-1 파이썬의 내장 함수

함수	의미
print()	데이터나 변수를 화면에 출력함
input()	키보드로 데이터를 입력 받음
type()	변수의 데이터 형을 구함
int()	실수나 문자열을 정수로 변환함
float()	정수나 문자열을 실수로 변환함
str()	정수나 실수를 문자열로 변환함
sum()	리스트나 튜플 요소들의 합을 구함
len()	문자열, 리스트, 튜플, 딕셔너리의 길이를 구함
range()	10진 정수를 2진수로 변환함
list()	새로운 리스트를 생성함
tuple()	새로운 튜플을 생성함
dict()	새로운 딕셔너리를 생성함

함수	의미	설명
ord()	문자의 아스키(ASCII) 코드 값을 구함	8.1.1절
bin()	10진 정수를 2진수로 변환함	8.1.2 절
hex()	10진 정수를 16진수로 변환함	8.1.2 절
round()	반올림 값을 구함	8.1.3 절
max()	리스트나 튜플의 최댓값을 구함	8.1.4 절
min()	리스트나 튜플의 최솟값을 구함	8.1.4 절

8.1.1 아스키 코드 구하기 – ord()

2장에서 키보드로 입력 받는 모든 데이터(숫자, 문자, 특수문자 등)는 문자열로 처리된다고 설명하였다. 이 문자열를 저장하는 데 사용되는 컴퓨터 코드(0과 1의 조합)가 아스키 코드 이다. 아스키(ASCII, American Standard Code for Information Interchange)는 영문 알파벳, 숫자, 특수문자 등에 사용되는 대표적인 문자 인코딩(Encoding) 방식이다.

컴퓨터 키보드로 '1' 키를 누르면 '1'에 해당되는 아스키 코드 값인 49(16진수: 31, 2진수: 110001)로 변환되어 컴퓨터 내부에 저장된다.

다음 예제를 통하여 문자 '1'에 대한 아스키 코드를 구하는 방법에 대해 알아 보자.

예제 8-1. '1'의 아스키 코드 구하기	08/ex8-1.py

```
x = "1"                            # x : 문자열
print("아스키 코드 :", ord(x))      # ord(x) : x의 아스키 코드 값      ❶
```

¤ 실행 결과

아스키 코드 : 49

❶ 파이썬의 내장 함수인 ord()를 이용하여 변수 x, 즉 '1'에 대한 아스키 코드 값을 구한다. 실행 결과를 보면 '1'에 대한 아스키 코드 값은 10진수로 49임을 알 수 있다.

8.1.2 16진수/2진수 변환하기 – hex(), bin()

이번에는 hex()와 bin() 함수를 이용하여 문자 'a'에 대한 아스키 코드 값을 16진수와 2진수로 표기하는 방법에 대해 알아 보자.

예제 8-2. 'a'의 아스키 코드(16진수/2진수) 구하기　　　　　　　　08/ex8-2.py

```
x = "a"
code = ord(x)

print("아스키 코드(10진수) : %d" % code)                              ❶
print("아스키 코드(16진수) : %s" % hex(code))        # hex() : 16진수   ❷
print("아스키 코드(2진수) : %s" % bin(code))         # bin() : 2진수    ❸
```

¤ 실행 결과

아스키 코드(10진수) : 97
아스키 코드(16진수) : 0x61
아스키 코드(2진수) : 0b1100001

❶ 문자 'a'에 대한 아스키 코드는 97이 된다.

❷ hex() 함수에서 hex는 16진수를 의미하는 'Hexadecimal'의 약어이다. hex() 함수
　 는 10진수를 16진수로 변환하는 데 사용된다. 'a'의 아스키 코드 값은 16진수로 61
　 이 된다.

　 ※ 여기서 0x는 16진수임을 나타내는 접두어이다.

❸ bin() 함수에서 bin은 2진수를 의미하는 'Binary'의 약어이다. bin() 함수는 10진수
　 를 2진수로 변환하는 데 사용된다. 실행 결과 마지막 줄을 보면 문자 'a'는 2진수로
　 1100001의 아스키 코드 값을 가진다는 것을 알 수 있다.

　 ※ 여기서 0b는 2진수임을 나타내는 접두어이다.

8.1.3 반올림 값 구하기 – round()

다음의 예제에서와 같이 round() 함수는 실수에 대해 반올림 값을 얻을 때 사용된다.

```
예제 8-3. 반올림 값 구하기                                    08/ex8-3.py

x = round(7.65676)              # 소수점 첫째 자리 반올림        ❶
print(x)


y = round(7.65676, 2)           # 소수점 셋째 자리 반올림        ❷
print(y)
```

¤ 실행 결과

8
7.66

❶ round(7.65676)은 실수 7.65676을 반올림한 8의 값을 가진다.

❷ round(7.65676, 2)은 실수 7.65676을 소수점 셋째 자리에서 반올림한 7.66의 값
을 가지게 된다.

8.1.4 최댓값/최솟값 구하기 – max(), min()

max() 함수는 주어진 수들 중 또는 리스트(또는 튜플)의 요소들 중에서 최댓값을 구할 때
사용된다.

```
예제 8-4. 최댓값 구하기                                      08/ex8-4.py

x = max(3, 5, 2)                # 3, 5, 2 중 최댓값              ❶
print(x)


data = [3, 7, 2, 12, 6]                                       ❷
y = max(data)                   # 리스트 요소 중 최댓값
print(y)
```

¤ 실행 결과

5
12

❶ max(3, 5, 2)는 3, 5, 2 중에서 가장 큰 값인 5의 값을 가진다.

❷ max(data)는 리스트 data의 요소들 중에서 가장 큰 값인 12가 된다.

¤ min() 함수는 최솟값을 구하는 데 사용된다. min() 함수의 사용법은 max() 함수와 동일하기 때문에 추가적인 설명은 생략한다.

사용자 함수 활용

이번 절에서는 프로그래머가 함수를 정의해서 사용하는 사용자 함수의 활용법에 대해 공부한다. 다양한 예제 실습을 통하여 함수의 매개변수, 함수의 반환 값, 지역 변수와 전역 변수 등을 사용자 함수에서 활용하는 방법에 대해 알아 본다.

8.2.1 소수 여부 판별하기

소수는 1과 자신 이외에는 나누어 떨어지지 않는 양의 정수를 의미한다. 다음 예제를 통하여 키보드로 입력된 수가 소수인지 아닌지를 판별하는 프로그램을 작성해 보자.

예제 8-5. 소수 인지 판별하기   08/ex8-5.py

```
def is_prime(n) :
    prime = True                        # prime의 초깃값은 True
    if n>1:                             # n이 2부터 시작
        for i in range(2, n):           # n : 2 ~ n-1              ❶
            if n%i==0 :                 # i로 나눈 나머지가 0이면
                prime = False           # prime을 False로 설정

    return prime

number = int(input("수를  입력하세요 : "))

if is_prime(number) :                                              ❷
    print("소수이다!")
else :
    print("소수가 아니다!")
```

수를 입력하세요 : 10
소수가 아니다!

❷ is_prime(number)는 is_prime() 함수를 호출하여 number가 소수이면 True 값을 얻고 그렇지 않으면 False의 값을 가지게 된다.

❶ 반복 루프에서 i는 2에서 n-1 까지의 값을 가진다. n을 i로 나눈 나머지가 한 번이라도 0이 되면 prime을 False로 한다. 즉 자연수 n이 2에서 n-1까지의 수로 나누어 떨어지지 않으면 n은 소수이다.

8.2.2 세제곱 합계 구하기

다음의 수식으로 정의되는 1 ~ N의 세제곱 합계를 구하는 방법에 대해 알아 보자.

$$1^3 + 2^3 + 3^3 + ... N^3$$

예제 8-6. 1~N 세제곱 합계 구하기	08/ex8-6.py

```python
def square_sum(n) :
    sm = 0
    for i in range(1, n+1) :          # i : 1 ~ n          ❶
        sm = sm + (i*i*i)             # 누적합계 sm 구함

    return sm

N = int(input("N의 값을  입력하세요 : "))
print(square_sum(N))                                       ❷
```

¤ 실행 결과

N의 값을 입력하세요 : 5
225

❷ square_sum() 함수를 호출한다.

❶ 반복 루프에서 i는 1에서 n까지의 값을 가진다. 누적 합계 sm을 구해 함수 값으로 반환한다.

C 코딩연습 C8-1   예제 8-6의 출력 포맷을 바꾸어라!

다음은 예제 8-6와 동일한 프로그램을 실행 결과에서와 같이 출력하는 프로그램이다. 밑줄 친 부분을 채워 프로그램을 완성하시오.

¤ 실행결과

N의 값을 입력하세요 : 5

1*1*1 + 2*2*2 + 3*3*3 + 4*4*4 + 5*5*5 = 225

```
def square_sum(①_____) :
    sm = 0
    for i in range(1, n+1) :
        sm = sm + (i*i*i)
        print(②_____)

        if i==n :
            print("= ", end="")
        else :
            print("+ ", end="")
    print(sm)

N = int(input("N의 값을 입력하세요 : "))
square_sum(N)
```

정답은 321쪽에서 확인하세요.

1~N 홀수의 세제곱 합을 구하라!

다음은 1~N의 수 중에서 홀수의 세제곱 합을 구하는 프로그램이다. 밑줄 친 부분을 채워 프로그램을 완성하시오.

> ¤ 실행결과
> N의 값을 입력하세요 : 10
> 1*1*1 + 3*3*3 + 5*5*5 + 7*7*7 + 9*9*9 = 1225

```
def square_sum(n) :
    sm = 0
    for i in range(1, n+1) :
        if ①_____ :                    # i가 홀수이면
            sm = sm + (i*i*i)
            print("%d*%d*%d " % (i, i, i), end="")

            if i==n or i==(n-1) :
                print("= ", end="")
            else :
                print("+ ", end="")
    print(sm)

N = int(input("N의 값을 입력하세요 : "))
②_____(N)
```

정답은 321쪽에서 확인하세요.

회문(Palindrome)은 똑바로 읽으나 거꾸로 읽으나 똑같은 단어나 문장을 말한다.

다음과 같은 문자열들은 회문인 단어의 예이다.

> "level", "dad", "mom", noon", "radar", "refer", "stats", "rotator"
>
> "오디오", "토마토", "별똥별", "아시아", "일요일", "스위스", "시흥시"

다음은 특정 문자열이 회문인지를 판별하는 프로그램이다.

예제 8-7. 회문인지 판별하기   08/ex8-7.py

```python
def is_palindrome(s):
    for i in range(0, int(len(s)/2)):          # 문자열의 좌측 절반 읽음       ❶
        if s[i] != s[len(s)-i-1]:          # 좌측과 우측 인덱스가 다른지 비교
            return False

    return True

string = "rotator"

if is_palindrome(string) :                                                    ❷
    print("%s은(는) 회문이다!" % string)
else:
    print("%s은(는) 회문이 아니다!" % string)
```

¤ 실행 결과

rotator은(는) 회문이다!

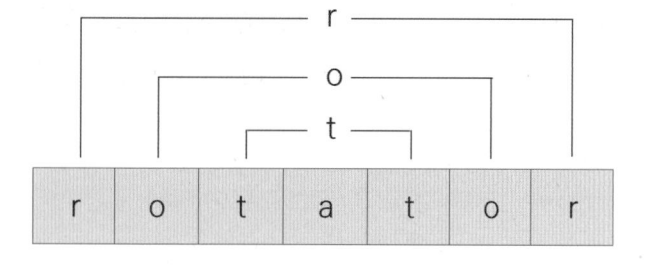

❷ is_palindrome() 함수를 호출한다. 함수의 반환 값이 True이면 '회문이다!'를 출력하고, 그렇지 않으면 '회문이 아니다!'를 출력한다.

❶ int(len(s)/2))는 문자열 'rotator'의 길이의 1/2 값을 가진다. 이 경우에는 7의 소수점 이하를 절삭한 1/2 값인 3이 된다. 따라서 반복 루프에서 i는 0~2의 값을 가진다. 앞쪽의 문자와 뒤쪽의 문자를 한 글자 씩 계속 비교해서 한번이라도 서로 다르게 되면 is_palindrome()은 False를 반환한다. 그렇지 않으면 True를 반환한다.

키보드로 입력받은 단어가 회문인지 판별하라!

다음은 예제 8-7에 키보드로 입력받는 부분을 추가하여 입력된 단어가 회문인지를 판별하는 프로그램이다. 밑줄 친 부분을 채워 프로그램을 완성하시오.

¤ 실행결과 1
단어를 입력하세요 : 기러기
'기러기'은(는) 회문이다!

¤ 실행결과 2
단어를 입력하세요 : 컴퓨터
'컴퓨터'은(는) 회문이 아니다!

```python
def is_palindrome(s):
    for i in range(0, int(len(s)/2)):
        if ①_____ != s[len(s)-i-1]:
            return False

    return ②_____

string = input("단어를 입력하세요 : ")

if ③_____(string) :
    print("'%s'은(는) 회문이다!" % string)
else:
    print("'%s'은(는) 회문이 아니다!" % string)
```

정답은 321쪽에서 확인하세요.

8.2.4 문장 단어 반대로 하기

다음 예제는 문자열의 split() 메소드를 이용하여 문장의 단어들을 역순으로 출력하는 프로그램이다.

예제 8-8. 문장 단어 반대로 하기　　　　　　08/ex8-8.py

```
def reverse_sentence(s):
    words = s.split(" ")    # 문자열 s 쪼개서 리스트로 저장 ❶
    result = ""             # result에 빈 문자열 저장
    for word in words :
        result = word + " " + result    # result 앞 부분에 word 추가 ❷
    return result

sentence = "Nice to meet you"
print (reverse_sentence(sentence))
```

☒ 실행 결과
you meet to Nice

"You meet to Nice"　　　→　　　"Nice to meet you"

❶ s.split(" ")는 문자열 s에서 공백 문자(" ") 등을 기준으로 문자열을 쪼개서 리스트에 저장한다.
따라서 리스트 words는 ["Nice", "to", "meet", "you"]가 된다.
※ 문자열의 split() 함수에 대한 자세한 설명은 2.11절을 참고한다.

❷ 반복 루프에서 리스트 words의 각 요소 값을 가지고, 반복 루프가 끝나면
result에 "You meet to Nice"가 저장된다.

다음은 문자열의 find() 메소드를 이용하여 문장에서 특정 단어가 존재하는지를 판별하는
프로그램이다.

예제 8-9. 문자열 존재 여부 판별   08/ex8-9.py

```python
def check_word(s, keyword):
    if (s.find(keyword) == -1):      # 검색 후 반환된 인덱스가 -1인가?    ❶
        print("'%s'은(는) 존재하지 않는다!" % keyword)
    else:
        print("'%s'은(는) 존재한다!" % keyword)

string = "A good book is a great friend."
word ="friend"

print("문장 :", string)
print("찾는 단어 :", word)

check_word(string, word)
```

¤ 실행 결과

문장 : A good book is a great friend.
찾는 단어 : friend
'friend'은(는) 존재한다!

❶ s.find(keyword)는 문자열 s 내에 문자열 keyword가 존재하는지를 찾는다. 해
당 문자열이 처음 나오는 위치, 즉 인덱스 값을 반환한다. 그러나 만약 해당 문자열
(keyword)이 문자열(s) 내에 존재하지 않는 경우에는 -1 값을 반환한다.
현재는 keyword 값인 "friend"가 문자열 s에 존재하기 때문에 실행 결과에서와 같이
존재한다는 메시지가 출력된다.

8.2.6 다수의 문자열 치환하기

다음은 문자열의 split()와 join() 메소드를 이용하여 다수의 문자열을 특정 문자열로 치환하는 프로그램이다.

예제 8-10. 다수의 문자열 치환하기	08/ex8-10.py

```python
def replace_word(string, word_list, word) :
    arr = string.split(" ")            # 문자열 쪼개서 리스트 arr에 저장      ❶
    new_arr = []                       # new_arr에 빈 리스트 저장
    for x in arr :
        if x in word_list :                                                ❷
            new_arr.append(word)       # new_arr에 word 추가                ❸
        else :
            new_arr.append(x)          # new_arr에 x 추가                   ❹

    result = " ".join(new_arr)         # new_arr를 붙여서 문자열로 만듬      ❺
    return result

string = "python java php apple orange banana"
word_list = ["apple", "orange", "banana"]      # 치환할 단어 목록
word = "fruits"                                 # 치환 단어
print("문자열 :", string)
print("단어 리스트 :", word_list)
print("치환할 단어 :", word)

new_str = replace_word(string, word_list, word)                            ❺
print("치환된 문자열 :", new_str)
```

¤ 실행 결과

문자열 : python java php apple orange banana
단어 리스트 : ['apple', 'orange', 'banana']
치환할 단어 : fruits
치환된 문자열 : python java php fruits fruits fruits

"python java php apple orange banana"
                    ↑   ↑   ↑
                  fruits fruits fruits

위의 프로그램은 문자열 "python java php apple orange banana"에서 치환 단어 리스트 ["apple", "orange", "banana"]에 있는 단어들을 "fruits"로 치환하는 프로그램이다.

❶ string.split(" ")로 공백을 기준으로 문자열을 분리한 다음 리스트 arr에 저장한다.

❷ 반복 루프에서 x는 리스트 arr의 각 요소 값을 가진다.

❸ 만약 x가 치환할 단어 리스트 word_list에 있으면 리스트 new_arr에 치환 단어 word 인 "fruits"를 추가한다.

❹ 그렇지 않으면 new_arr에 원래의 문자열인 x를 추가한다.

❺ " ".join(new_arr)는 리스트 new_arr의 요소들 사이에 공백을 삽입하여 문자열로 변환한다.

8.2.7 문자열 위치 이동시키기

다음 예제를 통하여 문자열 내에 있는 문자를 좌측 또는 우측으로 이동시키는 방법에 대해 알아 보자.

예제 8-11. 문자열 위치 이동시키기   08/ex8-11.py

```
def string_shift(string, d, direction) :
    if direction == "left" :            # 왼쪽으로 이동              ❶
        left_part = string[d:]          # left_part : 이동 후 문자열 왼쪽 부분   ❷
        right_part = string[0:d]        # right_part : 이동 후 문자열 오른쪽 부분  ❸
    else :                              # 오른쪽으로 이동            ❹
        left_part = string[len(string)-d:]                        ❺
        right_part = string[0:len(string)-d]                      ❻

    result = left_part + right_part     # 왼쪽과 오른쪽 부분 서로 연결
    return result

string = "pythonprogramming"

str_left = string_shift(string, 2, "left")                        ❼
str_right = string_shift(string, 3, "right")                      ❽

print("원래 문자열 :", string)
print("좌측으로 2칸 이동 :", str_left)
print("우측으로 3칸 이동 :", str_right)
```

¤ 실행 결과

원래 문자열 : pythonprogramming
좌측으로 2칸 이동 : thonprogrammingpy
우측으로 3칸 이동 : ingpythonprogramm

원래 문자열 string

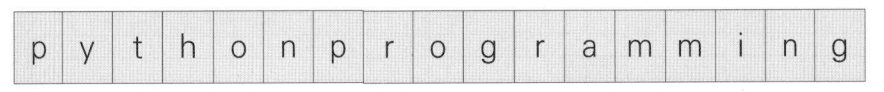

string_shift(string, 2, "left") : 좌측으로 2칸 이동

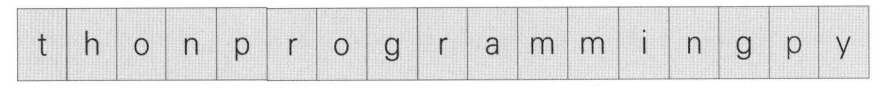

string_shift(string, 3, "right") : 우측으로 3칸 이동

| i | n | g | p | y | t | h | o | n | p | r | o | g | r | a | m | m |

❼ string_shift(string, 2, "left")는 위의 그림 가운데에서와 같이 문자열 string 내의 문자들을 왼쪽으로 2칸 이동시킨다.

❽ string_shift(string, 3, "right")는 위의 그림 마지막에서와 같이 string 내의 문자들을 오른쪽으로 3칸 이동하게 한다.

❶ direction이 'left' 값을 가지면, string 내의 문자들을 왼쪽으로 이동되었을 때의 string의 왼쪽 부분(left_part)과 오른쪽 부분(right_part)를 설정하게 된다.

❷ string[d:]은 현재 d의 값이 2이기 때문에, "thonprogramming"의 값을 가진다.

❸ string[0:d]는 "py"의 값을 가진다.

❹ direction이 'left'가 아니면 문자들이 오른쪽으로 이동했을 때의 왼쪽 부분(left_part)과 오른쪽 부분(right_part)을 설정한다.

❺ string[len(string)-d:]에서 len(string)이 17의 값을 가지고 d의 값은 3이다. 따라서 이것은 string[14:]가 되어 "ing"의 값을 가진다.

❻ ❺와 같은 맥락에서 string[0:len(string)-d]은 "pythonprogramm"의 값을 가진다.

코딩연습 C8-4

문장의 단어 개수를 카운트하라!

다음은 영어(또는 한글) 문장을 입력 받아 문장 내에 있는 단어의 개수를 카운트하는 프로그램이다. 밑줄 친 부분을 채워 프로그램을 완성하시오.

힌트: 문자열의 split() 메소드 이용

¤ 실행결과
문장을 입력하세요 : I am a student.
단어의 개수 : 4

```
def count_word(s) :
    arr = s.split(" ")

    return ①_____        # 리스트 arr의 길이 반환 : len() 이용

string = input("문장을 입력하세요 : ")

num_word = ②_____(string)        # 함수 호출
print("단어의 개수 :", num_word)
```

정답은 321쪽에서 확인하세요.

문장에서 특정 단어를 삭제하라!

코딩연습
C8-5

다음은 영어 문장 "Don't cry before you are the hurt." 내에 있는 특정 단어를 삭제하는
프로그램이다. 밑줄 친 부분을 채워 프로그램을 완성하시오.

힌트 : 문자열의 split(), remove(), join() 메소드 이용

¤ 실행결과
원래 문자열 : Don't cry before you are the hurt.
삭제 단어 : the
변경된 문자열 : Don't cry before you are hurt.

```
def del_word(①_____) :          # 매개변수 2개 필요
    arr = s.split(" ")
    arr.②_____(w)             # w를 리스트에서 삭제
    result = " ".③_____(arr)  # 리스트 요소 연결하여 문자열 변환

    return result

string = "Don't cry before you are the hurt."
word = "the"

new_str = del_word(string, word)      # string: 문자열, word : 삭제 단어
print("원래 문자열 :", string)
print("삭제 단어 :", word)
print("변경된 문자열 :", new_str)
```

정답은 321쪽에서 확인하세요.

선형 탐색

선형 탐색(Linear search)은 다른 말로 순차 탐색(Sequential search)이라고도 한다. 선형 탐색에서는 찾고자 하는 요소와 리스트에 있는 요소들을 순차적으로 하나씩 비교해 나간다.

다음의 문제 해결 과정을 통하여 선형 탐색의 원리를 파악해 보자.

문제. 다음의 리스트에서 최댓값을 찾는 프로그램을 작성하시오.

data = [5, −3, 12, 8, 2]

최댓값을 찾는 과정

① 첫 번째 숫자 5를 최댓값이라 가정한다.

② 두 번째 숫자 −3을 현재 최댓값 5와 비교한다. −3이 현재 최댓값인 5보다 작기 때문에 그냥 지나간다.

③ 세 번째 숫자 12와 현재 최댓값 5를 비교한다. 12가 5보다 크기 때문에 최댓값을 12로 업데이트한다.

④ 네 번째 숫자 8과 현재 최댓값 12를 비교한다. 8이 12보다 작기 때문에 그냥 지나간다.

⑤ 다섯 번째 숫자 2와 현재 최댓값 12를 비교한다. 2가 12보다 작기 때문에 현재 최댓값 12가 그대로 유지된다. 이런 과정을 거쳐 최종적으로 구한 최댓값은 12가 된다.

위의 풀이 과정을 토대로 다음과 같은 프로그램을 작성할 수 있다.

예제 8-12. 선형 탐색을 이용하여 최댓값 구하기　　　　　　　08/ex8-12.py

```
def find_max(n) :
    mx = n[0]                        # 초기 최댓값(mx) : 첫 번째 요소        ❶
    for i in range(1, len(n)) :      # i : 1 ~ 4                          ❷
        if n[i] > mx :               # 요소 값이 mx 보다 크면
            mx = n[i]                # mx에 요소 값 저장

    return mx

data = [5, -3, 12, 8, 2]
print(data)

max_value = find_max(data)
print("최댓값 :", max_value)
```

¤ 실행 결과

[5, -3, 12, 8, 2]
최댓값 : 12

❶ 최댓값 mx의 초깃값으로 리스트 n의 첫 번째 요소의 값을 저장한다.

❷ for 루프에서는 두 번째 요소부터 끝까지 현재의 요소 값과 최댓값 mx 비교하여 현재 값이 mx 보다 크면 mx의 값을 업데이트한다. for 루프가 종료되면 mx는 최댓값을 가진다.

위의 최댓값을 찾는 예에서와 같이 선형 탐색에서는 리스트의 모든 요소를 순차적으로 하나씩 비교하면서 탐색한다.

선형 탐색으로 최댓값을 찾는 과정을 도식화하면 다음과 같다.

5	-3	12	8	2

비교 ↗   비교 ↗   비교 ↗   비교 ↗

최댓값 :   5   5   12   12   12
                      유지   업데이트   유지   유지

선형 탐색으로 최솟값을 찾아라!

C 코딩연습 C8-6

다음은 선형 탐색을 이용하여 리스트에서 최솟값을 갖는 인덱스를 찾는 프로그램이다. 밑줄 친 부분을 채워 프로그램을 완성하시오.

¤ 실행결과
[6, 3, -2, 12, 5, -3, 17, 9, 13, 16]
최솟값 : -3

```
def find_min(n) :
    smallest = n[0]
    for i in range(1, len(n)) :
        if n[i] 〈 smallest :
            smallest = ①_____

    return smallest

data = [6, 3, -2, 12, 5, -3, 17, 9, 13, 16]
print(data)

min_value = ②_____
print('최솟값 :', min_value)
```

정답은 321쪽에서 확인하세요.

이진 탐색

이진 탐색(Binary search)에서는 요소들이 오름차순 또는 내림차순으로 정렬되어 있어야 한다. 만약 리스트가 정렬되어 있지 않다면 이진 탐색을 적용하기 전에 리스트를 사전에 정렬해 놓아야 한다. 이진 탐색에서는 지속적으로 탐색 범위를 1/2씩 줄여가면서 해당 값을 찾는다.

문제. 이진 탐색을 이용하여 오름차순으로 정렬되어 있는 다음의 리스트에서 52의 위치, 즉 인덱스 번호를 구하는 프로그램을 작성하시오.

data = [7, 16, 23, 35, 40, 52, 68, 78, 82]

위와 같은 문제를 풀 때 이진 탐색 방법을 이용하면 앞의 8.3절에 배운 선형 탐색을 사용했을 때와 비교하여 계산량이 현저히 줄어들게 된다.

이진 탐색 과정

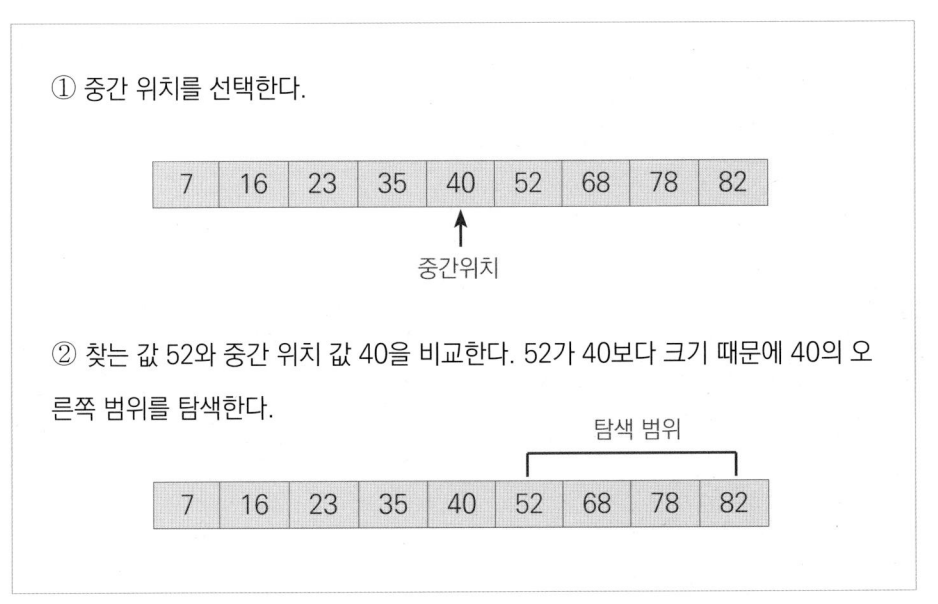

① 중간 위치를 선택한다.

| 7 | 16 | 23 | 35 | 40 | 52 | 68 | 78 | 82 |

중간위치

② 찾는 값 52와 중간 위치 값 40을 비교한다. 52가 40보다 크기 때문에 40의 오른쪽 범위를 탐색한다.

탐색 범위

| 7 | 16 | 23 | 35 | 40 | 52 | 68 | 78 | 82 |

③ 이번에는 [52, 68, 78, 82] 범위에서 중간 위치를 찾는다. 중간 위치는 68이나 78 중 하나를 선택하면 되는데 여기서는 68을 선택하였다.

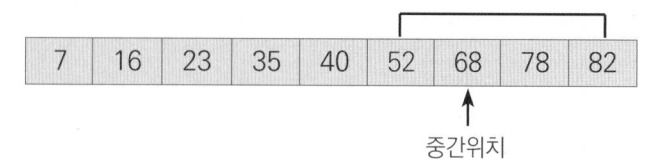

④ 찾는 값 52와 중간 위치의 값 68을 비교한다. 52가 68보다 작기 때문에 68의 왼쪽 범위를 탐색한다.

⑤ 탐색 범위에 요소가 하나 밖에 없기 때문에 중간 값이 바로 52가 된다.

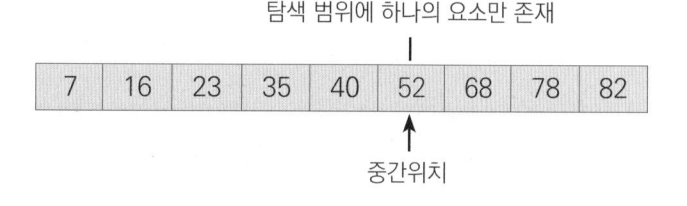

⑥ 찾는 값 52와 중간 위치의 값 52가 서로 같기 때문에 52가 위치한 인덱스 번호인 5를 얻고 프로그램을 종료한다.

위에서 사용된 이진 탐색 방법은 리스트 data에서와 같이 오름차순으로 정렬된 데이터에 적용 가능하다.

만약 정렬되지 않은 데이터에 이진 탐색을 적용하려면 이진 탐색을 시작하기 전에 먼저 리스트를 오름차순으로 정렬해 놓아야 한다.

이진 탐색을 이용하여 리스트 내에 있는 특정 요소의 인덱스를 찾는 프로그램을 작성해 보면 다음과 같다.

```
예제 8-13. 특정 값 인덱스 찾기(while문)                    08/ex8-13.py

def binary_search(n, x) :          # n: 리스트 data, x : 52
    start = 0                      # start: 탐색 시작 인덱스
    end = len(n) - 1               # end: 탐색 종료 인덱스

    while start <= end :
        mid = (start + end)//2     # mid: 중간 위치, //: 나눈 다음 소수점 이하 절삭
        if x == n[mid] :           # 찾는 값과 중간 위치의 값이 같으면
            return mid             # 중간 위치 반환
        elif x > n[mid] :          # 찾는 값이 중간 위치의 값 보다 크면
            start = mid + 1        # 시작 인덱스를 중간 위치 + 1로 설정
        else :                     # 그렇지 않으면
            end = mid -1           # 종료 인덱스를 중간 위치 - 1로 설정

    return -1                      # 찾는 값이 없으면 -1 값 반환

data = [7, 16, 23, 35, 40, 52, 68, 78, 82]
print(data)

search_num = 52                    # search_num : 찾고자하는 값
index = binary_search(data, search_num)
print('%d의  위치 : %d' % (search_num, index))
```

¤ 실행 결과

[7, 16, 23, 35, 40, 52, 68, 78, 82]
52의 위치 : 5

이진 탐색으로 내림차순에서 특정 값을 찾아라!

다음은 예제 8-13의 오름차순이 아닌 내림차순으로 정렬된 리스트에서 특정 요소의 인덱스를 찾는 프로그램이다. 밑줄 친 부분을 채워 프로그램을 완성하시오.

> ¤ 실행결과
> [93, 91, 89, 87, 80, 61, 55, 43, 41, 38, 32, 30, 25, 20, 8, 2]
> 89의 인덱스번호 : 2

```
def binary_search(n, x) :
    start = 0                      # start: 탐색 시작 인덱스
    end = len(n) - 1               # end: 탐색 종료 인덱스

    while start <= end :
        ①_____ = (start + end)//2    # mid: 중간 위치
        if x == n[mid] :               # 찾는 값과 중간 위치의 값이 같으면
            return mid                 # 중간 위치 반환
        elif x > n[mid] :              # 찾는 값이 중간 위치의 값 보다 크면
            end = ②_____           # 종료 인덱스를 중간 위치 - 1로 설정
        else :
            start = ③_____         # 시작 인덱스를 중간 위치 + 1로 설정

    return -1                      # 찾는 값이 없으면 -1 값 반환

data = [93, 91, 89, 87, 80, 61, 55, 43, 41, 38, 32, 30, 25, 20, 8, 2]
print(data)

search_num = 89                    # search_num : 찾는 값
index = binary_search(data, search_num)
print('%d의 인덱스번호 : %d' % (search_num, index))
```

정답은 321쪽에서 확인하세요.

코딩연습 정답	C8-1	① n ② "%d*%d*%d " % (i, i, i), end=""
	C8-2	① i%2 == 1 ② square_sum
	C8-3	① s[i] ② True ③ is_palindrome
	C8-4	① len(arr) ② count_word
	C8-5	① s, w ② remove ③ join
	C8-6	① n[i] ② find_min(data)
	C8-7	① mid ② mid −1 ③ mid + 1

E8-1. 키보드로 입력 받은 수가 짝수인지 홀수인지를 판별하는 프로그램을 작성하시오. 단, 사용자 함수를 사용해야 함.

　¤ 실행결과 1

　수를 입력하세요 : 10
　10은(는) 짝수이다.

　¤ 실행결과 2

　수를 입력하세요 : 25
　25은(는) 홀수이다.

E8-2. 사용자 함수를 사용하여 1에서 1000까지의 N의 배수의 합계를 구하는 프로그램을 작성하시오. 단 N 값은 키보드로 입력 받음.

　¤ 실행결과

　N값을 입력하세요 : 5
　1에서 1000까지의 수 중 5의 배수 합계 : 100500

E8-3. 다음의 문자열에서 "/"를 기준으로 단어를 분리하여 글자 수를 카운트하는 프로그램을 작성하시오. 단, 사용자 함수를 사용해야 함.

```
sentence = "강아지/사슴/거북/고릴라/청개구리"
```

　¤ 실행결과

　강아지 : 3
　사슴 : 2
　거북 : 2
　고릴라 : 3
　청개구리 : 4

E8-4. 다음의 리스트에서 요소가 짝수이면 10을 곱하고, 요소가 홀수이면 100을 곱한 값을 요소로 하는 새로운 리스트 num2를 얻는 프로그램을 작성하시오. 단, 사용자 함수를 사용해야 함.

num1 = [2, 6, 3, 8, 7]

¤ 실행결과
num1 = [2, 6, 3, 8, 7]
num2 = [20, 60, 300, 80, 700]

☎ 심화 문제

S8-1. 선형 탐색을 이용하여 다음의 리스트에서 키보드가 입력 받은 수가 존재하는지를 판별하는 프로그램을 작성하시오.

data = [55, 3, -12, 2, 51, -23, 17, 9, 13, 16, 30, 9]

¤ 실행결과 1
[55, 3, -12, 2, 51, -23, 17, 9, 13, 16, 30, 9]
찾고자 하는 수를 입력하세요 : 17
17은(는) 리스트에 존재한다.

¤ 실행결과 2
[55, 3, -12, 2, 51, -23, 17, 9, 13, 16, 30, 9]
찾고자 하는 수를 입력하세요 : 100
100은(는) 리스트에 존재하지 않는다.

S8-2. S8-1의 문제에 이진 탐색을 적용하여 동일한 결과를 가져오는 프로그램을 작성하시오. 단, 리스트 정렬에는 sort() 메소드를 사용함.

09

Chapter 09
모듈

파이썬의 모듈은 하나의 파일을 여러 개로 나누어서 관리함으로써 프로그램 작성과 관리를 편리하게 해준다. 이번 장을 통해 모듈의 사용법을 익히고, 수학 관련 math 모듈, 시간과 날짜에 관련된 time 모듈과 datetime 모듈, 그리고 랜덤 수에 관련된 random 모듈의 활용법에 대해 배운다.

9.1 모듈이란?

프로그래밍을 할 때 프로그램이 복잡해지고 소스 파일의 개수가 많아진 경우 하나의 파일을 여러개로 나누어 관리하면 상당히 편리해 진다. 이 때 사용하는 것이 파이썬의 모듈 (Module)이다.

파이썬 모듈에서는 프로그램에서 공통적으로 사용되는 함수들을 모아서 별도의 파일에 저장하는 기능을 제공한다. 사용자는 프로그램 작성 시 필요한 모듈 파일을 불러와서 파일 내에 정의된 함수들을 쉽게 이용할 수 있다.

9.1.1 모듈 생성하고 불러오기

다음의 모듈 파일 hello.py에는 greet1()과 greet2() 함수가 정의되어 있다.

예제 9-1. hello.py 모듈 파일	09/hello.py

```
def greet1(name) :                                    ❶
    print(name + "님 안녕하세요.")


def greet2(name) :                                    ❷
    print(name + "님 반갑습니다.")
```

모듈 파일 hello.py에는 ❶의 greet1() 함수와 ❷의 greet2() 함수가 정의되어 있다.

예제 9-1의 hello.py를 프로그램에서 불러오려면 다음과 같이 import 명령을 사용한다. 이 예제를 통하여 모듈 파일을 불러와서 모듈 파일 내에 있는 모듈 함수를 이용하는 방법을 익혀보자.

예제 9-2. hello 모듈 불러와 이용하기	09/ex9-2.py

```
import hello                          ❶

hello.greet1("홍지수")                  ❷
hello.greet2("안지영")                  ❸
```

¤ 실행 결과

홍지수님 안녕하세요.
안지영님 반갑습니다.

❶ import hello는 hello 모듈(hello.py 파일)을 불러온다.

❷ hello.greet1("홍지수")는 예제 9-1의 hello 모듈의 greet1() 함수를 호출하여 실행 결과 첫 번째 줄에 있는 '홍지수님 안녕하세요.'를 화면에 출력한다.

¤ hello.greet1()과 같은 함수를 모듈 함수라고 하는 데 모듈 함수를 사용할 때는 모듈명 다음에 점(.)을 찍은 다음 사용한다.

❸ ❷에서와 같은 방법으로 hello.greet2("안지영")는 hello 모듈의 greet2() 함수를 실행하여 실행 결과 두 번째 줄에 있는 '안지영님 반갑습니다.'를 화면에 출력한다.

import 명령을 이용하여 모듈을 불러오는 방법은 다음의 세 가지로 분류할 수 있다.

(1) import ~ 구문 : 9.1.2절

(2) import ~ as ~ 구문 : 9.1.3절

(3) from ~ import ~ 구문 : 9.1.4절

다음 절부터 모듈 파일을 불러오는 세 가지 방법에 대해 자세히 설명한다.

9.1.2 import ~ 구문

모듈 파일 calc.py는 다음과 같이 add()과 sub() 함수의 정의를 포함하고 있다.

예제 9-3. 모듈 파일 calc.py   09/calc.py

```
def add(a, b) :            # 모듈 함수 add() 정의        ❶
   c = a + b
   return c


def sub(a, b)             # 모듈 함수 sub() 정의        ❷
   c = a - b
   return c
```

❶ 모듈 함수 add()는 두 수의 덧셈 결과를 반환한다.

❷ 모듈 함수 sub()는 두 수의 뺄셈 결과를 반환한다.

다음은 import ~ 구문을 이용하여 예제 9-3의 모듈 calc를 불러다 사용하는 예제이다.

예제 9-4. import ~ 구문   09/ex9-4.py

```
import calc                                                ❶

x = calc.add(10, 20)        # calc.add() 형태로 사용        ❷
print(x)

y = calc.sub(10, 20)        # calc.sub() 형태로 사용        ❸
print(y)
```

¤ 실행 결과

30
-10

❶ import calc는 calc 모듈(calc.py 파일)을 불러온다.

❷ calc.add(10, 20)은 calc 모듈의 모듈 함수 add()를 이용하여 두 수의 합을 구해 x에
저장한 다음 실행 결과 첫 번째 줄에 30을 출력한다.

❸ calc.sub(10, 20)은 calc 모듈의 sub() 함수를 이용하여 두 수의 차를 구한 다음 실행
결과 두 번째 줄에 −10을 출력한다.

위에서와 같이 import ~ 구문을 사용하여 모듈을 불러오면 모듈명 다음에 점(.)을 붙인 다
음 해당 모듈 함수를 사용하면 된다.

import ~ 구문에 대한 사용 서식은 다음과 같다.

서식	
	import 모듈명 ... 모듈명.모듈함수명() ...

import 모듈명은 모듈명.py 파일에 정의되어 있는 변수, 함수 등을 불러온다. 그리고 프로
그램 내에서 모듈 함수를 호출할 때에는 모듈명.모듈함수명()을 사용한다.

9.1.3 import ~ as ~ 구문

다음은 import ~ as ~ 구문을 이용하여 예제 9-3의 모듈 calc를 불러다 사용하는 예제
이다.

예제 9-5. import ~ as ~ 구문	09/ex9-5.py

```
import calc as c            # c : 별칭                        ❶

x = c.add(100, 10)          # c.add() 형태로 사용              ❷
print(x)

y = c.sub(100, 10)          # c.sub() 형태로 사용              ❸
print(y)
```

¤ 실행 결과

```
110
90
```

❶ calc 모듈(calc.py 파일)을 별칭 c로 불러온다.

❷ ❶에서와 같이 별칭 c로 calc 모듈을 불러오면 c.add()의 형태로 calc 모듈의 모듈 함수 add()를 사용할 수 있다.

❸ ❷에서와 같은 방법으로 c.sub()의 형태로 calc 모듈의 sub() 함수를 사용할 수 있게 된다.

import ~ as ~ 구문에 대한 사용 서식은 다음과 같다.

서식	import 모듈명 as 별칭 ... 별칭.모듈함수명() ...

import ~ as ~ 구문에 의해 별칭이 사용되면 별칭.모듈함수명()의 형태로 모듈함수를 이용할 수 있다.

9.1.4 from ~ import ~ 구문

다음은 from ~ import ~ 구문의 사용 예이다.

예제 9-6. from ~ import ~ 구문	09/ex9-6.py

```
from calc import add, sub      # from ~ import ~ 구문 사용        ❶

x = add(100, 200)              # 모듈함수명 add()를 그대로 사용      ❷
print(x)

y = sub(100, 200)              # 모듈함수명 sub()를 그대로 사용      ❸
print(y)
```

¤ 실행 결과

300

-100

❶에서와 같이 from ~ import ~ 구문을 이용하여 모듈 내에 있는 모듈 함수를 직접 불러다 사용하면 ❷와 ❸에서와 같이 모듈함수명인 add()와 sub()를 그대로 사용할 수 있다.

from ~ import ~ 구문을 사용하는 서식은 다음과 같다.

서식	from 모듈명 import 모듈함수명, 모듈함수명, ... 모듈함수명() ...

from ~ import ~ 구문으로 모듈함수명을 직접 불러다 사용하면 모듈함수명 앞에 아무것도 붙이지 않고 모듈함수명을 그대로 사용한다.

math 모듈

파이썬에서는 수학적 연산을 위해 내장 모듈(Built-in Module)인 math 모듈을 제공한다.

math 모듈에서 자주 사용되는 모듈 함수와 상수를 표로 정리하면 다음과 같다.

표 9-1 math 모듈의 모듈 함수

모듈 함수	의미
math.sin()	sin() 값을 반환함
math.cos()	cos() 값을 반환함
math.tan()	tan() 값을 반환함
math.ceil()	실수 값을 무조건 올림한 정수 값을 반환
math.floor()	실수 값을 무조건 내림한 정수 값을 반환
math.fsum()	리스트, 튜플 등의 합계를 구함
math.log()	자연 로그 값을 반환
math.log10()	밑을 10으로 한 로그 값을 반환
math.pow()	거듭 제곱 값을 반환
math.sqrt()	제곱근(Square Root) 값을 반환
math.pi	π : 3.1415... ※ math.pi는 함수가 아니라 원주율 3.1415...를 의미하는 상수임

파이썬의 math 모듈에는 표 9-1의 함수 외에도 더 많은 수학 관련 함수가 있지만 이 책에서는 많이 사용되는 함수들의 사용법에 대해서만 알아본다.

■ math.sin() 함수

math.sin(x) 함수는 x의 싸인(Sine) 값을 구하는 데 사용된다. 다음 예제를 통하여 math.sin() 함수의 사용법을 익혀 보자.

예제 9-7. math.sin() 함수   09/ex9-7.py

```
import math                                                        ❶

print("sin(2) :", math.sin(2))
print("sin(-2) :", math.sin(-2))
print("sin(0) :", math.sin(0))
print("sin(pi/2) :", math.sin(math.pi/2))        # sin(π/2) 값을 구함  ❷
```

¤ 실행 결과

sin(2) : 0.9092974268256817
sin(-2) : -0.9092974268256817
sin(0) : 0.0
sin(pi/2) : 1.0

math.sin()은 라디안 단위의 값에 대한 sin() 값을 구하는 데 사용된다.

❶   math 모듈을 불러온다.
❷   math.pi는 원주율 3.141592를 나타낸다.

■ math.cos() 함수

math.cos(x) 함수는 x의 코사인(Cosine) 값을 반환한다.

예제 9-8. math.cos() 함수   09/ex9-8.py

```
import math

print("cos(2) :", math.cos(2))
print("cos(-2) :", math.cos(-2))
print("cos(0) :", math.cos(0))
print("cos(2*pi) :", math.cos(2*math.pi))        # cos(2π) 값을 구함
```

cos(2) : −0.4161468365471424

cos(−2) : −0.4161468365471424

cos(0) : 1.0

cos(2*pi) : 1.0

■ math.tan() 함수

math.tan(x) 함수는 x의 탄젠트(Tangent) 값을 반환한다.

예제 9-9. math.tan() 함수	09/ex9-9.py

```
import math

print("tan(2) :", math.tan(2))
print("tan(-2) :", math.tan(-2))
print("tan(0) :", math.tan(0))
print("tan(pi/4) :", math.tan(math.pi/4))      # tan(π/4) 값을 구함
```

¤ 실행 결과

tan(2) : −2.185039863261519

tan(−2) : 2.185039863261519

tan(0) : 0.0

tan(pi/4) : 0.9999999999999999

■ math.ceil() 함수

math.ceil(x) 함수는 x보다 작지 않은 최대 정수 값을 반환한다. 즉, 무조건 올림한 정수 값을 얻는다.

예제 9-10. math.ceil() 함수	09/ex9-10.py

```
import math

print("ceil(12.3) :", math.ceil(12.3))        # 13
print("ceil(12.7) :", math.ceil(12.7))        # 13
print("ceil(-25.2) :", math.ceil(-25.2))      # -25
print("ceil(-25.8) :", math.ceil(-25.8))      # -25
```

ceil(12.3) : 13
ceil(12.7) : 13
ceil(-25.2) : -25
ceil(-25.8) : -25

ceil(12.3)과 ceil(12.7)은 각각 12.3과 12.7의 무조건 올림 값을 얻게 되기 때문에 모두 13의 값을 가진다. ceil(-25.2)와 ceil(-25.8)은 -25.2와 -25.8에 대한 무조건 올림 값인 -25의 값을 가진다.

■ math.floor() 함수

math.floor(x) 함수는 x보다 크지 않은 최소 정수 값을 반환한다. 즉, 무조건 내림한 정수 값을 얻게 된다.

예제 9-11. math.floor() 함수	09/ex9-11.py

```
import math

print("floor(12.3) :", math.floor(12.3))        # 12
print("floor(12.7) :", math.floor(12.7))        # 12
print("floor(-25.2) :", math.floor(-25.2))      # -26
print("floor(-25.8) :", math.floor(-25.8))      # -26
```

¤ 실행 결과

floor(12.3) : 12
floor(12.7) : 12
floor(-25.2) : -26
floor(-25.8) : -26

floor(12.3)과 floor(12.7)은 무조건 내림 값 12를 가진다. floor(-25.2)와 floor(-25.8)인 경우에는 -26의 값을 가진다.

■ round() 함수

round() 함수는 math 모듈에 있는 함수가 아닌 파이썬 자체의 내장 함수이다.

round(x) 함수는 x를 반올림한 정수 값을 반환한다.

예제 9-12. round() 함수	09/ex9-12.py

```
print("round(12.3) :", round(12.3))                # 12
print("round(12.7) :", round(12.7))                # 13
print("round(-25.2) :", round(-25.2))              # -25
print("round(-25.8) :", round(-25.8))              # -26
```

¤ 실행 결과

```
round(12.3) : 12
round(12.7) : 13
round(-25.2) : -25
round(-25.8) : -26
```

※ round() 함수는 파이썬 자체의 내장 함수이기 때문에 math 모듈이 필요하지 않다.

round(12.3)은 12, round(12.7)은 13의 값을 가진다. 그리고 음수인 경우인 round(-25.2)와 round(-25.8)은 각각 -25와 -26의 값을 가진다.

■ math.fsum() 함수

math.fsum(x) 함수는 리스트나 튜플 내에서 같은 데이터 형을 가진 x에 있는 요소들의 합계를 반환한다.

예제 9-13. math.fsum() 함수	09/ex9-13.py

```
import math

print(math.fsum([1, 2, 3, 4, 5]))                  # 15.0     ❶
print(math.fsum([1.7, 0.3, 1.5, 4.5]))             # 8.0      ❷
print(math.fsum((10, 20, 30, 40, 50)))             # 150.0    ❸
```

15.0
8.0
150.0

❶ 여기서 math.fsum() 함수는 리스트의 정수 요소 합계를 구한다.

❷ math.fsum() 함수가 리스트의 실수 요소 합계를 구하고 있다.

❸ math.fsum() 함수는 튜플의 요소 합계를 구하는 데도 사용된다.

¤ math.fsum() 함수는 합계를 계산할 때 실수(Floating point)를 기본으로 한다. 따라서 위의 실행 결과가 모두 실수형으로 표시된 것이다.

■ math.log()/math.log10() 함수

math.log(x)와 math.log10(x)는 각각 x의 자연 로그와 밑이 10인 로그의 값을 반환한다.

예제 9-14. math.log()/math.log10() 함수	09/ex9-14.py

```
import math

print("log(75.3) :", math.log(75.3))
print("log(pi) :", math.log(math.pi))          # log(π) 값을 구함
print("log10(75.3) :", math.log10(75.3))
print("log10(pi) :", math.log10(math.pi))       # log10(π) 값을 구함
```

¤ 실행 결과

log(75.3) : 4.321480134805848
log(pi) : 1.1447298858494002
log10(75.3) : 1.8767949762007006
log10(pi) : 0.49714987269413385

■ math.pow() 함수

math.pow(x, y) 함수는 x의 y승, 즉 x**y의 값을 반환한다.

```
예제 9-15. math.pow() 함수                              09/ex9-15.py

import math

print("pow(5, 2) :", math.pow(5, 2))                  # 5**2
print("pow(100, -2) :", math.pow(100, -2))            # 1/100**1
print("pow(3, 0) :", math.pow(3, 0))                  # 3**0
```

¤ 실행 결과

pow(5, 2) : 25.0
pow(100, -2) : 0.0001
pow(3, 0) : 1.0

■ math.sqrt() 함수

math.sqrt(x) 함수는 x의 제곱근 값을 반환한다.

```
.예제 9-16. math.sqrt() 함수                            09/ex9-16.py

import math

print("sqrt(25) :", math.sqrt(25))                    # √25
print("sqrt(2) :", math.sqrt(2))                      # √2
print("sqrt(pi) :", math.sqrt(math.pi))               # √π
```

¤ 실행 결과

sqrt(25) : 5.0
sqrt(2) : 1.4142135623730951
sqrt(pi) : 1.7724538509055159

9.3 time 모듈

파이썬에서는 컴퓨터가 가지고 있는 시계를 이용하기 위한 time 모듈을 제공한다. 이번 절에서는 time 모듈을 이용하여 시간 데이터를 처리하는 방법에 대해 알아본다.

time 모듈에서 자주 사용되는 모듈 함수를 표로 정리하면 다음과 같다.

표 9-2 time 모듈의 모듈 함수

함수	의미
time.time()	UTC 표준 시를 기준으로 한 현재 시간 구함
time.gmtime()	UTC 초 단위의 시간을 struct_time 구조로 변환함
time.localtime()	현지 시간(Local Time)을 구함
time.ctime()	UTC 초 단위의 시간을 문자열로 변환함
time.strftime()	일시를 포맷 기호를 이용하여 특정 포맷으로 변환함
time.sleep()	일정 시간만큼 지연시킴

9.3.1 현재 시간 구하기

컴퓨터에서 현재 시간을 얻기 위해서는 다음 예제에서와 같이 time 모듈의 time() 함수를 이용한다.

예제 9-17. time.time() 함수   09/ex9-17.py

```python
import time

seconds = time.time()                          # 타임스탬프 시간
print(seconds)
```

1609068498.7929275

time.time() 함수는 UTC(GMT+0) 기준으로 1970년1월1일 0분0초로부터 경과된 시간을 구하는 데 사용된다. 이와 같이 시간을 계산하는 것을 타임스탬프(Timestamp)라고 한다. 실행 결과에 나타난 숫자 1609068498.7929275 이 현재 시간에 대한 타임스탬프이다.

➕ TIP GMT 기준 시 ────────────────────────────

GMT(Greenwich Mean Time)는 그리니치 표준 시라고 하는데 영국 런던에 소재한 그리니치 천문대를 기준으로 한 시간을 의미한다. UTC는 GMT의 기점, 즉 GMT+0를 나타내고, 우리나라(서울) 시간의 기준은 GMT+9, 즉 GMT 보다 9시간 늦은 시간이 된다.

──

그러면 예제 9-17에서 구한 현재 시간의 타임스탬프를 time.gmtime() 함수를 이용하여 GMT를 기준으로 한 실제의 날짜와 시간으로 변환해 보자.

예제 9-18. time.gmtime() 함수로 GMT 기준 시간 구하기	09/ex9-18.py

```
import time

tm = time.gmtime(1609068498.7929275)          # GMT 기준 시간
print(tm)
```

¤ 실행 결과

time.struct_time(tm_year=2020, tm_mon=12, tm_mday=27, tm_hour=11, tm_min=28, tm_sec=18, tm_wday=6, tm_yday=362, tm_isdst=0)

time.gmtime()은 타임스탬프를 struct_time 구조로 하여 보여준다. 실행 결과를 보면 현재 이 책을 집필하는 시점이 GMT 기준으로 2020년12월27일 11시28분18초 임을 알 수 있다.

이번에는 위에서 사용한 타임스탬프 값(1609068498.7929275)을 우리나라의 현지 시간으로 변환하여 보자.

타임스탬프를 현지 시간으로 변경하는 데에는 다음 예제에서와 같이 time.localtime() 함수를 이용한다.

```python
import time

tm = time.localtime(1609068498.7929275)        # 현지 시간(Local Time)
print("년 :", tm.tm_year)
print("월 :", tm.tm_mon)
print("일 :", tm.tm_mday)
print("시 :", tm.tm_hour)
print("분 :", tm.tm_min)
print("초 :", tm.tm_sec)
```

¤ 실행 결과

```
년 : 2020
월 : 12
일 : 27
시 : 20
분 : 28
초 : 18
```

time.localtime() 함수는 타임스탬프로 부터 현지 시간을 얻는 데 사용된다. 예제 9-18의 실행 결과에 나타난 GMT 기준의 시간(11시 28분 18초)보다 우리나라 현지 시간(20시 8분 18초)이 정확하게 9시간 늦음을 알 수 있다.

9.3.2 타임스탬프를 문자열로 변환하기

타임스탬프를 간단하게 문자열로 변환하여 시간을 알아보기 위해서는 다음과 같이 time. ctime() 함수를 이용하면 된다.

예제 9-20. time.ctime() 함수로 타임스탬프를 문자열로 변환하기　　　　09/ex9-20.py

```python
import time

string = time.ctime(1609068498.7929275)        # 타임스탬프를 문자열로
print(string)
```

¤ 실행 결과

Sun Dec 27 20:28:18 2020

9.3.3 시간을 특정 포맷으로 변환하기

다음은 time.strftime() 함수를 이용하여 현재 시간을 특정 포맷의 문자열로 변환하는 예이다.

예제 9-21. time.strftime() 함수로 특정 포맷으로 변환하기　　　　09/ex9-21.py

```python
import time

tm = time.localtime(time.time())                                    ❶
string = time.strftime("%Y-%m-%d %I:%M:%S %p", tm)                   ❷
print(string)
```

2020-12-27 09:28:24 PM

❶ time.time() 함수, 즉 현재의 타임스탬프에 대해 time.localtime()으로 현지 시간을
구해서 tm에 저장한다.

❷ time.strftime() 함수를 이용하여 실행 결과에서와 같은 포맷으로 시간을 화면에 출
력한다.

❷의 time.strftime() 함수에서 사용되는 포맷 기호를 표로 정리하면 다음과 같다.

표 9-3 strftime() 함수에서 사용되는 포맷 기호

포맷 기호	의미	예
%Y	네 자리 년도	..., 2020, 2021, 2022, 2023.....
%y	두 자리 년도	00, 01, ..., 99
%m	월	01, 02, ..., 12
%d	일	01, 02, ..., 31
%A	요일	Sunday, Monday, ..., Saturday
%a	간략 요일	Sun, Mon, ..., Sat
%H	시(24시)	01, 02, ..., 23
%I	시(12시)	01, 02, ..., 12
%p	AM 또는 PM	AM, PM
%M	분	01, 02, ..., 59

9.3.4 시간 지연시키기

time.sleep() 함수는 프로그램의 실행을 일정 시간 지연시키고 싶은 경우 사용한다.

예제 9-22. time.sleep() 함수로 실행 시간 지연시키기	09/ex9-22.py

```python
import time

print("시작!")
time.sleep(5)                      # 5초간 컴퓨터 실행 멈춤
print("5초 후 나타남!")
```

¤ 실행 결과 1 : 프로그램 실행 직후

시작!

¤ 실행 결과 2 : 프로그램 실행 5초 후

시작!
5초 후 나타남!

time.sleep(5)는 '시작!'을 화면에 출력 후 프로그램 실행을 5초간 멈추게 한다. 그 다음 print() 함수에 의해 '5초 후 나타남!'이 화면에 출력된다.

9.3.5 프로그램 실행 시간 측정하기

다음 예제를 통하여 특정 프로그램 코드가 실행되는 데 소요되는 시간을 측정하는 방법을 익혀보자.

예제 9-23. 프로그램 실행 시간 측정하기   09/ex9-23.py

```python
import time

def func() :
    sum = 0
    for i in range(1, 1000001) :
        sum = sum + i

start = time.time()
func()
end = time.time()
print("소요시간 :", end - start)
```

1~1000000
누적 합계

¤ 실행 결과

소요시간 : 0.06082558631896973

위의 프로그램은 1에서 1000000까지의 누적 합계를 구하는 데 소요되는 시간을 계산한다. 실행 결과를 보면 누적 합계를 구하는 데 약 0.06초의 시간이 걸렸음을 알 수 있다.

datetime 모듈

9.3절에서는 time 모듈을 이용하여 시간 데이터를 처리하는 방법에 대해 알아보았다. 이번 절에서는 날짜와 시간 데이터를 다루는 datetime 모듈에 대해서 알아보자.

datetime 모듈에서 자주 사용되는 모듈 함수를 표로 정리하면 다음과 같다.

표 9-4 datetime 모듈의 모듈 함수

함수	의미
datetime.timedelta()	일시에 대한 산술 연산이 가능하게 포맷 변환
datetime.date.today()	오늘의 날짜 구함
datetime.datetime.now()	현재의 날짜와 시간 구함
datetime.datetime.strftime()	날짜와 시간을 포맷 기호로 특정 포맷으로 변환

9.4.1 날짜와 시간에 대한 산술 연산

프로그래밍을 하다보면 날짜와 시간에 대한 산술 연산이 필요한 경우가 생긴다. 이 때 사용하는 것이 datetime.timedelta() 함수이다.

다음 예제를 통하여 datetime.timedelta() 함수의 사용법을 익혀보자.

예제 9-24. datetime.timedelta() 함수 사용 예 09/ex9-24.py

```
import datetime

time1 = datetime.timedelta(days=3, hours=3, minutes=30)
time2 = datetime.timedelta(days=5, hours=5, minutes=40)
print(time2 - time1)
```

¤ 실행 결과

2 days, 2:10:00

datetime.timedelta() 함수는 기간을 컴퓨터 내부 시간 포맷인 마이크로 초로 일시를 저장한다. 이를 이용하여 3일 3시 30분과 5일 5시 40분 간의 시간에 대한 차이를 구한다. 이와 같이 datetime.timedelta()를 이용하면 날짜와 시간 간에 서로 덧셈이나 뺄셈 등의 산술 연산이 가능하게 된다.

9.4.2 오늘의 날짜 구하기

datetime 모듈에 있는 date.today() 함수를 이용하면 컴퓨터가 가지고 있는 오늘의 날짜를 얻을 수 있다.

예제 9-25. datetime.date.today() 함수로 오늘의 날짜 구하기 09/ex9-25.py

```
import datetime

today = datetime.date.today()              # 오늘의 날짜
print(today)
```

¤ 실행 결과

2020-12-28

datetime.date.today() 함수를 이용하면 실행 결과에 나타난 것과 같이 오늘의 연월일 날짜를 쉽게 구할 수 있다.

9.4.3 일주일 후의 날짜 구하기

datetime.timedelta()와 datetime.date.today() 함수를 이용하여 오늘 날짜로부터 일주일 후의 날짜를 구하는 방법에 대해 알아보자.

예제 9-26. 일주일 후의 날짜 구하기　　　　　　　　　　　　　　09/ex9-26.py

```python
import datetime

today = datetime.date.today()                              ❶
week = datetime.timedelta(weeks=1)    # 일주일 기간의 마이크로 초    ❷

next_week = today + week                                   ❸
print("오늘 :", today)
print("일주일 후 :", next_week)
```

¤ 실행 결과

오늘 : 2020-12-28
일주일 후 : 2021-01-04

❶ datetime.date.today() 함수로 오늘의 날짜를 구하여 today에 저장한다.

❷ datetime.timedelta(weeks=1)은 일주일의 기간을 마이크로 초로 계산하여 week 에 저장한다.

❸ today + week는 일주일 후의 날짜를 의미한다.

다음 예제를 통하여 datetime 모듈을 이용하여 오늘의 날짜와 시간을 구해 포맷에 맞추어
출력하는 방법에 대해 알아보자.

예제 9-27. 현재의 날짜와 시간 구하기   09/ex9-27.py

```
from datetime import datetime                                           ❶

today = datetime.now()                    # 현재의 날짜와 시간            ❷

print("%s년" % today.year)                                              ❸
print("%s월" % today.month)
print("%s일" % today.day)
print("%s시" % today.hour)
print("%s분" % today.minute)
print("%s초" % today.second)

string = today.strftime("%Y/%m/%d %H:%M:%S")                            ❹
print(string)
```

¤ 실행 결과

2020년
12월
28일
7시
15분
27초
2020/12/28 07:15:27

❶ datetime 모듈의 datetime 객체를 불러온다.

❷ datatime.now() 함수로 오늘의 날짜와 시간을 가져와 today에 저장한다.

❸ today에 저장된 연월일 시분초 데이터를 화면에 출력한다.

❹ strftime() 함수는 실행 결과의 마지막 줄에 나타난 것과 같이 포맷에 맞추어 날짜와 시간을 출력하는 데 사용된다.

　※ strftime() 함수에서 사용되는 포맷 기호에 대한 자세한 설명은 343쪽의 표 9-3 을 참고한다.

9.5 random 모듈

파이썬의 random 모듈은 파이썬 설치 시 기본적으로 설치되는 내장 모듈로서 임의의 수를 발생시키거나 리스트의 요소 중 임의의 수를 선택하는 데 사용된다.

random 모듈은 게임, 시뮬레이션, 테스팅, 보안 등의 프로그램을 개발할 때 주로 사용된다.

random 모듈에는 다양한 모듈 함수가 존재하는데 실전에서 자주 사용되는 모듈 함수를 표로 정리하면 다음과 같다.

표 9-5 random 모듈의 모듈 함수

함수	의미
random.random()	0에서 1 사이의 임의의 실수를 반환함
random.uniform()	주어진 두 수 사이의 임의의 실수를 반환함
random.randint()	주어진 영역 사이의 임의의 정수를 반환함
random.choice()	리스트, 튜플, 문자열 등에서 임의로 선택한 요소를 반환함
random.shuffle()	리스트를 임의의 순서로 섞음

■ random.random() 함수

random.random() 함수는 0과 1 사이에 있는 임의의 실수 값을 반환한다.

※ 0과 1사이의 범위는 0은 포함되고 1은 포함되지 않는다.

예제 9-28. random.random() 함수　　　　　　　　　　　　　　　09/ex9-28.py

```
import random

print("random() :", random.random())        # 0~1 사이의 랜덤 수
print("random() :", random.random())        # (1은 포함되지 않음)
```

¤ 실행 결과

random() : 0.24274848227529067
random() : 0.6173997797930166

■ random.uniform() 함수

random.uniform() 함수는 주어진 두 수 사이의 임의의 실수 값을 반환한다.

※ uniform(3, 7)에서 3은 범위에 포함되고 7은 포함되지 않는다.

예제 9-29. random.uniform() 함수　　　　　　　　　　　　　　09/ex9-29.py

```
import random

print("uniform(1, 10) :", random.uniform(1, 10))  # 1~10 사이의 랜덤 수
print("uniform(1, 10) :", random.uniform(1, 10))
```

¤ 실행 결과

uniform(1, 10) : 3.126420817192867
uniform(1, 10) : 4.336734321628931

random.uniform(1, 10)의 범위에서는 1은 포함되고 10은 포함되지 않는다.

■ random.randint() 함수

random.randint() 함수는 두 수 사이에 있는 임의의 정수를 반환한다.

※ randint(2, 8)에서 2와 8은 모두 범위에 포함된다.

예제 9-30. random.randint() 함수　　　　　　　　　　　09/ex9-30.py

```
import random

print("randint(1, 6) :", random.randint(1, 6))      # 1~6 사이의 랜덤 수
print("randint(1, 6) :", random.randint(1, 6))      # (1과 6 포함)
```

¤ 실행 결과

randint(1, 6) : 6
randint(1, 6) : 3

random.randint(1, 6)은 1과 6이 포함된 범위에 있는 임의의 수를 발생시킨다.

■ random.choice() 함수

random.choice() 함수는 리스트, 튜플, 문자열의 요소 중 임의의 요소 값을 반환한다.

예제 9-31. random.choice() 함수　　　　　　　　　　　09/ex9-31.py

```
import random

print("choice([1, 2, 3, 4, 5, 6]) :", random.choice([1, 2, 3, 4, 5, 6]))
print("choice([1, 2, 3, 4, 5, 6]) :", random.choice([1, 2, 3, 4, 5, 6]))
print("choice('python') :", random.choice("python"))
print("choice('python') :", random.choice("python"))
```

choice([1, 2, 3, 4, 5, 6]) : 2
choice([1, 2, 3, 4, 5, 6]) : 5
choice('python') : p
choice('python') : y

■ random.shuffle() 함수

random.shuffle() 함수는 리스트 요소들의 순서를 임의로 섞는다.

예제 9-32. random.shuffle() 함수	09/ex9-32.py

```
import random

list1 = [15, 23, 4, 88, 7]
print("원래의 리스트 :", list1)
random.shuffle(list1)                          # list1의 순서를 섞음
print("순서가 변경된 리스트 :", list1)
```

¤ 실행 결과

원래의 리스트 : [15, 23, 4, 88, 7]
순서가 변경된 리스트 : [7, 15, 88, 23, 4]

주사위 게임 만들기

이번 절에서는 앞에서 배운 time 모듈과 random 모듈을 이용하여 간단한 주사위 게임 프로그램을 만드는 방법을 익혀보자.

게임 프로그램 개발 과정을 통하여 time 모듈과 random 모듈의 모듈 함수들이 어떻게 활용되는지를 살펴보자.

9.6.1 게임 시작 시간 표시하기

다음 예제를 통하여 time 모듈을 이용하여 게임 시작 시간을 화면에 출력하는 방법에 대해 알아보자.

예제 9-33. 게임 시작 시간 표시하기　　　　　　　　　　　　　　09/ex9-33.py

```python
import time

current_time = time.localtime(time.time())        # 게임 시작 시간 얻음    ❶
print("게임 시작 시간 :", time.strftime("%I:%M:%S %p", current_time))    ❷
```

¤ 실행 결과

게임 시작 시간 : 10:49:57 AM

❶ time.time() 함수는 현재 시간에 대한 타임스탬프를 구한다. 그리고 time.localtime() 은 현재 시간의 타임스탬프에서 현지 시간(Local Time)을 구해 current_time에 저장한다.

❷ time.strftime()을 이용하여 실행 결과의 포맷으로 현재의 시간을 표시한다.
　※ strftime() 함수에서 사용되는 포맷 기호에 대해서는 343쪽의 표 9-3을 참고한다.

9.6.2 주사위 던지기

다음 예제는 random.randint() 함수와 time.sleep() 함수를 이용하여 주사위 던지기를 간단하게 시뮬레이션 해본 것이다.

예제 9-34. 주사위 던지기	09/ex9-34.py

```
import random
import time

print("two dice are rolling...")
time.sleep(2)                        # 컴퓨터 실행을 2초간 멈춤         ❶

me = random.randint(1, 6)            # 나의 주사위 눈 발생              ❷
computer = random.randint(1, 6)      # 컴퓨터의 주사위 눈 발생
print("나 :", me)
print("컴퓨터 :", computer)
```

¤ 실행 결과

two dice are rolling ...
나 : 6
컴퓨터 : 4

❶ time.sleep(2)는 2초간 멈추게 한다. 따라서 실행 결과에 나타난 것과 같이 'two dice are rolling ...'을 화면에 표시한 다음 2초 정도 프로그램 실행이 멈춘다.

❷ random.randint(1, 6)은 주사위 눈에 해당되는 1에서 6까지의 숫자 중 하나를 발생시킨다.

9.6.3 승부 판정하기

이번에는 if문을 이용하여 승자를 판정하는 프로그램을 살펴보자.

예제 9-35. 승부 판정하기	09/ex9-35.py

```python
import random


me = random.randint(1, 6)
computer = random.randint(1, 6)
print("나 :", me)
print("컴퓨터 :", computer)

if me > computer :                    # 나와 컴퓨터 간의 승부 판정    ❶
    print("나의 승리!")
elif me < computer :
    print("컴퓨터의 승리!")
else :
    print("무승부!")
```

¤ 실행 결과 1

나 : 5
컴퓨터 : 3
나의 승리!

¤ 실행 결과 2

나 : 4
컴퓨터 : 5
컴퓨터의 승리!

¤ 실행 결과 3

나 : 4
컴퓨터 : 4
무승부!

❶ if~ elif~ else~ 구문을 이용하여 나하고 컴퓨터 간에 승부 결과를 화면에 표시한다.

이번에는 앞의 9.6.1절 ~ 9.6.3절의 코드를 하나로 합친 다음 사용자 함수를 정의하여 프로그램을 재구성해 보자.

예제 9-36. 주사위 던지기   09/ex9-36.py

```python
import time
import random

start = time.localtime(time.time())        # 게임 시작 시간              ❶
print("게임 시작 시간 :", time.strftime("%I:%M:%S %p", start))

again = "y"                                 # again을 "y"로 초기화

while True :                                # 무한 반복                    ❷
    if again == "y" :                       # 계속할 지를 판단             ❸
        print("two dice are rolling...")
        time.sleep(2)                       # 2초간 멈춤

        me = random.randint(1, 6)           # 나의 주사위 눈              ❹
        computer = random.randint(1, 6)     # 컴퓨터의 주사위 눈
        print("나 :", me)
        print("컴퓨터 :", computer)

        if me > computer :                  # 승부 판정                   ❺
            print("나의 승리!")
        elif me < computer :
            print("컴퓨터의 승리!")
        else :
            print("무승부!")

        print("-"* 50)
```

```
        else :
            break                              # while 루프 빠져나감        ❻

        again = input("계속하시겠습니까?(y:예, n:아니오)")                    ❼

    print("게임이 종료되었습니다!")
    end = time.localtime(time.time())          # 현지 시간(게임 종료 시간)        ❽
    print("게임 종료 시간 :", time.strftime("%I:%M:%S %p", end))
```

¤ 실행 결과

게임 시작 시간 : 12:41:48 PM
two dice are rolling...
나 : 4
컴퓨터 : 6
컴퓨터의 승리!

계속하시겠습니까?(y:예, n:아니오)y
two dice are rolling...
나 : 2
컴퓨터 : 1
나의 승리!

계속하시겠습니까?(y:예, n:아니오)y
two dice are rolling...
나 : 3
컴퓨터 : 2
나의 승리!

계속하시겠습니까?(y:예, n:아니오)n
게임이 종료되었습니다!
게임 종료 시간 : 12:42:02 PM

❶ time.time()과 time.localtime() 함수를 이용하여 컴퓨터의 현재 시간을 가져와 실행 결과의 첫 번째 줄에서와 같이 게임 시작 시간을 화면에 표시한다.

※ time.strftime()에서 사용된 포맷 기호는 343 쪽 표 9-3를 참고한다.

❷ while의 조건식을 True로 하여 while 루프를 무한 반복시킨다.

❸ 변수 again의 값이 'y' 인지를 체크하여 게임이 계속되는지를 판단한다.

❹ 두 개의 random.randint(1, 6)은 주사위를 던진 랜덤 수를 얻어 각각 me와 computer 에 저장한 다음 주사위 눈의 숫자를 화면에 출력한다.

❺ 나와 컴퓨터 중 누가 이겼는지를 체크하여 그 결과를 실행 결과에서와 같이 출력한다.

❻ ❸에서 again이 'y'가 아니면 break문에 의해 while 루프를 빠져 나간다.

❼ 사용자에게 게임을 계속할 것인지를 물어보고 입력된 값을 again에 저장한 다음 ❸의 while 루프로 돌아간다.

❽ ❶의 게임 시작 시간과 같은 방법으로 게임 종료 시간을 실행 결과의 마지막 줄에 표 시한다.

E9-1. 다음 프로그램의 실행 결과는 무엇인가?

```
import math
print(math.ceil(35.1), math.ceil(35.7))
```

E9-2. 다음 프로그램의 실행 결과는 무엇인가?

```
import math
print(math.floor(7.1), math.floor(-8.7))
```

E9-3. 다음 프로그램의 실행 결과는 무엇인가?

```
print(round(23.7), round(-12.3))
```

E9-4. 다음 프로그램의 실행 결과는 무엇인가?

```
import math
print(math.pow(2, 4), math.pow(5, -2))
```

E9-5. GMT 기준으로 1970년1월1일 0분 0초로부터 경과된 현재의 시간, 즉 타임스탬프를 얻는 데 사용되는 time 모듈의 함수명은 무엇인가?

E9-6. GMT 기준이 아닌 현지 시간, 즉 Local Time을 얻는 데 사용되는 time 모듈의 함수 명은 무엇인가?

E9-7. 프로그램 실행을 잠시 지연시키는 데 사용되는 time 모듈의 함수명은 무엇인가?

E9-8. 현재의 날짜와 시간을 구하는 데 사용되는 datetime 모듈의 함수명은 무엇인가?

E9-9. 0에서 1사이(1은 포함되지 않음)의 랜덤 실수를 발생시키는 데 사용되는 random 모듈의 함수명은 무엇인가?

E9-10. 리스트나 튜플 등의 요소 중 하나를 랜덤하게 선택하는 데 사용되는 random 모듈의 함수명은 무엇인가?

E9-11. 다음은 주사위를 던져 주사위 눈의 숫자를 발생시키는 프로그램이다. 밑줄 친 부분을 채워 프로그램을 완성하시오.

¤ 실행결과
two dice are rolling ...
나 : 6
컴퓨터 : 4

```
import random
import time

print("two dice are rolling ...")
time.①_____(2)            # 프로그램 실행을 2초 동안 멈춤

me = ②_____(1, 6)
computer = ③_____(1, 6)
print("나 :", me)
print("컴퓨터 :", computer)
```

☎ 심화 문제

S9-1. 리스트 x와 random 모듈의 choice() 함수를 이용하여 다음의 실행 결과를 가져오는 가위바위보 프로그램을 작성해 보시오.

```
x = ["가위", "바위", "보"]
```

¤ 실행결과
```
=============================
가위바위보 게임
=============================
나 : 바위
당신 : 바위
무승부입니다!
-----------------------------
계속하려면 y를 입력하세요!y
나 : 가위
당신 : 보
나의 승리입니다!
-----------------------------
계속하려면 y를 입력하세요!y
나 : 가위
당신 : 가위
무승부입니다!
-----------------------------
계속하려면 y를 입력하세요!n
게임이 종료되었습니다!
```

10

Chapter 10
파일과 예외 처리

10장에서는 텍스트 파일과 CSV 파일에서 데이터를 읽고 쓰는 방법과 읽어들인 데이터를 처리하는 방법에 대해 알아본다. 또한 자바스크립트 기본 포맷인 JSON 파일을 인코딩하고 디코딩하는 방법을 익힌다. 마지막으로 프로그램에서 발생되는 오류에 유연하게 대처할 수 있는 예외 처리에 대해서도 배우게 된다.

텍스트 파일

텍스트 파일(.txt)은 메모장과 같은 텍스트 에디터에서 글자를 저장하는 기본 포맷이다. 이번 절에서는 텍스트 파일에서 데이터를 읽는 방법, 읽어들인 데이터를 처리하는 방법, 그리고 처리한 데이터를 파일에 저장하는 방법에 대해 알아본다.

10.1.1 텍스트 파일 쓰기

다음 예제를 통하여 데이터를 텍스트 파일에 저장하는 방법에 대해 알아보자.

예제 10-1. 텍스트 파일에 데이터 저장하기   10/ex10-1.py

```python
f = open("new_file.txt", "w", encoding="utf-8")          ❶
names = ["홍지수", "안지영", "김연수", "김예린", "한정연"]      ❷

for name in names :                                        ❸
    f.write(name + "\n")              # "\n" : 줄바꿈

print("파일 쓰기 완료!")
f.close()                                                 ❹
```

¤ 실행 결과

파일 쓰기 완료!

예제 10-1의 프로그램이 실행되면 현재 폴더에 'new_file.txt' 파일이 생성된다.

현재 폴더(소스 파일(.py)이 존재하는 폴더)에 생성된 new_file.txt 파일을 메모장으로 열어보면 다음과 같다.

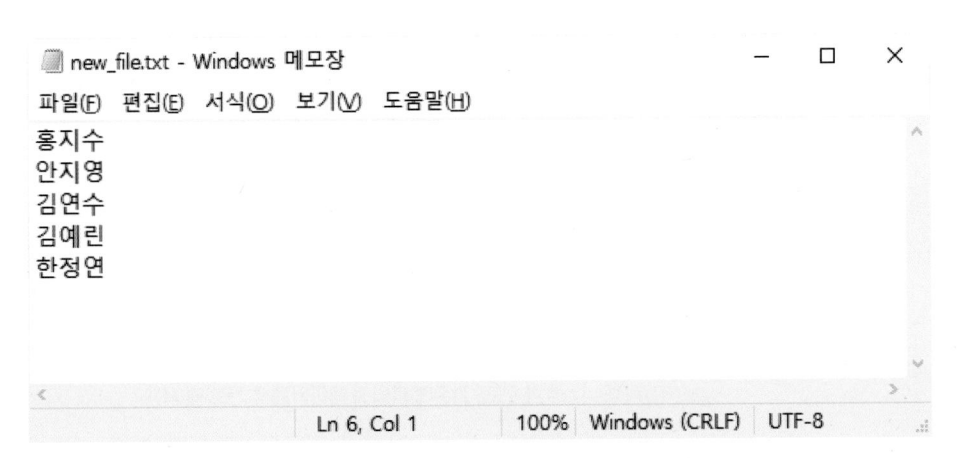

그림 10-1 메모장에서 열어본 new_file.txt 파일

❶ 파이썬의 내장 함수인 open()을 이용하여 'new_file.txt' 파일을 'w' 모드, 즉 쓰기 모드로 열어 파일 객체 f에 저장한다. 여기서 파일 저장에 사용되는 인코딩 방식은 세계 표준 문자셋인 'utf-8'로 한다.

❷ 리스트 names에 5명의 이름을 저장한다.

❸ for문과 f.write() 함수를 이용하여 리스트의 각 요소를 파일에 저장한다. 여기서 '\n'은 텍스트 파일에서 사용되는 줄 바꿈(개행 문자)를 의미한다.

❹ f.close() 함수를 이용하여 파일 객체 f를 닫는다.

파일 객체를 생성하는 데 사용되는 open() 함수의 사용 서식은 다음과 같다.

서식

> 파일 객체 = open(파일명, 파일모드, 인코딩)

파일 객체를 생성하는 데 사용되는 모드에는 'r', 'w', 'a'의 세 가지 모드가 있다. 인코딩은 파일을 저장할 때 사용되는 코딩 방식을 의미하는데 일반적으로 문자에 대한 세계 표준 방식인 UFT8을 많이 사용한다.

open() 함수에서 사용되는 파일 모드를 표로 정리하면 다음과 같다.

표 10-1 open() 함수의 파일 모드

파일 모드	의미
"r"	읽기 모드, 파일을 읽을 때 사용
"w"	쓰기 모드, 파일에 데이터를 저장할 때 사용 ※ 파일이 존재하지 않으면 새로운 파일을 생성하고, 해당 파일이 존재하면 기존 파일에 덮어씀
"a"	추가 모드, 기존에 파일에 데이터를 추가할 때 사용

TIP UTF8 인코딩

텍스트 파일에서 사용 가능한 모든 문자를 인코딩, 즉 각 문자에 대해 코드를 부여하는 것을 유니코드(Unicode)라고 한다.

UTF8 인코딩 방식은 유니코드 인코딩에서 일반적으로 널리 사용되는 세계 표준 방식 중의 하나이다. UTF8에서는 유니코드 문자열을 8비트 단위의 코드로 매핑하게 된다.

TIP 개행 문자 "\n"이란?

파이썬에서 텍스트 데이터를 다루는 경우에 있어서 줄 바꿈을 할 때 사용하는 것이 개행 문자 "\n" 이다. 개행 문자는 다른 말로 라인 피드(Line Feed)라고 부른다.

※ 한글 키보드에서 역슬래시(\)를 입력하기 위해서는 엔터 키 위에 있는 ₩으로 표시된 자판을 누르면 된다.

예제 10-1의 프로그램은 다음과 같은 좀 더 단순한 방식으로 사용할 수 있다.

```
names = ["홍지수", "안지영", "김연수", "김예린", "한정연"]

with open("test.txt", "w", encoding="utf-8") as f :
    for name in names :
        f.write(name + "\n")
```

예제 10-1에서와 같이 open() 함수의 파일 모드를 "w"로 하면 새로운 파일에 데이터를 저장하거나 파일이 존재할 경우에는 그 파일에 덮어쓰게 된다.

그러나, 기존 파일에 내용을 추가하려면 다음 예제에서와 같이 open() 함수의 파일 모드를 "a"로 설정하면 된다.

예제 10-2. 파일에 데이터 추가하기　　　　　　　　　　　　　　　　　10/ex10-2.py

```
f = open("new_file.txt", "a", encoding="utf-8")   # "a" : 추가 모드      ❶
names = ["손영민", "황현준"]                                              ❷

for name in names :
    f.write(name + "\n")

f.close()
```

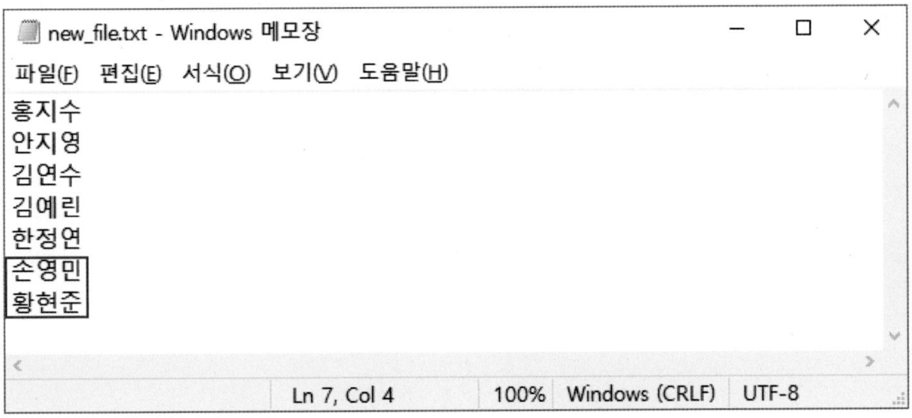

📄 new_file.txt - Windows 메모장　　　　　　　　　　　　　　　　　　－　□　✕
파일(F)　편집(E)　서식(O)　보기(V)　도움말(H)
홍지수
안지영
김연수
김예린
한정연
손영민
황현준

　　　　　　　　　　　　　　　Ln 7, Col 4　　　　100%　Windows (CRLF)　UTF-8

그림 10-2 기존 new_file.txt 파일에 내용 추가

❶ 파일 모드를 "a"로 하였기 때문에 그림 10-2에 나타난 것과 같이 ❷의 두 명 분 데이터가 new_file.txt에 추가된다.

10.1.2 텍스트 파일 읽기

다음은 readlines() 함수를 이용하여 앞의 예제 10-2에서 사용한 new_file.txt 파일의 전체 내용을 읽어 오는 프로그램이다.

```
예제 10-3. 텍스트 파일 읽기                                    10/ex10-3.py

f = open("new_file.txt", "r", encoding="utf-8")                    ❶
lines = f.readlines()                # readlines : 전체 내용 읽어 옴      ❷

print(lines)                                                       ❸

f.close()
```

¤ 실행 결과
['홍지수\n', '안지영\n', '김연수\n', '김예린\n', '한정연\n', '손영민\n', '황현준\n']

❶ 파일을 읽기 위해서는 표 10-1에서 설명한 것과 같이 파일 모드를 'r'로 해야 한다.
❷ f.readlines()는 new_file.txt의 내용 전체를 읽어서 변수 lines에 저장한다.
❸ 변수 lines의 내용을 출력하면 실행 결과에서와 같이 출력된다. lines의 데이터 형은 리스트가 된다. 실행 결과에 나타난 '\n'은 줄 바꿈을 의미한다.

예제 10-3에서는 전체 데이터를 출력하였는데, 만약 데이터를 한 행씩 출력하려면 다음과 같이 하면 된다.

<table>
<tr><td>예제 10-4. 텍스트 파일 읽어서 한 행씩 출력하기</td><td>10/ex10-4.py</td></tr>
</table>

```
f = open("new_file.txt", "r", encoding="utf-8")
lines = f.readlines()                # lines : 전체 데이터

for line in lines :                  # line : 한 줄의 데이터
    temp = line.replace("\n", "")    # "" : 빈 문자열, NULL이라 함    ❶
    print(temp)                                                      ❷

f.close()
```

¤ 실행 결과

홍지수
안지영
김연수
김예린
한정연
손영민
황현준

❶ temp = line.replace("\n", "")는 문자열 line에서 줄 바꿈 코드 '\n'을 NULL("")로 변경하여 줄 바꿈을 삭제하고 temp에 이를 저장한다.

❷ 실행 결과에서와 같이 출력한다.

위의 예제 10-4는 for문을 파일 객체에 바로 적용하여 다음과 같이 좀 더 간단하게 할 수
도 있다.

```
예제 10-5. 파일 객체에 for문 이용하여 한 행씩 출력하기          10/ex10-5.py

with open("new_file.txt", "r", encoding="utf-8") as f :
    for line in f :
        temp = line.replace("\n", "")
        print(temp)
```

※ 위 예제 10-5의 실행 결과는 예제 10-4의 결과와 동일하다.

10.1.3 파일에서 성적 평균 구하기

다음 그림 10-3의 scores.txt 파일을 읽어 학생들의 성적 평균을 구하는 프로그램을 작
성해 보자.

파일 scores.txt의 각각의 행은 학생 이름과 5과목 성적이 입력되어 있다.

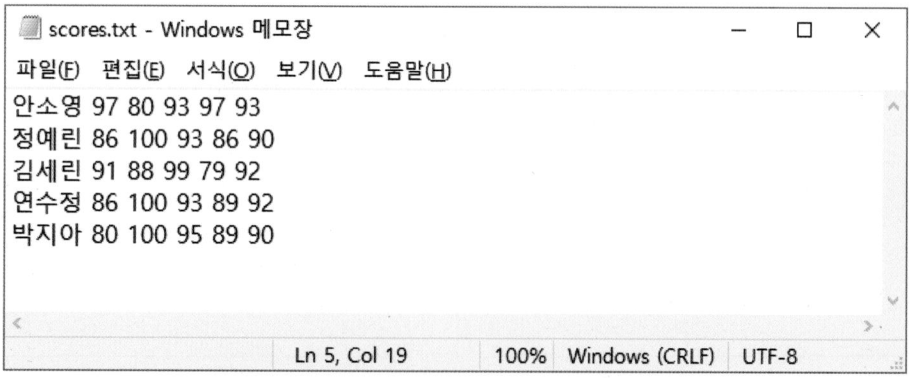

그림 10-3 메모장에서 열어 본 scores.txt 파일

```
f = open("scores.txt", "r", encoding="utf-8")                    ❶
lines = f.readlines()                                            ❷


for line in lines :                                              ❸
    data = line.split()                  # 문자열을 쪼개서 리스트 data에 저장   ❹
    i = 0
    sum = 0

    while i<len(data) :                  # i : 0 ~ data 길이에서 1뺀 값       ❺
        if i == 0 :                      # 리스트 data의 첫 번째 요소이면       ❻
            print(data[i], end=" : ")            # data[i] 출력              ❼
        else :
            sum = sum + int(data[i])             # 누적 합계 구함             ❽

        i = i + 1

    avg = sum/(len(data) - 1)       # len(data) - 1 : 과목 수(이름 항목 제외)
    print("%.2f점" % (sum/5))                                    ❾


f.close()
```

¤ 실행 결과

안소영 : 92.00점
정예린 : 91.00점
김세린 : 89.80점
연수정 : 92.00점
박지아 : 90.80점

❶ scores.txt 파일을 읽기 모드로 열어 파일 객체 file을 생성한다.

❷ readlines() 함수로 파일의 데이터를 읽어들여 lines에 저장한다.

❸ for 루프는 리스트 lines의 요소 개수인 5번 반복 수행된다. 이때 변수 line은 리스트
lines의 요소인 각 문자열 값을 가진다.

❹ line.split() 함수는 리스트 line의 인덱스 0의 요소인 '안소영 97 80 93 97 93'을 공백을 기준으로 분리하여 리스트 data에 저장한다. 이런 방식으로 line.split() 함수는 리스트 line의 각 요소를 분리하여 리스트 data에 저장하게 된다.

❺ while 루프는 i가 0에서 5까지의 값을 가지고 루프 내의 문장들이 반복 수행된다.

❻ if의 조건식이 참, 즉 i가 0일때는 리스트 data의 0번째 요소인 이름을 의미한다.

❼ print(data[i])는 실행 결과에서 나타난 것과 같이 각각의 행의 앞에 이름을 출력한다.

❽ ❻의 조건식이 거짓, 즉 i가 0이 아니면, 성적 데이터를 의미하기 때문에 sum = sum + int(data[i])는 각각의 학생들에 대해 성적 합계를 나타내는 변수 sum에 누적 합계를 구한다.

❾ 실행 결과에서 나타난 것과 같이 각각의 행의 이름 뒤에 성적의 평균을 화면에 출력한다.

10.1.4 파일과 폴더 삭제하기

파이썬에서 파일을 삭제하는 데에는 OS 모듈과 os.remove() 함수를 이용한다. 다음 예제를 통하여 파일을 삭제하는 방법을 익혀 보자.

예제 10-7. 파일 삭제하기	03/ex10-7.py

```
import os                                                          ❶

if os.path.exists("sample.txt"):        # sample.txt 존재하는가?    ❷
    os.remove("sample.txt")             # sample.txt 파일 삭제       ❸
else:
    print("파일이 존재하지 않음!")
```

❶ os 모듈을 불러온다.

❷ os.path.exists() 함수를 이용하여 sample.txt 파일이 존재하는지를 체크한다. 이 함수는 해당 파일이 존재하면 True를 반환하고, 그렇지 않으면 False를 반환한다.

❸ os.remove() 함수를 이용하여 sample.txt 파일을 삭제한다.

폴더를 삭제하는 것은 파일 삭제 방법과 유사한 방법으로 하면 되는데, os.remove() 대신에 os.rmdir() 함수를 사용한다.

예제 10-8. 폴더 삭제하기	03/ex10-8.py

```python
import os

if os.path.exists("test"):
    os.rmdir("test")                      # 폴더 삭제
else:
    print("폴더가 존재하지 않음!")
```

os.path.exists() 함수를 이용하여 test 폴더가 존재하는지를 체크하여 폴더가 존재하면 os.rmdir() 함수를 이용하여 test 폴더를 삭제한다.

10.2 CSV 파일

CSV(Comma Separated Values)는 다음과 같이 콤마로 구분된 텍스트로 구성된 파일를 말한다. CSV 파일은 기상청, 통계청, 행정 기관 등에서 제공하는 공공 데이터의 기본 포맷이기도 하다.

데이터, 데이터, 데이터, 데이터, ..., 데이터
....

이번 절을 통하여 파이썬에서 CSV 파일을 읽고 쓰는 방법과 간단한 활용법을 알아 보자.

10.2.1 CSV 파일 읽기

다음 그림은 기상청에서 다운로드 받은 강릉의 1981년 ~ 2010년까지의 30년간 12월달 일별 기상 데이터를 저장한 파일(weather.csv)이다. 이 파일은 지역, 평균기온, 최고기온, 최저기온, 강수량, 습도 등의 기상 정보를 담고 있다.

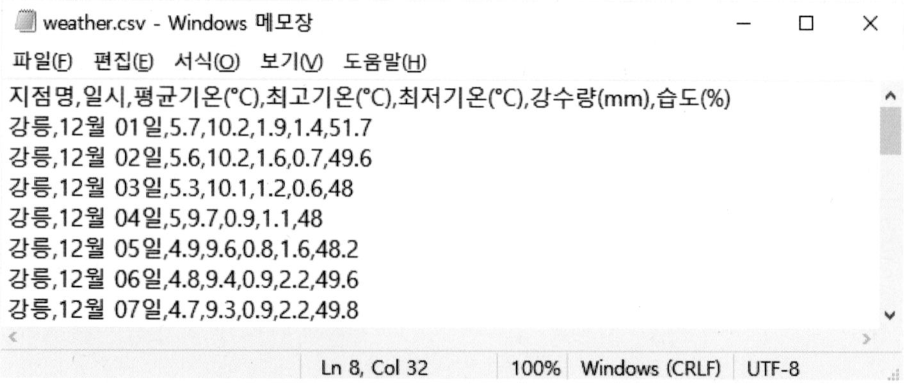

그림 10-4 메모장에서 열어 본 weather.csv 파일

앞의 weather.csv 파일을 읽어서 화면에 출력해 보자.

예제 10-9. CSV 파일 읽기	10/ex10-9.py

```
import csv                                                          ❶

file_name = "weather.csv"
f = open(file_name, "r", encoding="utf-8")                          ❷
lines = csv.reader(f)          # csv.reader() : CSV 파일 전체 읽어 옴   ❸

for line in lines :                                                 ❹
    print(line)

f.close()                                                          ❺
```

¤ 실행 결과

['지점명', '일시', '평균기온(°C)', '최고기온(°C)', '최저기온(°C)', '강수량(mm)', '습도(%)']
['강릉', '12월 01일', '5.7', '10.2', '1.9', '1.4', '51.7']
['강릉', '12월 02일', '5.6', '10.2', '1.6', '0.7', '49.6']
['강릉', '12월 03일', '5.3', '10.1', '1.2', '0.6', '48']
...
['강릉', '12월 30일', '1.6', '6.2', '-2', '1.1', '45.4']
['강릉', '12월 31일', '1.5', '6', '-2.2', '0.9', '46.2']

❶ csv 모듈을 불러온다.

❷ open() 함수를 이용하여 'weather.csv' 파일을 읽기 모드로 열어 파일 객체 f에 저장한다.

❸ csv.reader() 메소드를 이용하여 파일 객체 f에서 데이터를 읽어들여 lines에 저장한다.

❹ for문으로 lines에서 데이터를 한 줄씩 읽은 변수 line을 실행 결과에서와 같이 출력한다.

❺ f.close() 메소드는 파일 객체 f를 닫는다.

앞의 예제 10-9에서 사용된 파일 weather.csv에서 제일 상단에 있는 각 열의 제목, 즉 데이터의 헤더를 추출하는 방법에 대해 알아 보자.

예제 10-10. CSV 파일에서 헤더 추출하기　　　　　　　　　　　10/ex10-10.py

```
import csv

file_name = "weather.csv"
f = open(file_name, "r", encoding="utf-8")
lines = csv.reader(f)

header = next(lines)                    # next() : 한 줄 데이터 읽음        ❶
print(header)

f.close()
```

¤ 실행 결과

['지점명', '일시', '평균기온(°C)', '최고기온(°C)', '최저기온(°C)', '강수량(mm)', '습도(%)']

❶ next() 함수를 이용하여 파일의 첫 번째 행에 저장된 헤더를 가져와 header에 저장한 다음 실행 결과에서와 같이 출력한다.

리스트(또는 튜플 등)에서 데이터를 가져오는 next() 함수의 사용 서식은 다음과 같다.

서식	next(반복 객체)

리스트, 튜플 등 여러 개의 요소를 가진 객체를 반복 객체(Iterable Object)라고 한다. next() 함수는 반복 객체에서 요소를 하나씩 가져오는 데 사용된다.

10.2.3 CSV 데이터 추출하기

weather.csv 파일에서 12월 25일의 최저기온 데이터를 추출하는 방법에 대해 알아 보자.

예제 10-11. CSV 파일에서 데이터 추출하기	10/ex10-11.py

```
import csv

file_name = "weather.csv"
f = open(file_name, "r", encoding="utf-8")
lines = csv.reader(f)

header = next(lines)            # 헤더를 추출해서 header에 저장해 둠         ❶

for line in lines :            # line : 각 줄의 데이터
    if line[1] == "12월 25일" :     # 12월 25일이면                        ❷
        day = line[1]          # 일자를 day에 저장
        min_temp = line[4]     # 최저기온을 min_temp에 저장

print("%s 최저기온 : %s도" % (day, min_temp))                              ❸

f.close()
```

¤ 실행 결과

12월 25일 최저기온 : -1.2도

❶ next() 함수를 이용하여 lines에서 첫 번째 줄에 있는 헤더를 가져온다. 이렇게 함으로써 다음 번에 lines에서 데이터를 읽을 때 헤더를 제외한 순수한 데이터 부분을 읽을 수가 있게 된다.

for 루프에서 사용되는 변수 line은 CSV 파일에서 헤더를 제외한 각각의 행 데이터를 의미한다. 변수 line의 데이터 형은 리스트가 된다. 그림 10-4를 보면 데이터의 각 열은 지점명, 일시, 평균기온, 최고기온, 최저기온, 강수량, 습도 순으로 되어 있다.

따라서 리스트 line에서 각 요소인 line[0], line[1], line[2],... 등은 CSV 파일에서 다음을 나타낸다.

line[0]	line[1]	line[2]	line[3]	line[4]	line[5]	line[6]
지점명	일시	평균기온	최고기온	최저기온	강수량	습도

❷ if문의 조건식에서는 line[1], 즉 일시가 "12월 25일"인지를 체크한다. 조건식이 참이면 day에는 그 때의 일시인 line[1]을 저장하고, min_temp에는 최저기온을 의미하는 line[4]를 저장한다.

❸ 일자와 최저기온을 실행 결과에서와 같이 출력한다.

10.2.4 CSV 파일 쓰기

다음 예제를 통하여 데이터를 CSV 파일에 저장하는 방법을 익혀보자. 이 예제에서는 wether.csv 파일을 읽어서 헤더를 제외한 다섯 줄의 데이터만 추출한 다음 weather2. csv 파일에 저장하게 된다.

예제 10-12. CSV 파일에 데이터 저장하기	10/ex10-12.py

```python
import csv

file_name1 = "weather.csv"
file_name2 = "weather2.csv"
f1 = open(file_name1, "r", encoding="utf-8")
f2 = open(file_name2, "w", encoding="utf-8", newline="")        ❶

lines = csv.reader(f1)          # f1의 파일 전체 내용 읽어 lines에 저장
wr = csv.writer(f2)            # f2의 파일을 쓸 준비하기              ❷

header = next(lines)                                            ❸

for i in range(5) :                                            ❹
    line = next(lines)                                         ❺
    wr.writerow(line)      # writerow() : 한 줄의 데이터를 파일에 쓰기    ❻

print("파일쓰기 종료!")

f1.close()
f2.close()
```

¤ 실행 결과

파일쓰기 종료!

예제 10-12 프로그램이 실행 되면 작업 폴더에 'weather2.csv'파일이 생성된다.

다음 그림 10-5는 메모장에서 열어본 'weather2.csv' 파일이다.

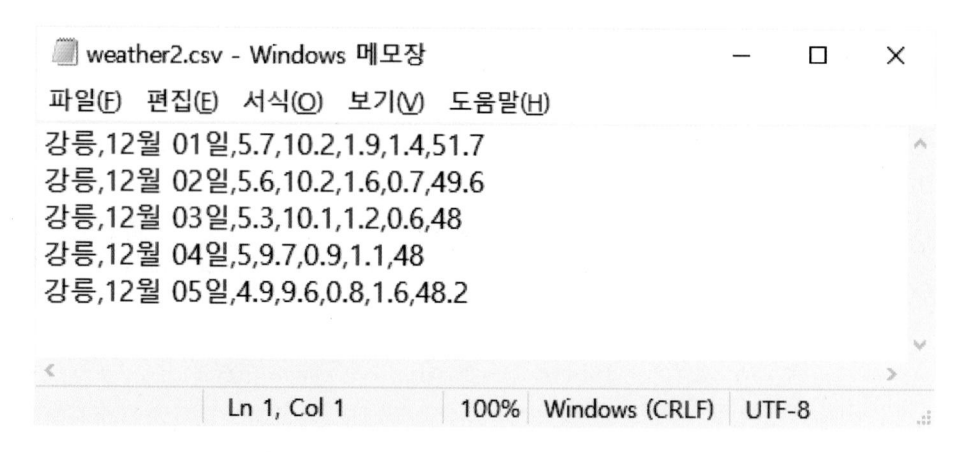

그림 10-5 메모장에서 열어 본 weather2.csv 파일

❶ open() 함수로 'weather2.csv' 파일 쓰기 모드로 연 다음 파일 객체 f2에 저장한다.
   newline=""은 파일을 쓸 때 행의 끝에 빈 줄을 삽입하지 말라는 옵션이다. 이 옵션이
   생략되면 생성되는 CSV 파일의 각 행에 빈 줄이 하나씩 삽입된다.
❷ csv.writer() 메소드를 이용하여 파일 쓰기가 가능한 객체 wr을 생성한다. 이렇게 함
   으로써 ❻의 writerow() 메소드로 파일 쓰기가 가능하게 된다.
❸ next() 함수로 lines에서 헤더를 가져온다.
❹ for 루프는 range(5)에 의해 다섯 번 반복된다.
❺ next() 함수로 lines에서 한 행씩 데이터를 가져와 line에 저장한다.
❻ wr.writerow(line)는 한 행의 데이터를 의미하는 리스트 line을 파일에 저장한다.

위와 같은 과정을 통해 weater2.csv 파일에 데이터를 저장할 수 있다.

10.3 JSON 파일

JSON은 'JavaScript Object Notation'의 약어로 자바스크립트 문법에 기반한 데이터의 표현 방식이다. JSON은 그 구조가 단순하고 유연하기 때문에 시스템 간에 데이터를 교환할 때 많이 사용한다. 특히 웹 브라우저와 웹 서버 사이에 데이터를 교환하는 데 많이 사용되고 있다.

파이썬에서는 JSON을 다룰 수 있는 표준 라이브러리를 제공하고 있기 때문에 파이썬의 리스트, 튜플, 딕셔너리 등의 데이터를 JSON으로 변환(JSON 인코딩) 할 수 있다. 반대로 JSON 타입의 데이터를 파이썬의 데이터 형으로 쉽게 변환(JSON 디코딩)할 수도 있다.

10.3.1 JSON 인코딩

다음 예제를 통하여 파이썬의 딕셔너리 데이터를 JSON으로 변환하는 방법에 대해 알아보자.

예제 10-13. 파이썬 딕셔너리를 JSON 인코딩하기　　　　　　　　10/ex10-13.py

```
import json                          # JSON 모듈 불러오기              ❶
member = {                           # 딕셔너리 member에 데이터 저장    ❷
    "id": "swhong",
    "name": "홍성우",
    "age": 23,
    "history": [
        {"date": "2021-03-15", "route": "mobile"},
        {"date": "2020-06-23", "route": "pc"}
    ]
}
json_string = json.dumps(member, ensure_ascii=False, indent=4)       ❸
print(json_string)                                                    ❹
```

¤ 실행 결과

```
{
    "id": "swhong",
    "name": "홍성우",
    "age": 23,
    "history": [
        {
            "date": "2021-03-15",
            "route": "mobile"
        },
        {
            "date": "2020-06-23",
            "route": "pc"
        }
    ]
}
```

❶ json 모듈을 불러온다.

❷ 파이썬의 딕셔너리 member를 생성한다.

❸ json.dumps() 함수를 이용하여 딕셔너리 member를 JSON으로 인코딩한다. 여기서 'ensure_ascii=False'는 아스키 형태로 저장하지 말라는 설정이다. 그리고 'indent=4'는 실행 결과에서와 같이 4칸 들여쓰기를 하게 된다.

※ json.dumps()는 인코딩 할 때 기본적으로 아스키 형태인 유니코드로 데이터를 저장하기 때문에 한글이 깨지게 된다. 'ensure_ascii=False'로 설정하면 유니코드를 사용하지 않기 때문에 한글이 그대로 유지되어 인코딩이 수행된다.

❹ JSON으로 인코딩된 문자열 json_string을 실행 결과에서와 같이 출력한다.

만약 예제 10-13 ❸에서와 같이 문자열을 인코딩하여 문자열로 저장하는 것이 아니라 json 파일로 저장하려면 다음과 같이 json.dumps() 대신에 json.dump()를 사용하면 된다.

```
import json                                                              ❶
member = {                                                               ❷
        # 예제 10-9와 동일한 코드
}

with open("member.json", "w", encoding="utf-8") as f :                  ❸
    json.dump(member, f, ensure_ascii=False, indent=4)
```

❶ ❷ 예제 10-13과 동일한 부분으로 json 모듈을 불러오고, 딕셔너리 member를 생성한다.

❸ json.dump() 함수를 이용하여 딕셔너리 member를 JSON 포맷으로 인코딩하여 파일 객체 f, 즉 member.json 파일에 저장한다.

member.json 파일을 메모장으로 열어보면 다음과 같다.

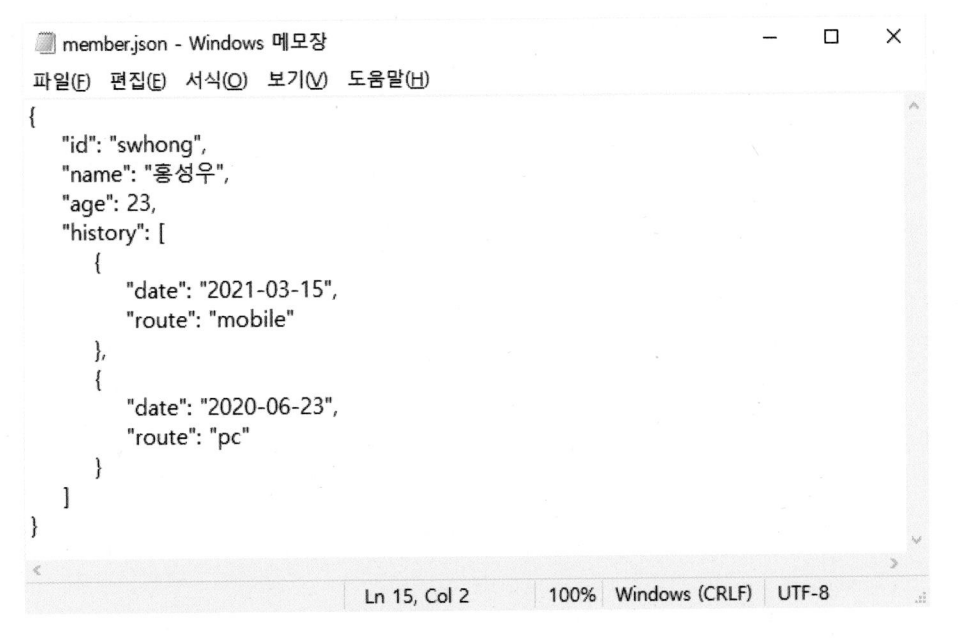

그림 10-6 메모장에서 열어본 member.json 파일

이번에서 앞에서 JSON 포맷으로 인코딩된 파일 member.json을 딕셔너리로 디코딩하는 방법에 대해 알아보자.

예제 10-15. JSON 디코딩하기　　　　　　　　　　　　　　　　10/ex10-15.py

```python
import json

with open("member.json", "r", encoding="utf-8") as f :
    dict = json.load(f)

print(dict)
```

¤ 실행 결과

{'id': 'swhong', 'name': '홍성우', 'age': 23, 'history': [{'date': '2021-03-15', 'route': 'mobile'}, {'date': '2020-06-23', 'route': 'pc'}]}

json.load() 함수는 파일 객체 f, 즉 member.json 파일을 디코딩하여 얻어진 데이터를 파이썬의 딕셔너리 포맷으로 변수 dict에 저장한다.

예외 처리

예외(Exception)는 작성한 프로그램을 실행했을 때 예기치 않게 발생되는 오류와 같은 상황을 의미한다. 파이썬에서는 이러한 예외, 즉 오류에 대처하고 처리하는 방법을 제공한다.

파이썬에 예외 처리를 위해 다음의 세 개의 블록이 존재한다.

1 try 블록 : 오류가 발생하는지를 테스트하는 블록

2 except 블록 : 오류를 처리하는 블록

3 finally 블록 : try와 except 블록이랑 상관없이 무조건 실행되는 블록

10.4.1 try~ except~ 구문

먼저 프로그램에서 오류가 발생되는 다음의 예를 살펴 보자.

예제 10-16. 변수가 정의되지 않아 오류 발생	10/ex10-16.py

```
print(x)                          # 변수 x가 정의되지 않아 오류 발생
```

¤ 실행 결과

```
Traceback (most recent call last):
  File "C:/source/10/ex10-16.py", line 1, in <module>
    print(x)
NameError: name 'x' is not defined
```

위의 프로그램에서는 print(x) 이전에 x의 값을 설정하지 않았기 때문에 변수 x가 정의되지 않았다는 오류가 발생한다.

위의 예제 10-16에서 발생되는 오류를 try~ except~ 구문으로 처리하는 방법을 익혀 보자.

예제 10-17. 예제 10-16에 대한 예외 처리   10/ex10-17.py

```
try :                                                            ❶
    print(x)
except NameError :              # NameError : 변수명 오류 발생함    ❷
    print("변수가 정의되지 않아 오류가 발생함!")
```

¤ 실행 결과

변수가 정의되지 않아 오류가 발생함!

❶ try문을 이용하여 print(x)에 예외, 즉 오류가 발생하는지를 테스트한다.

❷ except문을 이용하여 NameError가 발생하면 그에 대한 처리를 한다. 여기서는 실행 결과에서와 같은 메시지를 출력하게 된다.

이번에는 다음 예제를 통하여 0으로 나눈 오류가 발생하는 경우에 대해 예외 처리를 하는 방법에 대해 알아보자.

예제 10-18. 0 나누기 오류에 대한 예외 처리   10/ex10-18.py

```
def divide(a, b) :
    try :                                                        ❶
        c = a/b
    except ZeroDivisionError :    # ZeroDivisionError : 0 나누기 오류 발생  ❷
        print("0 나누기 오류가 발생함!")
    else :                                                       ❸
        print(c)

divide(30, 0)
divide(20, 10)
```

¤ 실행 결과

0 나누기 오류가 발생함!
2.0

❶ try문으로 c = a/b의 문장을 테스트한다.

❷ except문에 0으로 나누었을 때 발생하는 ZeroDivisionError가 설정되면, 실행 결과
의 첫 번째 줄에서와 같은 오류 메시지를 출력한다.

❸ 위의 except문에서 오류가 발행하지 않게 되면, else 다음에 있는 print(c) 문장을 실
행시켜 실행 결과 두 번째 줄에서와 같은 메시지를 출력한다.

10.4.2 try~ except~ finally~ 구문

try~ except~ finally~ 구문의 사용 예에 대해 알아보자. 다음은 리스트에서 인덱스 값이
범위를 벗어날 경우의 예외 처리이다.

예제 10-19. try~ except~ finally~ 구문의 사용 예   10/ex10-19.py

```
def get_value(list1, n) :                                    ❶
    try :                                                    ❷
        result = list1[n]
    except IndexError :          # IndexError : 리스트의 인덱스 오류   ❸
        print("인덱스가 범위를 벗어남!")
        result = -1
    finally :                                                ❹
        return result

data = [10, 20, 30]

print(get_value(data, 3))                                    ❺
print(get_value(data, 1))                                    ❻
```

¤ 실행 결과

인덱스가 범위를 벗어남!
−1
20

❶ 정의된 함수 get_value(list1, n) 함수는 리스트 list1과 인덱스 n을 매개변수로 받아들여 인덱스 n에 해당되는 값을 반환하는 함수이다.

❺ get_value(data, 3)으로 ❶에 정의된 get_value() 함수를 호출한다.

❷ try문에 의해 result = list1[n] 문장을 테스트한다. 이 때 매개변수 n이 3의 값을 가지는데 인덱스 3은 리스트 list1, 즉 data의 범위를 벗어나고 있다.

❸ except문에 IndexError 오류가 발행하기 때문에 그 다음의 문장이 수행되어 실행 결의 첫 번째 줄에 오류 메시지를 출력한다. 그리고 result에 −1 값을 가지고 호출 함수로 돌아가 실행 결과의 두 번째 줄에서와 같이 −1을 출력한다.

❹ finally문은 위의 except문의 결과와 상관없이 무조건 수행된다. 따라서 변수 result를 호출 함수에 반환한다.

¤ finally문에 있는 문장들은 위의 except문에서 오류 발생 여부와 상관없이 무조건 수행된다는 점을 꼭 기억하기 바란다.

❻ get_value(data, 1)으로 ❶에 정의된 get_value() 함수를 호출한다. 이 경우에는 get_value() 함수에서 ❸의 except문을 제외하고 모든 문장이 제대로 수행되어 실행 결과의 마지막 줄에 인덱스 1에 해당되는 20을 출력하게 된다.

연습문제 10장. 파일과 예외 처리

E10-1. 다음 그림에서와 같이 본인의 이름, 전화 번호, 이메일 주소를 myfile.txt 파일에 저장하는 프로그램을 작성하시오.

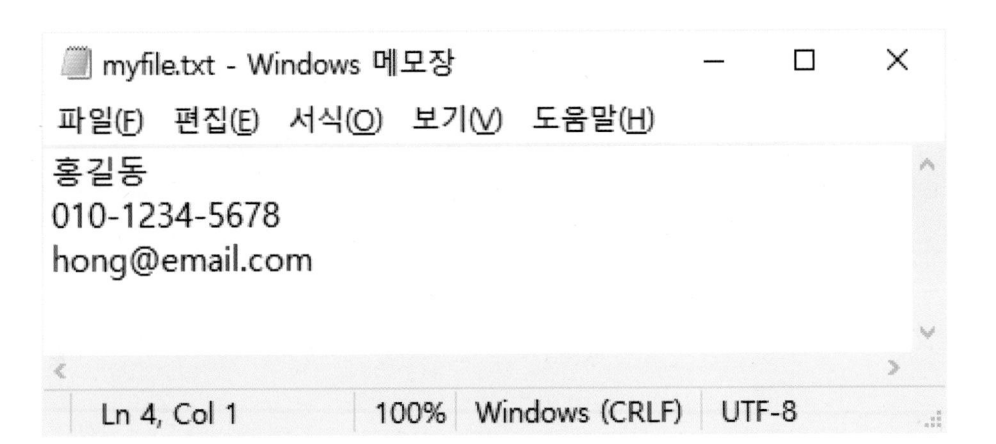

E10-2. 다음은 E10-1에서 사용한 myfile.txt 파일을 읽어들여 주소를 추가하여 다음 그림의 포맷으로 myfile2.txt 파일에 저장하는 프로그램이다. 밑줄 친 부분을 채워 프로그램을 완성하시오.

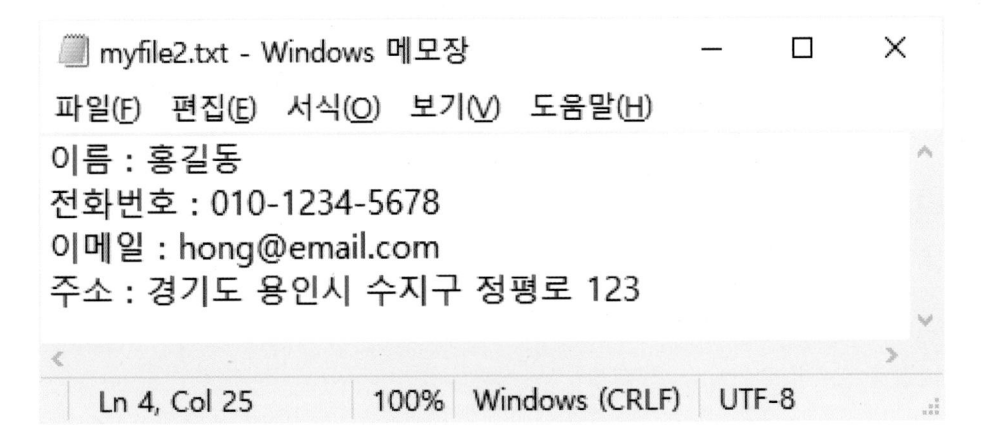

```
f1 = open("myfile.txt", "r", encoding="utf-8")
f2 = open("myfile2.txt", "w", encoding="utf-8")
lines = f1.①_____

data = []
for line in lines :
    data.②_____(line)

name = "이름 : " + data[0]
tel = "전화번호 : " + data[1]
email = "이메일 : " + data[2]

address = "주소 : 경기도 용인시 수지구 정평로 123"

f2.③_____(name)
f2.③_____(tel)
f2.③_____(email)
f2.③_____(address)

f1.close()
f2.close()
```

■ 다음의 문제들은 10.2절에서 사용된 weather.csv 파일에 관한 것이다. 물음에 답하시오.(E10-3 ~ E10-5)

E10-3. 다음은 12월 총 강수량을 실행 결과와 같이 출력하는 프로그램이다. 밑줄 친 부분을 채워 프로그램을 완성하시오.

¤ 실행결과
12월 총 강수량: 38 mm

```
import csv

file_name = "weather.csv"
f = ①_____(file_name, "r", encoding="utf-8")
lines = csv.reader(f)

header = next(lines)

sm = 0
for line in lines :
    sm = sm + float(②_____)

print("12월 총 강수량: %d mm" % ③_____)

f.close()
```

E10-4. 12월 최대 습도 일자와 그 날의 최대 습도를 실행 결과와 같이 출력하는 프로그램을 작성하시오.

¤ 실행결과

일자 : 12월 01일
최대 습도 : 51.7 %

E10-5. 12월 일교차를 실행 결과와 같이 출력하는 프로그램을 작성하시오.

¤ 실행결과

```
------------------------------
일자        일교차
------------------------------
12월 01일    8.3
12월 02일    8.6
12월 03일    8.9

...
12월 30일    8.2
12월 31일    8.2
------------------------------
```

Chapter 11
객체지향 프로그래밍

클래스, 객체, 속성, 메소드는 객체지향 프로그래밍의 핵심 요소이다. 11장에서는 객체지향의 개념을 이해하고 클래스의 정의, 객체의 생성, 생성자 사용법, 클래스 속성과 인스턴스 속성에 대해 배운다. 또한 클래스의 필수 요소인 상속의 개념을 파악하고 이를 실제 프로그램에서 활용하는 방법을 익힌다.

클래스

객체지향 프로그래밍(Object-Oriented Programming)은 소프트웨어를 만드는 가장 효과적인 방법 중의 하나이다. 객체지향에서는 클래스(Class)를 정의하는 것부터 시작한다. 클래스가 정의되면 객체(Object)를 생성하고 이 객체를 이용하여 프로그램을 작성해 나간다.

11.1.1 클래스란?

클래스(Class)는 객체지향 프로그래밍(Object-Oriented Programming)의 핵심 요소 중 하나이다. 클래스를 이용하면 복잡한 프로그램을 좀 더 쉽고 체계적으로 작성하고 관리할 수 있다.

클래스는 다음 그림 11-1에서와 같이 속성(Attribute)과 메소드(Method)로 구성된다.

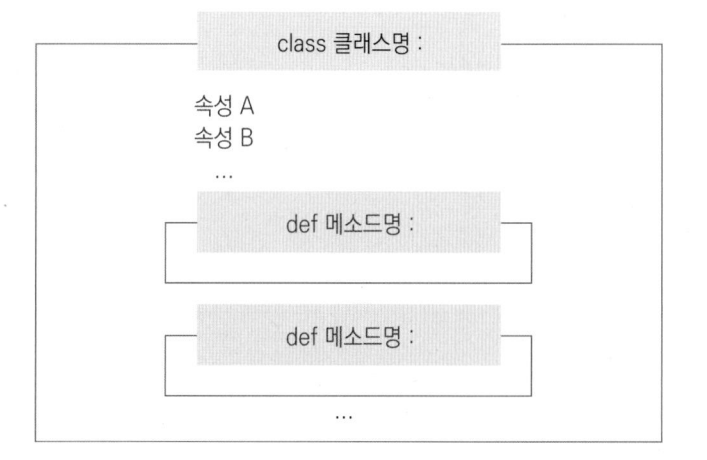

그림 11-1 클래스 구성도

다음은 하나의 메소드로 구성된 클래스를 정의하여 객체를 생성하는 간단한 예이다.

예제 11-1. 클래스와 객체의 간단 사용 예	11/ex11-1.py

```
class Person :
    def hello(self) :                       Person 클래스 정의        ❶
        print("안녕하세요.")

person1 = Person()                          person1 객체 생성          ❷
person1.hello()                             hello() 메소드 호출        ❸
```

¤ 실행 결과

안녕하세요.

❶ hello() 메소드를 가진 Person 클래스를 정의한다.

※ 파이썬에서 클래스명의 첫 글자는 Person에서와 같이 영문 대문자를 사용한다. 그리고 hello()에서 사용된 매개변수 self는 ❸에서 hello() 메소드를 호출할 때 person1 객체를 전달 받는 데 사용된다. self에 대해서는 401쪽에서 자세히 설명한다.

❷ 클래스 Person으로 person1 객체를 생성한다.

❸ person1.hello()는 ❶에서 정의된 hello() 메소드를 호출하여 실행 결과에서와 같이 '안녕하세요.'를 화면에 출력한다.

와플 기계(클래스)

와플 빵(객체)

그림 11-2 클래스와 객체와의 관계

위의 그림 11-2는 클래스와 객체와의 관계를 설명하기 위한 와플 기계와 와플 빵이다.

와플 기계를 이용하면 쉽게 와플 빵을 찍어낼 수 있다. 이와 마찬가지로 우리가 하나의 클래스를 만들어 놓으면 필요할 때 언제든지 객체를 쉽게 생성할 수 있다.

이번에는 클래스에서 속성과 메소드가 같이 사용되는 다음의 예를 살펴보자.

```
예제 11-2. 속성과 메소드의 사용 예                          11/ex11-2.py

class Person :
    name = "김정연"                          # name : 속성              ❶
    def hello(self) :                        # hello() : 메소드
        print(Person.name + "님 안녕하세요.")                           ❷

person1 = Person()
person1.hello()                              # hello() 메소드 호출       ❸

Person.name = "황서영"      # 클래스 속성 Person.name에 "황서영" 저장    ❹
person1.hello()                                                         ❺
```

¤ 실행 결과

김정연님 안녕하세요.
황서영님 안녕하세요.

❶ Person 클래스의 속성 name에 '김정연'을 저장한다.

❷ Person.name은 클래스 Person의 속성 값인 '김정연'의 값을 가진다.

❸ person1.hello() 메소드를 호출하여 실행 결과에 '김정연님 안녕하세요.'를 출력한다.

❹ Person.name에 '황서영'을 저장한다.

❺ person1.hello() 메소드를 호출한다. 이번에는 실행 결과에 '황서영님 안녕하세요.' 가 출력된다.

위의 예제에서 사용된 클래스, 객체, 속성, 메소드를 정리하면 다음과 같다.

- 클래스 : 속성과 메소드로 구성되는 객체 생성에 사용되는 틀이다.
- 객체 : 클래스로부터 생성되어 해당 클래스의 속성과 메소드를 가진다.
- 속성 : 클래스와 객체 내부에서 사용되는 변수를 의미한다.
- 메소드 : 클래스와 객체 내부에서 사용되는 함수를 의미한다.

다음 예제에서는 클래스 Cat에 여러 개의 속성과 메소드가 사용되는 예이다.

예제 11-3. 속성과 메소드 사용 예	11/ex11-3.py

```
class Cat :                              # 클래스 Cat 정의            ❶
    kor_name = "로키"                     # kor_name : 속성
    eng_name = "rocky"                   # eng_name : 속성
    age = 2                              # age : 속성

    def sound(self) :                    # sound() : 메소드
        print("야옹~~~")

    def speed(self) :                    # speed() : 메소드
        print("엄청 빠르다!")

mycat = Cat()                            # 객체 mycat 생성            ❷

print("한글 이름 :", mycat.kor_name)      # mycat.kor_name : "로키"     ❸
print("영어 이름 :", mycat.eng_name)      # mycat.end_name : "Rocky"
print("나이 :", mycat.age)               # mycat.age : 2
mycat.sound()                            # mycat.sound() : "야옹~~" 출력  ❹
mycat.speed()                            # mycat.speed() : "엄청 빠르다!" 출력
```

¤ 실행 결과

한글 이름 : 로키
영어 이름 : rocky
나이 : 2
야옹~~~
엄청 빠르다!

❶ 클래스 Cat를 정의한다. 클래스 Cat는 세 개의 속성(kor_name, eng_name, age)과 두 개의 메소드(sound(), speed())로 구성되어 있다.

❷ 클래스 Cat를 이용하여 객체 mycat를 생성한다. 객체 mycat는 클래스 Cat의 속성과 메소드를 자유롭게 이용할 수 있다.

❸ mycat.kor_name, my_cat.eng_name, mycat.age들은 객체 mycat의 속성들을 의미한다. 이것들은 각각 '로키', 'rocky', 2의 값을 가진다.

❹ mycat.sound()와 mycat.speed() 메소드를 호출한다. 클래스 Cat에 정의된 해당 메소드를 실행하여 실행 결과와 같은 메시지를 화면에 출력한다.

※ sound()와 speed() 메소드에서 사용된 매개변수 self에 대해서는 바로 다음의 401쪽에서 자세히 설명한다.

클래스의 메소드에서 사용되는 매개변수 self는 객체에서 메소드를 호출할 때 해당 객체를 전달받는 데 사용된다. 다음 예제를 통하여 매개변수 self의 사용법을 익혀 보자.

예제 11-4. self 속성 사용 예	11/ex11-4.py

```
class Members :                                                      ❶
    def set_info(self, name) :                                       ❷
        self.name = name

    def show_info(self) :                                            ❸
        print("이름 :", self.name)

member1 = Members()              # member1 객체 생성              ❹
member1.set_info("홍지수")        # set_info() 메소드 호출          ❺
member1.show_info()              # show_info() 메소드 호출         ❻

member2 = Members()                                                  ❼
member2.set_info("안지영")
member2.show_info()
```

¤ 실행 결과

이름 : 홍지수
이름 : 안지영

❶ 클래스 Members를 정의한다.

❷ set_info() 메소드는 self.name 속성에 매개변수 name의 값을 설정한다.

❸ show_info() 메소드는 print() 함수로 self.name을 화면에 출력하는 역할을 수행한다.

❹ member1 객체를 생성한다.

❺ member1.set_info("홍지수")는 ❷의 set_info() 메소드를 호출하여 "홍지수"를 객체 member1의 속성인 self.name에 저장한다.

❻ member1.show_info()는 ❸show_info() 메소드를 호출하여 실행 결과 첫 번째 줄에서와 같이 self.name 값 '홍지수'를 화면에 출력한다.

❼ ❹~❻에서와 같은 방법으로 member2 객체를 생성하여 "안지영"을 self.name에 저장한다. 따라서 실행 결과 두 번째 줄에서와 같이 "안지영"이 화면에 출력된다.

❷에서 사용된 매개변수 self에 대해 좀 더 자세히 살펴보자.

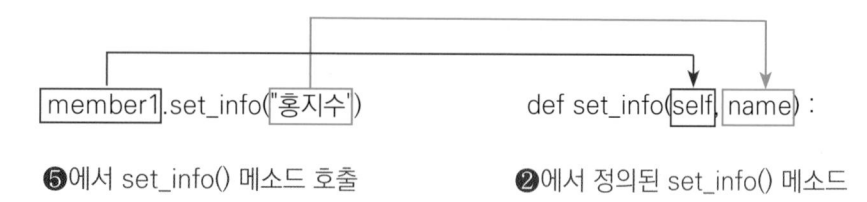

위에서 정의된 ❷의 set_info() 메소드의 매개변수 self는 ❺의 member1 객체에서 set_info() 메소드를 호출할 때 member1 객체를 전달 받는다. 따라서 self.name에서의 name 속성은 member1 객체의 속성이 된다.

객체는 다른 말로 인스턴스(Instance)라고 부르기 때문에 self.name과 같은 속성을 인스턴스 속성이라고 한다.

※ 인스턴스 속성에 대해서는 411쪽에서 좀 더 자세히 설명한다.

TIP 인스턴스란?

클래스로부터 생성되는 것을 객체라고 하고, 그 객체가 실제 컴퓨터 메모리에 할당되어 사용될 때의 객체를 인스턴스(Instance)라고 부른다.

위의 예제 11-4의 ❹의 예에서 객체와 인스턴스의 차이를 설명하면 다음과 같다.
■ 'Members 클래스로 member1 객체를 생성한다.'
■ 'member1은 Members 클래스의 인스턴스이다.'

위와 같이 객체와 인스턴스를 구분해서 사용하기도 하지만, 그 의미가 거의 같기 때문에 객체와 인스턴스를 같은 것으로 생각해도 무방하다.

11.2 생성자

생성자(Constructor)는 __init__() 메소드를 의미하는데 이것은 객체를 생성할 때 자동으로 호출되어 객체를 초기화하는 데 사용된다.

다음 예제를 통하여 생성자의 사용법에 대해 알아보자.

예제 11-5. 생성자의 사용 예　　　　　　　　　　　　　　　　　11/ex11-5.py

```python
class Members :
    def __init__(self, name, age) :      # 생성자 : __init__() 메소드      ❶
        self.name = name
        self.age = age

    def show_info(self) :                                               ❷
        print("이름 :", self.name)
        print("나이 :", self.age)

# member1 객체가 생성될 때 생성자 __init__()가 자동 호출됨
member1 = Members("황선영", 18)                                         ❸
member1.show_info()                                                     ❹

member2 = Members("최종화", 32)                                         ❺
member2.show_info()
```

¤ 실행 결과

이름 : 황선영
나이 : 18
이름 : 최종화
나이 : 32

❸ 객체 member1을 생성한다. 객체가 생성될 때 ❶의 생성자, 즉 __init__() 메소드가 자동으로 호출되어 '황선영'이 self.name에 저장되고, 18은 self.age에 저장된다.

❹ 객체 member1의 show_info() 메소드를 호출한다. ❷에 의해 '이름 : 황선영'과 '나이 : 18'을 화면에 출력한다.

❺ 객체 member1에서와 같은 방식으로 '최종화'와 32를 각각 self.name과 self.age에 저장한 다음 '이름 : 최종화'와 '나이 : 32'를 실행 결과에서와 같이 출력한다.

❶ 여기서 사용된 __init__()를 생성자 함수(Constructor function) 또는 간단하게 생성자(Constructor)라고 한다. 이 생성자는 ❸과 ❺에서와 같이 클래스를 이용하여 객체를 생성할 때 자동으로 실행된다.

❷ show_info() 메소드는 객체의 속성인 이름(self.name)과 나이(self.age)를 화면에 출력하는 역할을 한다.

위에서 사용된 __init()__ 메소드를 생성자라고 한다. 생성자는 객체가 생성될 때 자동으로 실행되는 메소드이며 객체의 속성을 초기화하는 데 주로 사용된다.

생성자 __init()__의 사용 형식은 다음과 같다.

서식	

	class 클래스명 :
	    ...
	    def __init__() :
	        문장1
	        문장2
	
	        ...

생성자는 객체가 생성될 때 위의 __init__() : 다음 줄에 있는 문장1, 문장2, ... 가 자동으로 실행되어 해당 객체를 초기화하는 데 사용된다.

객체지향으로 원의 면적을 구하라!

다음은 객체지향 방식으로 원의 면적을 구하는 프로그램이다. 밑줄 친 부분을 채워 프로그램을 완성하시오.

¤ 실행결과
반지름을 입력하세요 : 10.0
반지름: 10
원의 면적 : 314.16

```python
import math

class Circle :
    def ①_____(self, r) :
        self.r = r

    def get_area(self) :
        result = math.pi * self.r * self.r
        return result

radius = float(input("반지름을 입력하세요 : "))

circle1 = ②_____(radius)

print('반지름: %d' % radius)
print('원의 면적 : %.2f' % ③_____())
```

정답은 422쪽에서 확인하세요.

객체지향으로 성적의 평균을 구하라!

다음은 객체지향 방식으로 세 과목 성적의 평균을 구하는 프로그램이다. 밑줄 친 부분을 채워 프로그램을 완성하시오.

¤ 실행결과
이름 : 김성윤
국어 : 85, 영어 : 90, 수학 : 83
평균 : 86.0

```
class Scores :
    def ①_____(self, name, kor, eng, math) :
        self.name = name
        self.kor = kor
        self.eng = eng
        self.math = math

    def get_avg(self) :
        sm = self.kor + self.eng + self.math
        avg = sm/3.0
        return avg

s1 = Scores("김성윤", 85, 90, 83)

print("이름 : %s" % ②_____)
print("국어 : %d, 영어 : %d, 수학 : %d" % (s1.kor, s1.eng, s1.math))
print("평균 : %.1f" % ③_____)
```

정답은 422쪽에서 확인하세요.

객체지향으로 사칙연산을 계산하라!

코딩연습
C11-3

다음은 객체지향 방식으로 두 수의 사칙연산을 계산하는 프로그램이다. 밑줄 친 부분을 채워 프로그램을 완성하시오.

¤ 실행결과
첫번째 수를 입력하세요 : 10
두번째 수를 입력하세요 : 20
10 + 20 = 30
10 − 20 = −10
10 x 20 = 200
10 / 20 = 0.50

```
class Calculator :
    def __init__(self, num1, num2) :
        ①_____ = num1
        ②_____ = num2

    def add(self) :
        result = self.num1 + self.num2
        print('%d + %d = %d' % (self.num1, self.num2, ③_____))
    def sub(self) :
        result = self.num1 − self.num2
        print('%d − %d = %d' % (self.num1, self.num2, ③_____))
    def mul(self) :
        result = self.num1 * self.num2
        print('%d x %d = %d' % (self.num1, self.num2, ③_____))
    def div(self) :
        result = self.num1 / self.num2
        print('%d / %d = %.2f' % (self.num1, self.num2, ③_____))
```

```
a = int(input('첫번째 수를 입력하세요 : '))
b = int(input('두번째 수를 입력하세요 : '))

cal1 = Calculator(④_____)
cal1.add()
cal1.sub()
cal1.mul()
cal1.div()
```

정답은 422쪽에서 확인하세요.

속성

클래스에서 사용되는 속성(Attribute)에는 클래스 속성(Class attribute)과 인스턴스 속성(Instance attribute)이 있다. 클래스 속성은 클래스에 속해 있는 속성으로 파생된 객체에서 그 값이 유효하다. 그러나 인스턴스 속성은 해당 인스턴스, 즉 객체에서만 그 값이 유효하다.

11.3.1 클래스 속성

앞의 예제 11-2와 예제 11-3에서 사용된 속성들은 모두 클래스 속성이다. 다음 예를 통하여 이 클래스 속성의 사용법에 대해 알아 보자.

예제 11-6. 클래스 속성의 사용 예   11/ex11-6.py

```
class Student :
    pet = []                           # pet : 클래스 속성      ❶
    def push_pet(self, x) :                                    ❷
        self.pet.append(x)


john = Student()                       # john 객체 생성
john.push_pet("고양이")                 # "고양이"를 리스트 pet에 추가   ❸
print(john.pet)                        # pet : 클래스 속성       ❹


sally = Student()
sally.push_pet("이구아나")              # "이구아나"를 pet에 추가    ❺
print(sally.pet)                       # pet : 클래스 속성       ❻
```

['고양이']
['고양이', '이구아나']

❶ 리스트 pet에 빈 리스트 []를 저장한다. 여기서 pet는 클래스 Student의 클래스 속성이다. 클래스 속성 pet는 클래스 Student에서 파생된 모든 객체에서 그 값이 유효하다.

❷ push_pet(x) 메소드는 클래스 속성 pet에 새로운 동물을 추가하는 역할을 수행한다.

❸ john 객체의 push_pet() 메소드로 '고양이'를 pet에 추가한다.

❹ 실행 결과 첫 번째 줄에서와 같이 john.pet의 값, ['고양이']를 출력한다.

❺ sally 객체의 push_pet() 메소드로 '이구아나'를 pet에 추가한다.

❻ sally.pet는 ❸의 john 객체에서 추가한 '고양이'를 포함한 ['고양이', '이구아나']의 값을 가진다.

위의 예에서 클래스 Student를 통해 생성된 john과 sally 객체는 클래스 속성인 리스트 pet를 서로 공유하고 있다.

클래스 속성은 말 그대로 클래스에 소속되어 있기 때문에 해당 클래스에서 파생된 하위 객체들에서 속성 값이 공유된다는 점을 꼭 기억하기 바란다.

예제 11-4와 예제 11-5에서 self 다음에 사용된 속성들은 인스턴스 속성(Instance attribute)이다. 다음 예제를 통하여 인스턴스 속성에 대해 좀 더 자세히 알아보자.

예제 11-7. 인스턴스 속성의 사용 예   11/ex11-7.py

```python
class Student :
    def __init__(self) :
        self.pet = []                                                    ❶

    def push_pet(self, x) :
        self.pet.append(x)

john = Student()
john.push_pet("고양이")                                                   ❷
print(john.pet)

sally = Student()
sally.push_pet("이구아나")                                                 ❸
print(sally.pet)
```

¤ 실행 결과

['고양이']

['이구아나']

❶ 여기서 사용되는 self.pet 속성을 인스턴스 속성이라고 부른다. 인스턴스 속성은 해당 인스턴스, 즉 해당 객체에서만 그 값이 유효하다.

❷ john 객체에서 push_pet() 메소드를 호출하여 '고양이'를 ❶의 인스턴스 속성 pet에 저장한다. 실행 결과 첫 번째 줄에서와 같이 john.pet의 값으로 ['고양이']가 출력된다.

❸ sally.push_pet("이구아나")는 이구아나를 ❶의 인스턴스 속성 pet에 '이구아나'를 추가한다. 따라서 실행 결과 두 번째 줄에서와 같이 ['이구아나']가 출력된다.

위의 예제 11-7에서 사용된 인스턴스 속성 pet는 해당 객체에만 그 값이 유효하다. 따라서 인스턴스 속성은 해당 클래스에 의해 생성된 각각의 객체에 대해 그 값이 유효하다.

정리하면 인스턴스 속성은 해당 클래스에 의해 생성된 인스턴스에서만 유효한 값을 가진다. 인스턴스 속성은 객체마다 속성 값이 다르다.

다음의 예제에서는 클래스 속성과 인스턴스 속성이 같이 사용되고 있다. 이 예제를 통하여 두 속성 간의 차이를 명확하게 이해하여 보자.

예제 11-8. 클래스 속성과 인스턴스 속성의 사용 예   11/ex11-8.py

```
class Members :
    total = 0                                              ❶

    def __init__(self, name, phone) :
        self.name = name                                   ❷
        self.phone = phone
        Members.total = Members.total + 1

    def show_info(self) :
        print("이름 : %s, 전화번호 : %s" % (self.name, self.phone))

m1 = Members("홍성지", "010-3359-3763")
m2 = Members("강동욱", "010-1019-4767")
m3 = Members("신진서", "010-9018-0298")

m1.show_info()
m2.show_info()
m3.show_info()

print("총 회원 수 :", Members.total)
```

이름 : 홍성지, 전화번호 : 010-3359-3763
이름 : 강동욱, 전화번호 : 010-1019-4767
이름 : 신진서, 전화번호 : 010-9018-0298
총 회원 수 : 3

❶에서 사용된 클래스 Members의 속성 total는 클래스 속성이다. 여기서 total 속성은 전체 회원 수를 의미한다. 그리고 ❷의 self.name과 self.phone은 해당 객체에서 사용되는 인스턴스 속성이다.

객체 m1, m2, m3는 각각 자신만의 속성 self.name과 self.phone의 값을 가진다. 이 속성들은 인스턴스 속성이기 때문에 각각의 객체에서 유효한 값을 가지기 때문이다.

상속

클래스에서 상속(Inheritance)은 다른 클래스에 있는 속성과 메소드를 상속받아 클래스를 정의할 수 있는 기능을 제공한다. 상속을 해주는 클래스를 부모 클래스(Parent Class)라 하고 부모 클래스로부터 상속을 받는 클래스를 자식 클래스(Child Class)라 한다.

11.4.1 상속의 개념

다음의 간단한 예제를 통하여 상속의 개념을 이해해 보자.

예제 11-9. 클래스 상속   11/ex11-9.py

```
class Person :                    # Person : 부모 클래스
    def __init__(self, name) :
        self.name = name

    def show_name(self) :
        print(self.name)

class Student(Person) :           # Student : 자식 클래스      ❶
    pass

x = Student("홍길동")             # x : Student의 객체         ❷
x.show_name()                                                 ❸
```

¤ 실행 결과

홍길동

❶ 클래스 Student는 클래스 Person의 속성과 메소드를 상속 받는다.

  ¤ 여기서 pass는 아무 동작도 하지 않고 다음 코드를 실행하라는 의미이다.

  여기서 Person은 부모 클래스이고 Student는 자식 클래스가 된다.

❷ 클래스 Student를 이용하여 객체 x를 생성한다. 객체 x는 부모 클래스 Person의
  name 속성과 show_name() 메소드를 사용할 수 있다.

❸ x.show_name()으로 부모 클래스로부터 상속 받은 show_name()을 호출하여 실행
  결과에서와 같이 '홍길동'을 출력한다.

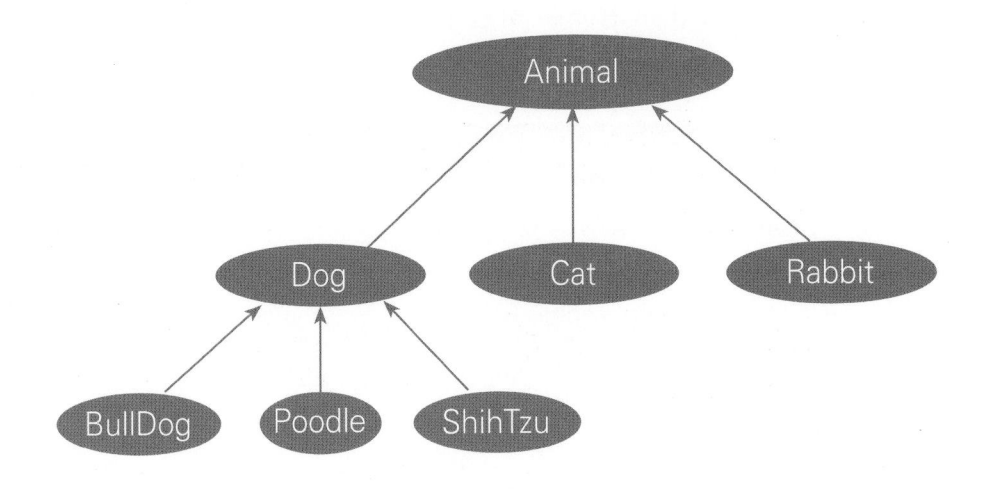

그림 11-3 클래스 상속의 개념도

그림 11-3은 클래스 상속의 개념을 설명하기 위한 부모 클래스와 자식 클래스 간의 관계
를 도식화한 것이다.

부모 클래스 Animal로 부터 속성과 메소드를 상속 받아 Dog, Cat, Rabbit의 자식 클래
스가 생성된다. 또 다시 dog 클래스로 부터 BullDog, Poodle, ShihTzu 클래스 등이 생
성되고 있다.

부모 클래스 Animal에서는 동물에 필요한 속성과 메소드를 정의한다. 그리고 Animal의 유산(속성과 메소드)을 상속 받은 Dog, Cat, Rabbit의 자식 클래스를 정의한다. 그리고 다시 Dog 클래스부터 BullDog(불독), Poodle(푸들), ShiuTzu(시추) 등의 자식 클래스가 만들어 진다. 객체지향 프로그래밍에서는 이와 같은 방식으로 부모 클래스와 자식 클래스를 설계하여 프로그램을 작성해 나가게 된다.

11.4.2 부모 클래스 생성자 호출

다음은 super()를 이용하여 자식 클래스에서 부모 클래스의 생성자를 호출하는 예이다. 이 예제를 통하여 super()의 사용법을 익혀 보자.

예제 11-10. super()의 사용 예   11/ex11-10.py

```python
class Person :
    def __init__(self, name) :
        self.name = name
    def show_name(self) :
        print(self.name)
    def show_age(self) :
        print(self.age)


class Student(Person) :
    def __init__(self, name, age) :
        super().__init__(name)          # 부모 클래스의 생성자 호출    ❶
        self.age = age


x = Student("홍길동", 20)                                              ❷
x.show_name()
x.show_age()
```

¤ 실행 결과

홍길동
20

❶ super()는 부모 클래스 Person의 생성자를 호출한다. ❷에서 자식 클래스 Student의 객체가 생성될 때 부모 클래스 Person의 생성자를 자신의 생성자에 포함시키게 된다.

❷ 객체 x가 생성될 때 ❶의 super()에 의한 부모 클래스의 생성자와 ❷의 자식 클래스 자체의 생성자가 실행된다.

위의 예에서 사용된 super()의 역할을 정리하면 다음과 같다.

¤ super()는 부모 클래스에서 정의된 생성자를 가져와 자식 클래스에 포함시키는 역할을 수행한다.

11.4.3 메소드 오버라이딩

부모 클래스와 자식 클래스에 동일한 이름의 메소드가 존재하면 자식 클래스에 있는 메소드가 부모 클래스에 앞서 동작하게 된다. 이것을 메소드 오버라이딩(Method Overriding) 이라고 한다.

다음 예제를 통하여 메소드 오버라이딩의 사용법에 대해 알아 보자.

예제 11-11. 메소드 오버라이딩   11/ex11-11.py

```
class Person :
    def __init__(self, name) :
        self.name = name
    def show_name(self) :                                    ❶
        print(self.name)

class Student(Person) :
    def show_name(self) :  # 여기 show_name()이 부모 것보다 우선    ❷
        print("환영합니다!")
        print(self.name + "님 반갑습니다.")

x = Student("홍길동")
x.show_name()                                                ❸
```

환영합니다!
홍길동님 반갑습니다.

❷의 메소드 show_name()은 ❶의 부모 클래스 Person의 show_name() 메소드를 재
정의하고 있다. 이와 같이 부모 클래스와 동일한 이름의 메소드가 자식 클래스에서 재정의
되면 자식 클래스의 메소드가 우선권을 가진다. 따라서 ❸에서와 같이 x.show_name()으
로 메소드를 호출하면 ❷의 메소드가 실행되어 실행 결과가 출력된다.

이와 같이 부모 클래스와 이름이 같은 메소드를 자식 클래스에서 재정의하면 자식 클래
스의 메소드가 부모 클래스의 메소드에 우선하여 실행된다. 이것을 메소드의 오버라이딩
(Overriding)이라고 한다.

이번에는 자식 클래스에서 생성된 객체가 자식 클래스와 부모 클래스의 속성과 메소드를 활
용하는 다음의 예제를 살펴 보자.

예제 11-12. 부모/자식 클래스의 메소드 활용	11/ex11-12.py

```python
class Person :
    def __init__(self, name) :              # 부모 클래스의 생성자
        self.name = name
    def show_name(self) :          # show_name() : 부모 클래스의 메소드
        print(self.name)
    def show_age(self) :           # show_age() : 부모 클래스의 메소드
        print(self.age)

class Student(Person) :
    def __init__(self, name, age) :
        super().__init__(name)     # 부모 클래스의 생성자 호출
        self.age = age
    def introduction(self) :       # introduction() : 자식 클래스의 생성자
        print("이름은 %s이고 나이는 %d살 입니다." % (self.name, self.age))
```

```
x = Student("홍길동", 20)                                            ❶
x.show_name()                 # 부모 클래스의 메소드 이용              ❷
x.introduction()              # 자식 클래스의 메소드 이용              ❸
```

¤ 실행 결과

홍길동
이름은 홍길동이고 나이는 20살 입니다.

❶ 클래스 Student로 객체 x를 생성한다. 클래스 Student는 클래스 Person으로부터 파
  생된 자식 클래스이기 때문에 Person 클래스의 모든 속성과 메소드를 사용할 수 있다.
  객체 x의 show_name() 클래스를 호출하여 실행 결과 첫 번째 줄에서와 같이 '홍길동'

❷ 을 출력한다. show_name() 메소드는 부모 클래스 Person에서 정의된 메소드이다.
  x.introduction()은 자식 클래스 Student에서 정의된 introduction() 메소드를 호출

❸ 한다. 실행 결과의 두 번째 줄에서와 같이 '이름은 홍길동이고 나이는 20살 입니다.'
  를 출력한다.

클래스/인스턴스 속성을 활용하라!

다음은 클래스 속성과 인스턴스 속성을 활용하는 예제 프로그램이다. 밑줄 친 부분을 채워 프로그램을 완성하시오.

> ¤ 실행결과
> 이름 : 최진영, 직위 : 대리
> 이름 : 김수정, 직위 : 과장
> 이름 : 정선주, 직위 : 부장
> 총 직원 : 3

```
class Employee :
    ①_____ = 0                     # 클래스 속성
    def __init__(self, name, position) :
        self.name = name                 # 인스턴스 속성
        self.position = position         # 인스턴스 속성
        Employee.count = Employee.count + 1    # 클래스 속성 count 1 증가
    def show_info(self) :
        print("이름 : %s, 직위 : %s" % (②_____, ③_____)

e1 = Employee("최진영", "대리")
e1.show_info()

e2 = Employee("김수정", "과장")
e2.show_info()

e3 = Employee("정선주", "부장")
e3.show_info()

print("총 직원 : ", ④_____)
```

정답은 422쪽에서 확인하세요.

메소드 오버라이딩을 활용하라!

다음은 클래스의 메소드 오버라이딩을 이용하여 정사각형의 둘레와 면적을 구하는 프로그램이다. 프로그램의 실행 결과는 무엇인가?

¤ 실행결과

① _____

② _____

```python
class Rectangle():
    def __init__(self, width, height):
        self.width = width
        self.height = height
    def length(self) :
        print("사각형 둘레 :", self.width*2 + self.height*2)
    def area(self):
        print("직사각형 면적 :", self.width * self.hegiht)

class Square(Rectangle):
    def __init__(self, a):
        super().__init__(a, a)
    def area(self):
        print("정사각형 면적 :", pow(self.width, 2))

s = Square(10)
s.length()
s.area()
```

정답은 422쪽에서 확인하세요.

코딩연습 정답   C11-1   ① __init__   ② Circle   ③ circle1.get_area

C11-2   ① __init__   ② s1.name   ③ s1.get_avg()

C11-3   ① self.num1   ② self.num2

③ result   ④ a, b

C11-4   ① count   ② self.name   ③ self.position

④ Employee.count

C11-5   ① 사각형 둘레 : 40

② 정사각형 면적 : 100

E11-1. 다음은 클래스 Calculator로 두 수의 덧셈을 하는 프로그램이다. 프로그램의 실행 결과는 무엇인가?

```
class Calculator :
    a = 10
    b = 20

    def add(self) :
        return self.a + self.b

c1 = Calculator()
print(c1.add())
```

E11-2. 다음은 E11-1 프로그램을 생성자를 이용하여 재작성한 프로그램이다. 밑줄 친 부분을 채워 프로그램을 완성하시오.

¤ 실행결과
30

```
class Calculator :
    def ①_____(self, a, b) :
        self.a = a
        self.b = b

    def add(self) :
        return self.a + self.b

c1 = Calculator(10, 20)
print(②_____)
```

E11-3. 클래스를 이용하여 삼각형의 면적을 구하는 프로그램을 작성하시오.

삼각형의 면적 = (밑변의 길이 + 높이)/2

¤ 실행결과
삼각형 밑변의 길이를 입력하세요 : 10
높이를 입력하세요 : 6
삼각형의 면적 : 30.00

E11-4. 클래스를 이용하여 사다리꼴의 면적을 구하는 프로그램을 작성하시오.

사다리꼴의 면적 = (윗변의 길이 + 밑변의 길이)/2 * 높이

¤ 실행결과
사다리꼴 밑변의 길이를 입력하세요 : 10
윗변의 길이를 입력하세요 : 20
높이를 입력하세요 : 5
사다리꼴의 면적 : 75.00

E11-5. 다음은 클래스를 이용하여 메모리 버퍼에 데이터를 저장하고 인덱스 번호를 이용하여 데이터를 가져오는 프로그램이다. 밑줄 친 부분을 채워 프로그램을 완성하시오.

¤ 실행결과
[5, 8, 12]
5
12

```python
class Buffer :
    def __init__(①_____) :
        self.buffer = []
    def push_data(self, x) :
        self.buffer.②_____(x)
    def get_data(self, index) :
        return self.buffer[index]

buffer1 = Buffer()
buffer1.push_data(5)
```

```
buffer1.push_data(8)
buffer1.push_data(12)
print(③_____)

print(buffer1.get_data(0))
print(buffer1.get_data(2))
```

E11-6. 다음은 클래스의 상속을 이용하여 부모와 아이의 이름을 화면에 출력하는 프로그램이다. 밑줄 친 부분을 채워 프로그램을 완성하시오.

¤ 실행결과
부모 : 홍부모
부모 : 최부모
아이 : 최아이

```
class Father:
    def __init__(self, father_name):
        self.father_name = father_name
    def print_father(self):
        print("부모 : "+ self.father_name)

class Child(Father):
    def __init__(self, name1, name2):
        ①_____.__init__(name1)
        self.child_name = name2
    def print_child(self) :
        print("아이 : " + self.child_name)

father1 = Father("홍부모")
father1.print_father()
child1 = Child("최부모", "최아이")
child1.②_____
child1.③_____
```

부록 A

주피터 노트북

주피터 노트북이란?

주피터 노트북(Jupyter Netebook)은 IDLE 프로그램과 함께 파이썬 프로그램 개발에 가장 많이 사용되는 개발 툴이다. 주피터 노트북은 파이참, 비주얼 스튜디오 등 다른 파이썬 개발 프로그램과 비교하여 가볍고 성능도 우수하여 널리 사용된다.

다음 그림에 나타난 주피터 노트북은 데이터 분석, 시각화, 인공 지능 프로그램을 개발하는 데에 최적화 되어 있지만 이 책의 실습을 포함한 일반적인 프로그램 개발에도 무척 유용한 프로그램이다.

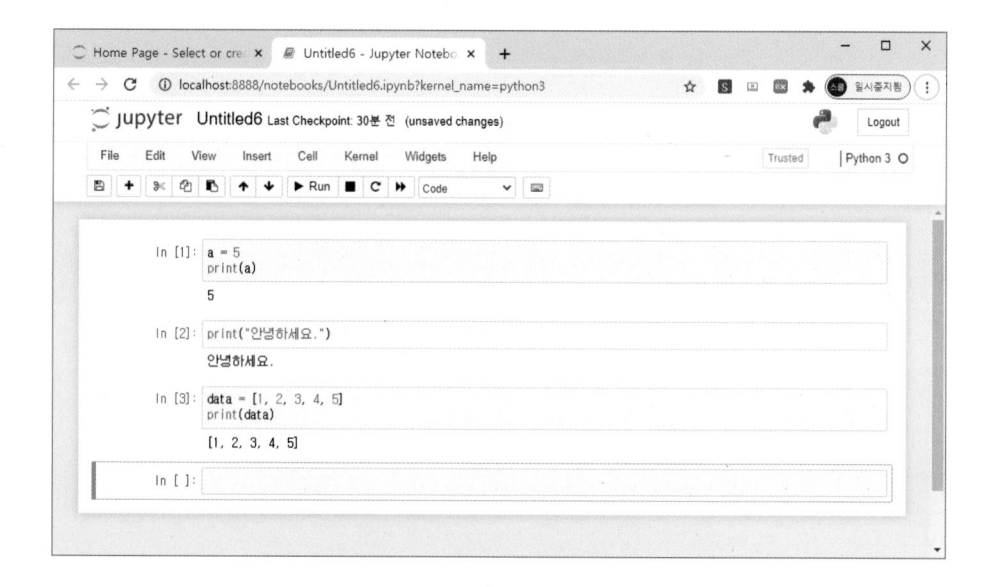

그림 A-1 주피터 노트북 화면

주피터 노트북을 설치하는 방법이 몇 가지 있는 데 그 중에서 아나콘다라는 프로그램을 사용하는 것이 가장 간편하다. 아나콘다에는 다양한 분야의 프로그램을 개발하는 데 필요한 라이브러리가 포함되어 있고 자체에 주피터 노트북 프로그램을 내장하고 있다.

아나콘다 설치

주피터 노트북을 사용하기 위해 먼저 아나콘다(Anaconda) 프로그램을 설치해 보자.

웹 브라우저를 열고 다음의 주소를 입력하여 아나콘다 홈페이지에서 설치 프로그램을 다운로드 받아 보자.

https://www.anaconda.com/products/individual

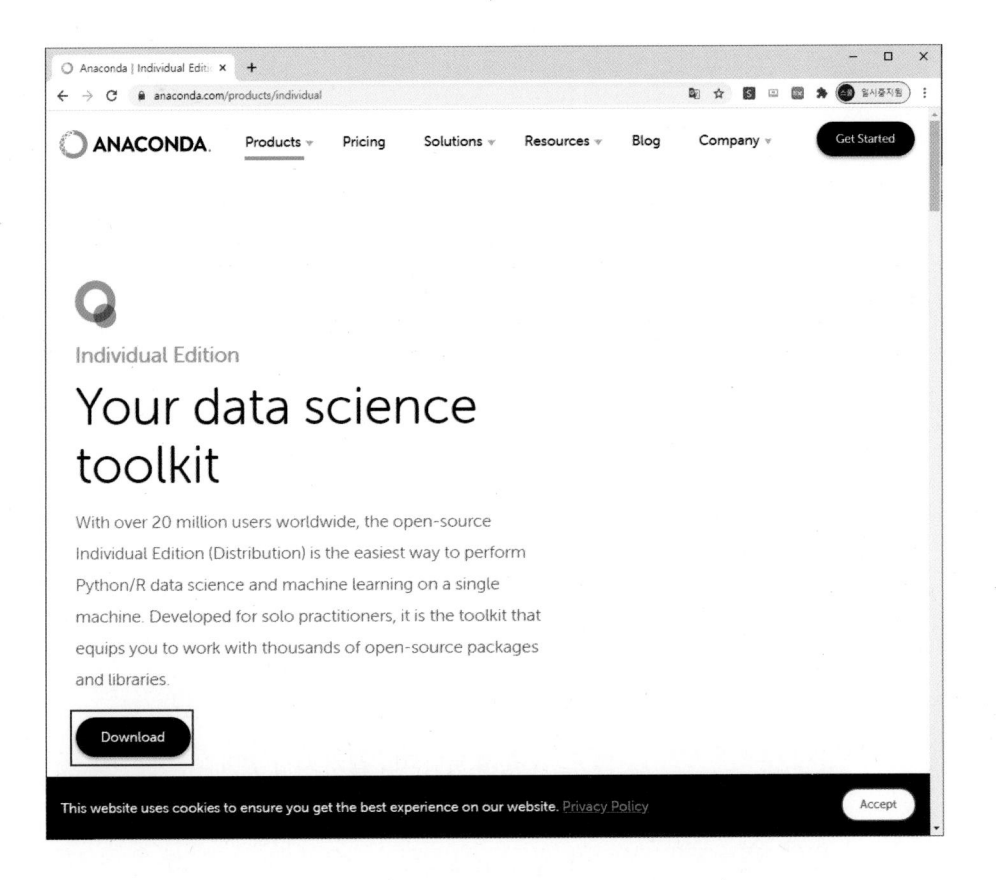

그림 A-2 아나콘다 파일 다운로드 화면

앞의 그림 A-2에서 'Download' 버튼을 클릭하면 설치 파일 목록이 나타난다.

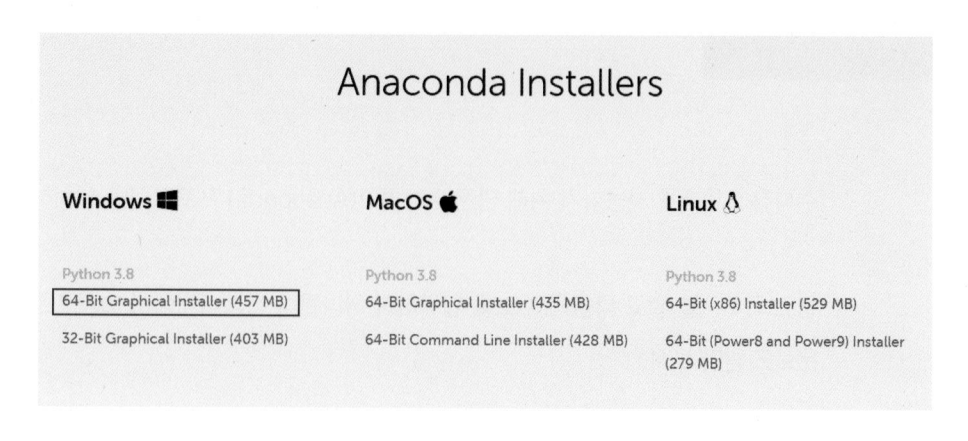

그림 A-3 아나콘다 파일 다운로드 화면

본인이 사용하는 컴퓨터의 운영체제가 윈도우(윈도우 7, 윈도우 10 등) 64비트이면 빨간색 박스로 표시된 부분을 다운로드 받아 아나콘다 설치를 시작한다.

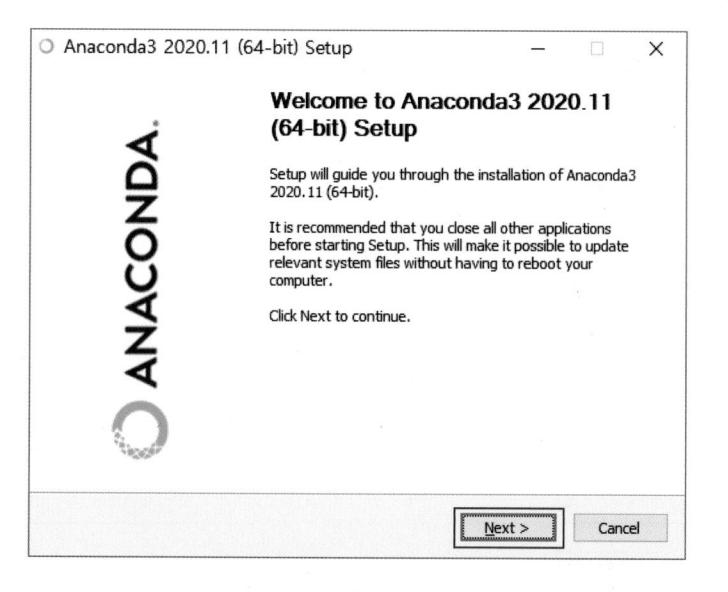

그림 A-4 아나콘다 설치 시작 화면

위의 그림에서와 같이 아나콘다 설치 화면이 나오면 'Next >' 버튼을 클릭하여 프로그램 설치를 시작한다.

설치가 시작된 후 라이센스 동의 화면이 나오면 'Agree 〉'를 눌러 동의하고, 그 다음에 나오는 화면들에서는 그냥 계속해서 'Next 〉' 버튼을 누르면 쉽게 프로그램을 설치할 수 있다.

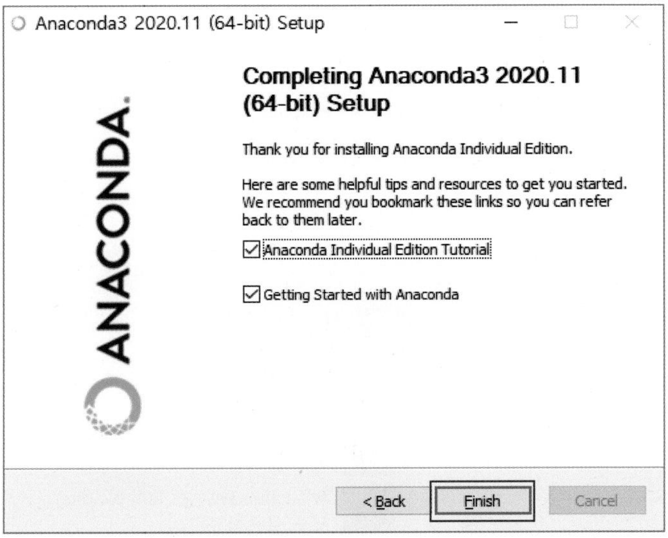

그림 A-5 프로그램 설치 완료 화면

위 그림 A-5의 화면이 나오면 아나콘다 프로그램 설치가 완료된 것이다. 'Fisnish' 버튼을 클릭하여 창을 닫는다.

주피터 노트북 사용법

A.2절에서 설치한 아나콘다 프로그램을 실행하기 위해 컴퓨터 화면 좌측 하단의 윈도우 시작 버튼을 클릭하여 나오는 그림 A-6의 화면에서 Anaconda3를 찾아서 주피터 노트북(Jupyter Notebook) 프로그램을 실행해 보자.

그림 A-6 주피터 노트북(Jupyter Notebook) 선택 화면

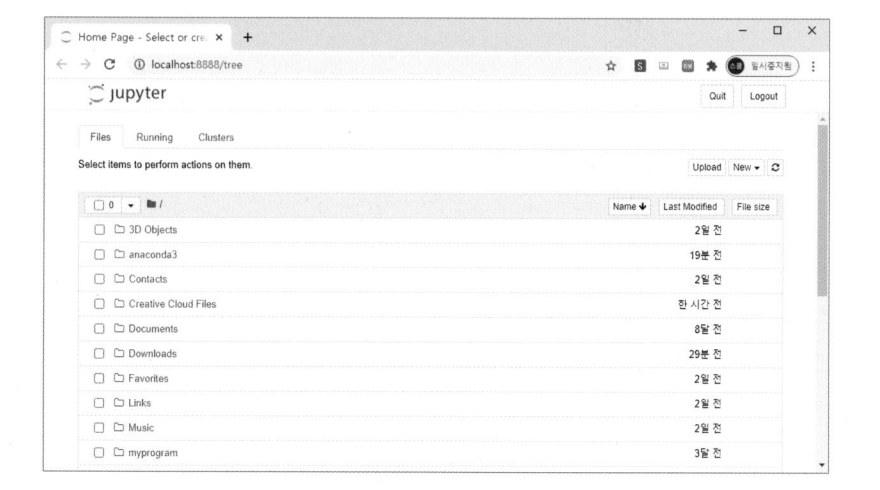

그림 A-7 주피터 노트북 메인 화면

앞의 그림 A-7 주피터 노트북 메인 화면에서 새 파일을 작성하기 위해 다음과 같이 New
〉 Python 3를 선택해 보자.

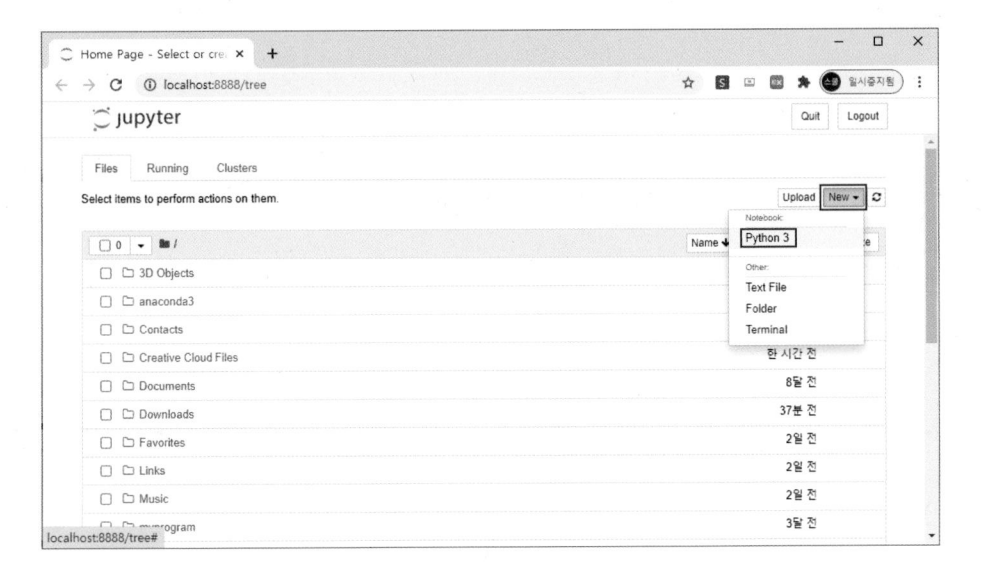

그림 A-8 새 파일 생성

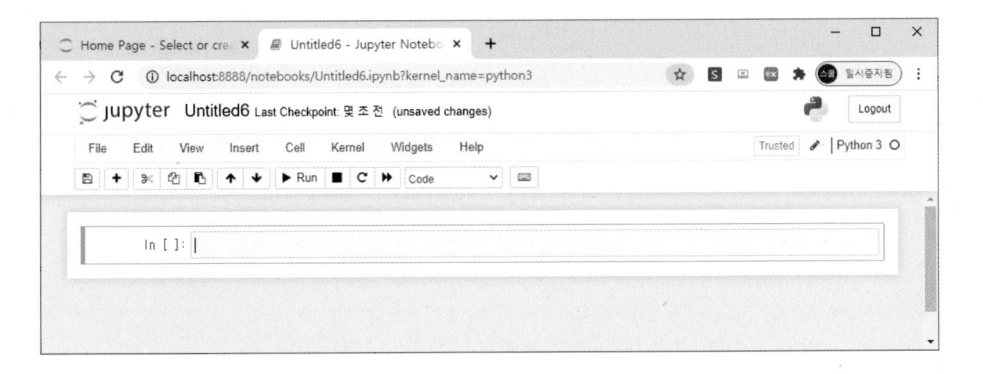

그림 A-9 주피터 노트북의 프로그램 편집 창

위 그림 A-9는 주피터 노트북에서 파이썬 프로그램을 작성하고 실행하는 주피터 노트북의 에디터 화면이다.

¤ 주피터 노트북에서는 IDLE에서 실습할 때와는 달리 프로그램을 작성하고 실행하는 모든 것이 그림 A-9의 에디터 화면에서 이루어진다.

A.3.2 프로그램 작성하고 실행하기

위 그림 A-9의 주피터 노트북 에디터 화면에서 다음과 같은 내용을 입력해 보자.

In[] :

```
a = 5
print(a)
```

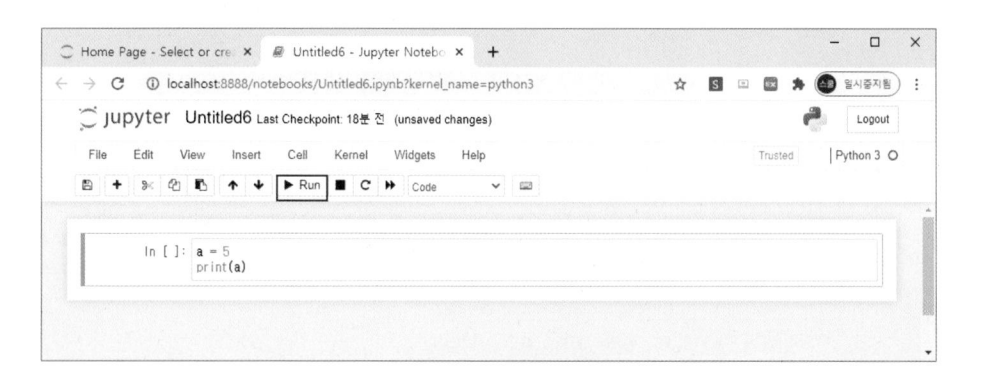

그림 A-10 주피터 노트북에서 프로그램 작성하기

위의 그림에서와 같이 프로그램 내용을 다 입력했으면 '▶ Run' 버튼을 클릭하면 프로그램을 실행해 보자.

¤ '▶ Run' 버튼 대신에 단축 키 Shift + Enter 키를 눌러도 프로그램이 실행된다.

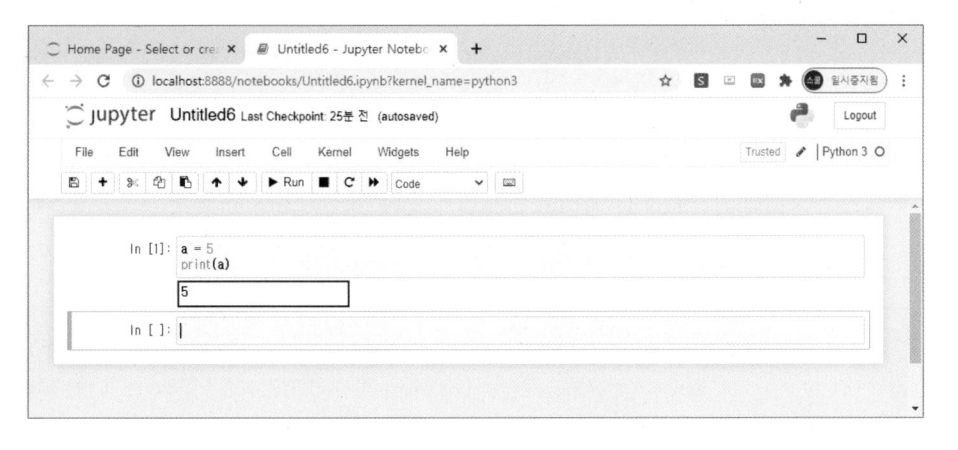

그림 A-11 프로그램 실행 결과 화면

프로그램이 실행되면 그림 A-11에서와 같이 실행 결과가 편집 박스 아래에 나타난다.

다음 그림에서와 같이 여러 개의 프로그램을 하나의 화면에서 작성하고 실행할 수 있는 것이 주피터 노트북의 장점 중의 하나이다.

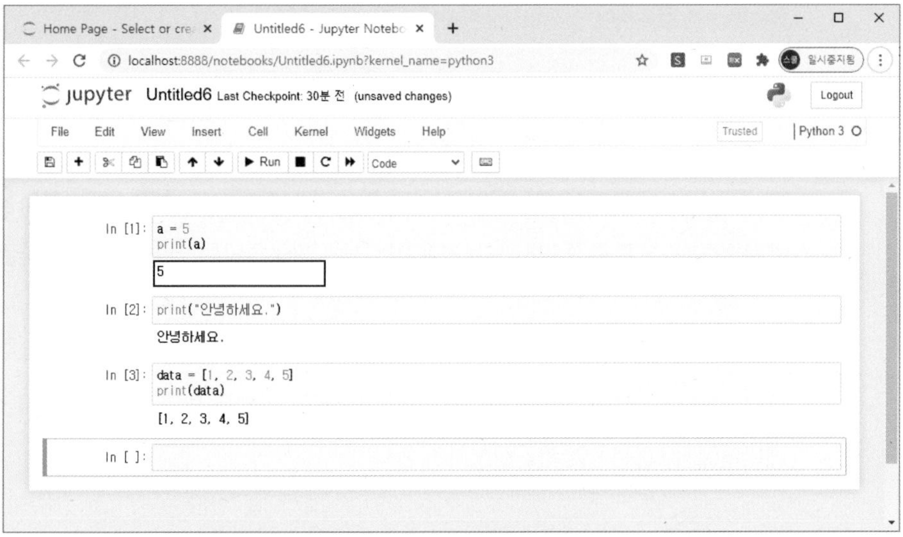

그림 A-12 주피터 노트북 에디터 화면

주피터 노트북에서 작업한 내용을 파일에 저장하려면 다음 그림에서와 같이 메뉴에서 File 〉 Save as 를 선택한다. 파일명을 'sample'로 해서 저장해 보자.

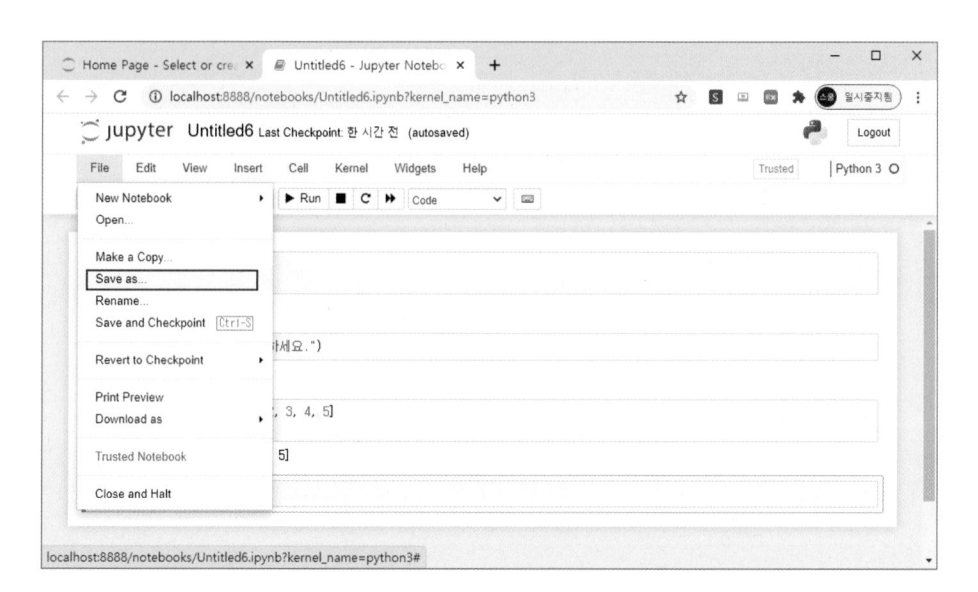

그림 A-13 파일로 저장하기

☼ 주피터 노트북에서 파일을 저장하면 파일 확장자는 .ipynb가 된다. 이러한 주피터 노트북 파일은 오로지 주피터 노트북에서만 사용 가능하다는 점에 유의하기 바란다.

만약 위에서 저장한 파일(sample.ipynb)의 폴더 위치를 확인하고 싶으면 주피터 노트북 에디터에서 다음의 명령을 실행하면 된다.

In[] :
```
%pwd
```

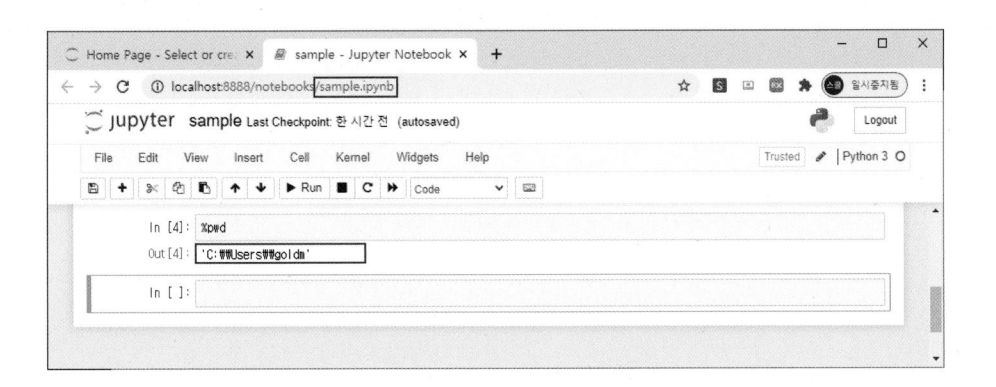

그림 A-14 파일이 저장된 폴더 확인하기

위 그림 A-14의 경우에는 주피터 노트북 파일(sample.ipynb)이 'C:\Users\goldm'에
저장되었다는 것을 알 수 있다.

¤ C:\Users 폴더는 파일 탐색기에서 C: 드라이브의 '사용자' 폴더를 의미한다.

주피터 노트북에서 sample.ipynb 파일을 열어서 사용하려면 다음 그림에 나타난 파일
목록 화면에서 해당 파일을 클릭하면 된다.

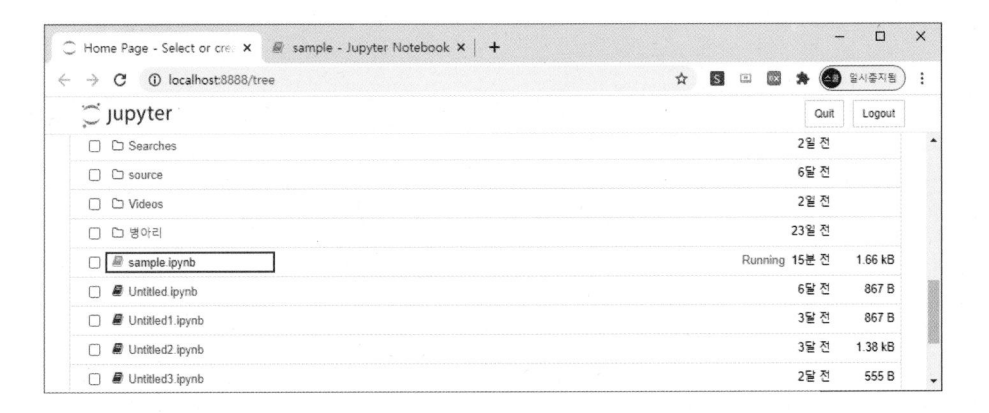

그림 A-15 주피터 노트북에서 sample.ipynb 열기

부록 B

연습문제 정답

1장. 파이썬과 설치

E1-1.

1) 직관적이고 쉽다.

파이썬은 이해하기 쉽고 재미있게 배울 수 있도록 설계되었다. 이것이 바로 파이썬 개발자의 의도이며 파이썬의 철학이다.

2) 널리 쓰인다.

구글, 아마존, 미항공우주국NASA 등의 세계적인 기업이나 기관 분만 아니라 네이버, 카카오톡 등 국내 굴지의 기업에서도 자사의 프로젝트를 성공적으로 수행하기 위한 필수 도구로 파이썬을 사용한다.

3) 개발 환경이 좋다.

파이썬은 온라인 커뮤니티가 많이 활성화 되어 있어 프로젝트 수행 시 경험이 많은 프로그래머의 도움을 받아 프로그램을 성공적으로 개발하는 데 유리하다.

4) 강력하다.

이미지 처리, 웹 서버, 게임, 빅데이터 처리 등 난이도가 높은 소프트웨어 개발 시에는 파이썬의 표준 라이브러리를 활용하면 쉽고 빠르게 프로그램을 개발할 수 있다.

E1-2.

IDLE은 'Integrated Development and Learning Environment'의 약어로 파이썬의 '통합 개발과 학습 환경'이라는 뜻이다. IDLE은 우리말로 '아이들'이라고 부르는데 이 IDLE은 우리가 파이썬을 이용하여 프로그램을 개발하는 데 필요한 필수적인 프로그램이다.

IDLE 에디터는 메모장과 같은 텍스트를 편집할 수 있는 프로그램으로써 파이썬 프로그램을 작성하고 저장하는 데 사용된다.

그리고 파이썬 쉘은 직접 파이썬 명령을 실행해 볼 수 있으면, IDLE 에디터를 통해 작성된 파일을 실행한 결과를 확인하는 데에도 사용된다.

E1-3.

소스 프로그램(Source Program)은 인간이 기술한 언어, 즉 컴퓨터 키보드로 타이핑하여 작성한 프로그램을 의미한다. 다른 말로 소스 코드(Source Code)라고도 부른다. 이 소스 프로그램을 저장한 파일을 소스 파일(Source File)이라고 한다.

E1-4. -70

E1-5. print("반갑습니다.")

E1-6.

```
print("이름 : 홍길동")
print("주소 : 경기도 수원시")
print("전화번호 : 010-1234-5678")
print("이메일 : hong@korea.com")
```

2장. 파이썬의 기본 문법

E2-1.

```
a = 10
b = 20
c = a + b
print("두 수의 합 :", c)
```

E2-2.

```
a = 10
b = 20
c = a + b
print("%d + %d = %d" % (a, b, c))
```

E2-3.

```
a = 10
b = 20
c = a + b
print(str(a) + " + " + str(b) + " = " + str(c))
```

E2-4.

```
a = input("첫 번째 과일을 입력하세요 : ")
b = input("두 번째 과일을 입력하세요 : ")

print(a, "와(과)", b, "은(는) 내가 좋아하는 과일이다.")
```

E2-5.

```
a = input("첫 번째 과일을 입력하세요 : ")
b = input("두 번째 과일을 입력하세요 : ")

print(a, "와(과) ", b, "은(는) 내가 좋아하는 과일이다.",
sep="")
```

E2-6.

```
a = input("첫 번째 과일을 입력하세요 : ")
b = input("두 번째 과일을 입력하세요 : ")

print("%s와(과) %s은(는) 내가 좋아하는 과일이다." %
(a, b))
```

E2-7.

```
a = int(input("첫 번째 숫자를 입력하세요 : "))
b = int(input("두 번째 숫자를 입력하세요 : "))

c = a/b
print("%d / %d = %f" % (a, b, c))
```

E2-8.

```
a = int(input("첫 번째 숫자를 입력하세요 : "))
b = int(input("두 번째 숫자를 입력하세요 : "))
c = a/b

print("%d / %d = %.2f" % (a, b, c))
```

E2-9.

```
email1 = input("이메일 주소 앞 부분은? ")
email2 = input("이메일 도메인 이름은? ")
email = email1 + "@" + email2

print("- 이메일 주소 :", email)
```

E2-10.

```
name = input("이름을 입력하세요 :")
address = input("주소를 입력하세요 :")
phone = input("전화번호를 입력하세요 :")

print("- 이름 :", name)
print("- 주소 :", address)
print("- 전화번호 :", phone)
```

E2-11.

```
a = int(input("윗변의 길이는? "))
b = int(input("밑변의 길이는? "))
h = int(input("높이는? "))

area = (a + b) * h/ 2

print("- 사다리꼴의 면적 : %.1f" % area)
```

E2-12.

```
a = "가는 말이 고와야 오는 말이 곱다."

print(a)
print("- 추출 문자 :", a[10:14])
```

E2-13.

```
num = input("열 자리의 숫자를 입력하세요 : ")
print("- 추출된 두 숫자 :", num[-2:])
```

S2-1.

```
kg = int(input("변환할 킬로그램(kg)은? "))

pound = kg * 2.204623
ounce = kg * 35.273962

print("-" * 50)
print("킬로그램   파운드   온스")
print("-" * 50)
print("%d        %.2f  %.2f" % (kg, pound,
ounce))
print("-" * 50)
```

S2-2.

```
phone1 = input("하이픈(-)이 포함된 11자리의 휴대
폰 번호는? ")

phone2 = phone1[0:3] + phone1[4:8] +
phone1[9:]

print("- 입력된 휴대폰 번호 : %s" % phone1)
print("- 하이픈 삭제된 휴대폰 번호 : %s" % phone2)
```

3장. 조건문

E3-1.

```
num = int(input("숫자를 입력하세요 : "))

if num > 10 :
    print("%d은(는) 10보다 크다." % num)
else :
    print("%d은(는) 10보다 크지 않다." % num)
```

E3-2.

```
num1 = int(input("첫 번째 수를 입력하세요 :"))
num2 = int(input("두 번째 수를 입력하세요 :"))

if num1 > num2 :
    print("%d 은(는) %d 보다 크다." % (num1,
num2))
elif num1 < num2 :
    print("%d 은(는) %d 보다 작다." % (num1,
num2))
else :
    print("%d 은(는) %d 와(과) 같다." % (num1,
num2))
```

E3-3.

```
num = input("숫자를 입력하세요 : ")

x = int(num[2])
if x%2 == 0 :
    print("%d은(는) 짝수이다." % x)
else :
    print("%d은(는) 홀수이다." % x)
```

E3-4.

```
num1 = int(input("첫 번째 숫자를 입력하세요 : "))
num2 = int(input("두 번째 숫자를 입력하세요 : "))
x = num1 + num2

print("%d + %d = %d" % (num1, num2, x))

if x%3 == 0 :
    print("%d은(는) 3의 배수이다." % x)
else :
    print("%d은(는) 3의 배수가 아니다." % x)
```

E3-5.

```
age = int(input("당신의 나이는?"))
avg_age = 35

if age < avg_age :
    print("당신은 평균 나이(35세) 미만이다.")
else :
    print("당신은 평균 나이(35세) 이상이다.")
```

E3-6.

```
num = int(input("수를 입력하세요:"))

if num>=0 and num<=9 :
    print("%d 은(는) 한 자리 숫자이다." % num)
elif num>=10 and num<=99 :
    print("%d 은(는) 두 자리 숫자이다." % num)
elif num>=100 and num<=999 :
    print("%d 은(는) 세 자리 숫자이다." % num)
else :
    print("오류! %d 은(는) 범위(0~999) 이외의 숫자이
다." % num)
```

E3-7.

```
string = input("문자열을 입력하세요:")

num_string = len(string)
print("문자열의 개수 :", num_string)

if num_string%2 == 0 :
    print("문자열의 개수는 짝수이다.")
else :
    print("문자열의 개수는 홀수이다.")
```

E3-8.

```
num1 = int(input("첫 번째 숫자를 입력하세요 : "))
num2 = int(input("두 번째 숫자를 입력하세요 : "))

print("원하는 연산은?")
x = input("+, -, *, / 중 하나를 선택하세요 : ")

if x == "+" :
    print("%d + %d = %d" % (num1, num2,
num1+num2))
elif x == "-" :
    print("%d - %d = %d" % (num1, num2,
num1-num2))
elif x == "*" :
    print("%d x %d = %d" % (num1, num2,
num1*num2))
elif x == "/" :
    print("%d / %d = %.2f" % (num1, num2,
num1/num2))
else :
    print("선택 오류!")
```

E3-9.

```
score = int(input("점수를 입력하세요 : "))


if score >= 90 and score <=100 :
    print("- 성적:%d점, 등급:수" % score)
elif score >= 80 and score <=89 :
    print("- 성적:%d점, 등급:우" % score)
elif score >= 70 and score <=79 :
    print("- 성적:%d점, 등급:미" % score)
elif score >= 60 and score <=69 :
    print("- 성적:%d점, 등급:양" % score)
elif score >= 0 and score <=59 :
    print("- 성적:%d점, 등급:가" % score)
else :
    print("입력 오류!")
```

S3-1.

```
grade = input("등급을 입력해 주세요(A+,A,B+,..., F)
: ")


if grade == "A+" :
    print("등급:%s, 평점:4.5" % grade)
elif grade == "A" :
    print("등급:%s, 평점:4.0" % grade)
elif grade == "B+" :
    print("등급:%s, 평점:3.5" % grade)
elif grade == "B" :
    print("등급:%s, 평점:3.0" % grade)
elif grade == "C+" :
    print("등급:%s, 평점:2.5" % grade)
elif grade == "C" :
    print("등급:%s, 평점:2.0" % grade)
```

```
elif grade == "D+" :
    print("등급:%s, 평점:1.5" % grade)
elif grade == "D" :
    print("등급:%s, 평점:1.0" % grade)
elif grade == "F" :
    print("등급:%s, 평점:0.0" % grade)
else :
    print("등급 입력 오류!")
```

S3-2.

```
hour1 = int(input("첫 번째 시간의 시를 입력하세요 : "))
minute1 = int(input("첫 번째 시간의 분을 입력하세요 : "))


hour2 = int(input("두 번째 시간의 시를 입력하세요 : "))
minute2 = int(input("두 번째 시간의 분을 입력하세요 : "))


if hour1 < hour2 :
    first_hour = hour1
    first_minute = minute1
    second_hour = hour2
    second_minute = minute2
elif hour1 == hour2 :
    if minute1 <= minute2 :
        first_hour = hour1
        first_minute = minute1
        second_hour = hour2
        second_minute = minute2
```

```
    else :
        first_hour = hour2
        first_minute = minute2
        second_hour = hour1
        second_minute = minute1
    else :
        first_hour = hour2
        first_minute = minute2
        second_hour = hour1
        second_minute = minute1

print()
print("- 빠른 시간 : %d:%d" % (first_hour, first_
minute))
print("- 늦은 시간 : %d:%d" % (second_hour,
second_minute))
```

S3-3.

```
name = input("이름을 입력하세요 : ")
hours = int(input("일주일간 일한 시간을 입력하세요 :
"))

ot_rate = 1.5
hour_pay = 12000

if  hours <= 40 :
    over_time = 0
    pay = hours * 12000

else :
```

```
    over_time = hours - 40
    pay = hour_pay * 40 + over_time * hour_pay *
ot_rate

print()
print("- 이름 : %s"% name)
print("- 일주일간 일한 시간 : %d시간" % hours)
print("- 오버타임 : %d시간" % over_time)
print("- 주급 : %d원" % pay)
```

4장. 반복문

E4-1.

```
for i in range(1, 11) :
    if i%2 == 1 :
        print(i)
```

E4-2.

```
sum = 0
for i in range(1, 101) :
    if i%3 == 0 :
        sum = sum + i

print("1~100 까지의 3의 배수 합계 :", sum)
```

E4-3.

```
for i in range(1, 101) :
    if i%5 == 0 :
        print(i, end=" ")
```

E4-4.

```
count = 0
for i in range(1, 101) :
    if i%5 == 0 :
        print(i, end=" ")
        count = count + 1

        if count%5 == 0 :
            print()
```

E4-5.

```
sum = 0
for i in range(1, 101) :
    if i%4 == 0 :
        sum = sum + i
        print(i, "-->", sum)
```

E4-6.

```
fact = 1
for i in range(1, 10) :
        fact = fact * i
print("10! =", fact)
```

E4-7.

```
fact = 1
i = 1

while i < 11 :
    fact = fact * i
    i = i + 1

print("10! =", fact)
```

E4-8.

```
print("-" * 40)
print("   cm     mm      m     inch")
print("-" * 40)

for cm in range(1,51) :
    mm = cm * 10.0
    m  = cm * 0.01
    inch = cm * 0.3937
    print("%8d %8.0f %8.2f %8.2f" % (cm, mm,
m, inch))

print("-" * 40)
```

E4-9.

```
print("-" * 40)
print("   cm     mm      m     inch")
print("-" * 40)

cm = 1
while cm <= 50 :
    mm = cm * 10.0
    m  = cm * 0.01
    inch = cm * 0.3937

    print("%8d %8.0f %8.2f %8.2f" % (cm, mm,
m, inch))

    cm = cm + 1

print("-" * 40)
```

S4-1.

```
count = 0

i = 1
while i < 1001 :
    if i%3 != 0 :
        print("%d" % i, end=" ")
        count = count + 1

        if count % 10 == 0 :
            print()
    i = i + 1
```

S4-2.

```
score = int(input("성적을 입력하세요 : "))
while score != "q" :
    if score >= 90 :
        print("등급 : 수")
    elif score >= 80 :
        print("등급 : 우")
    elif score >= 70 :
        print("등급 : 미")
    elif score >= 60 :
        print("등급 : 양")
    else :
        print("등급 : 가")

    x = input("계속하시겠습니까?(중단:q, 계속:y) ")
    if x == "q" :
        break

    score = int(input("성적을 입력하세요 : "))
```

S4-3.

```
start = int(input("시작 수를 입력해주세요 : "))
end = int(input("끝 수를 입력해주세요 : "))

a = start

while a <= end+1 :
    prime_yes = True
    for i in range(2, a) :
        if a%i == 0 :
            prime_yes = False
            break

    if (prime_yes) :
        print(a, end=" ")

    a = a + 1
```

5장. 리스트

E5-1. ["n", "i", "s", "f", "u", "n"]
E5-2. ["s", "f", "u"]
E5-3. ["f", "u", "n", "!"]
E5-4. ["p", "y", "t", "h"]
E5-5.

```
string = "I am a genius!"
list1 = []
for x in string :
    list1.append(x)

print(list1)
```

E5-6.

```
string = "I am a genius!"

list1 = []
i = 0
while i < len(string) :
    list1.append(string[i])

    i = i + 1

print(list1)
```

E5-7.

```
numbers = [7, 9, 15, 18, 30, -3, 7, 12, -16, -12]
sum = 0

for number in numbers :
    sum = sum + number

print("합계 :", sum)
```

E5-8.

```
numbers = [7, 9, 15, 18, 30, -3, 7, 12, -16, -12]

sum = 0
i = 0
while i < len(numbers) :
    sum = sum + numbers[i]

    i = i + 1

print("합계 :", sum)
```

E5-9.

```
numbers = [7, 9, 15, 18, 30, -3, 7, 12, -16, -12]

sum = 0
i = 0

print("짝수 번째 요소 : ", end="")

while i < len(numbers) :
    if (i+1)%2 == 0 :
        sum = sum + numbers[i]
        print(numbers[i], end=" ")

    i = i + 1

print()
print("합계 :", sum)
```

E5-10.

```
fruits = ["사과", "오렌지", "딸기", "수박", "멜론"]

for i in range(len(fruits)) :
    print("%d. %s" % (i+1, fruits[i]))
```

E5-11.

```
data = [[10, 20, 30], [40, 50], [60, 70, 80, 90]]

for row in data:
    for x in row:
        print(x, end=" ")

    print()
```

E5-12.

```
data = [[10, 20, 30], [40, 50], [60, 70, 80, 90]]


for i in range(len(data)):
    for j in range(len(data[i])):
        if j == 0 :
            print(data[i][j], end=" ")

    print()
```

S5-1.

```
file_names = ["file1.py", "file2.txt", "file3.pptx",
"file4.doc"]


for file_name in file_names :
    arr = file_name.split(".")

    print("%s => 파일명:%s, 확장자:.%s" % (file_
name, arr[0], arr[1]))
```

S5-2.

```
emails = [["kim", "naver.com"], ["hwang",
"hanmail.net"], ["lee", "korea.com"],
 ["choi", "gmail.com"]]


email_new = []
for email in emails :
    email_new.append(email[0] + "@" + email[1])

print(email_new)
```

6장. 튜플과 딕셔너리

E6-1. ① key == "2017" ② year_sale[key]

E6-2. ① key=="2018" ② key=="2019"
　　　③ year_sale[key]

E6-3. ① key in year_sale ② year_sale

E6-4. ① biggest ② year_sale[key]

E6-5. 30

E6-6. 5

E6-7. 강아지/고양이/이구아나/

E6-8.

```
person = {"name":"홍길동", "age":30, "family":5,
"children":["선미","성진","소영"],
    "pets":["강아지", "고양이", "이구아나"]}


for key in person :
    if key == "children" :
        num_child = len(person[key])
        print("자녀 수 : %d명" % num_child)
```

S6-1.

```
temp = {"월":15.5, "화":17.0, "수":16.2,
"목":12.9, "금":11.0, "토":10.5, "일":13.3}
print("-"*50)
print(" 월   화   수   목   금   토   일")
print("-"*50)
for key in temp :
    print("%6.1f" % temp[key], end="")

print()
print("-"*50)
```

S6-2.

```
temp = {"월":15.5, "화":17.0, "수":16.2,
"목":12.9, "금":11.0, "토":10.5, "일":13.3}

smallest = temp["월"]
for key in temp :
    if temp[key]< smallest :
        day = key
        smallest = temp[key]

print("요일:%s, 최저 기온:%.1f°" % (day,
smallest))
```

S6-3.

```
temp = {"월":15.5, "화":17.0, "수":16.2,
"목":12.9, "금":11.0, "토":10.5, "일":13.3}
sum = 0
for key in temp :
    sum += temp[key]

avg = sum/len(temp)
print("일주일간 기온 평균 : %.1f°" % avg)
```

7장. 함수

E7-1

메인 루틴의 print(x)에서 x가 정의되지 않았기 때문에 오류가 발생한다. x = 200에서 정의된 변수 x는 메인 루틴이 아닌 func() 함수 내에서만 유효한 지역 변수이다. 따라서 메인 루틴의 x는 정의되어 있지 않다.

E7-2.

```
200
100
```

E7-3.

```
200
200
```

E7-4.

```
def km_to_mile(x) :
    result = x * 0.621371
    return result

km = int(input("킬로미터를 입력하세요 : "))

mile = km_to_mile(km)

print("%d 킬로미터는 %.2f 마일이다." % (km,
mile))
```

E7-5.

```
def add(x, y):
    return x + y

def subtract(x, y):
    return x - y

def multiply(x, y):
    return x * y

def divide(x, y):
    return x / y
```

```
print("- 선택 옵션")
print("1. 더하기")
print("2. 빼기")
print("3. 곱하기")
print("4. 나누기")

choice = input("원하는 연산을 선택하시오(1/2/3/4):
")
num1 = int(input("첫 번째 숫자를 입력하세요 : "))
num2 = int(input("두 번째 숫자를 입력하세요 : "))
print()

if choice == "1":
    print(num1, "+", num2, "=", add(num1,
num2))

elif choice == "2":
    print(num1, "-", num2, "=", subtract(num1,
num2))

elif choice == "3":
    print(num1, "x", num2, "=", multiply(num1,
num2))

elif choice == "4":
    print(num1, "/", num2, "=", divide(num1,
num2))
else:
    print("입력 오류!")
```

E7-6.

```
def count_char(string, x):
    count = 0

    for i in string :
        if i == x :
            count = count + 1

    return count

test_str = input("영어 문장을 입력하세요 : ")
character = input("알파벳 하나를 입력하세요 : ")

num_char = count_char(test_str, character)

print ("%s 에 포함된 %s 의 개수는 %d 개이다."%
(test_str, character, num_char))
```

E7-7.

```
def sum_tup(numbers):
    total = 0
    for number in numbers :
        total = total + number
    return total

tup1 = (10, 20, 30, 40, 50)

total = sum_tup(tup1)
print("튜플의 합계 :", total)
```

E7-8.

```
def str_reverse(string):
    result = ""
    index = len(string)
    while index > 0 :
        result = result + string[index - 1]
        index = index - 1
    return result


string = input("문자열을 입력하세요: ")
print(str_reverse(string))
```

E7-9.

```
def space_hyphen(string):
    result = ""
    i = 0
    while i < len(string) :
        if string[i] == " " :
            result = result + "-"
        else :
            result = result + string[i]

        i = i + 1

    return result

string = input("문자열을 입력하세요: ")
print(space_hyphen(string))
```

E7-10.

```
def cm_inch(x):
    result = x * 0.393701
    return result


def kg_pound(x):
    result = x * 2.204623
    return result


print("- 선택 옵션")
print("1. 길이 환산(센티미터 --> 인치)")
print("2. 무게 환산(킬로그램 --> 파운드)")


choice = input("원하는 환산 단위를 선택하세요.(1/2): ")

if choice == "1":
    cm = int(input("센티미터 단위의 길이를 입력하세요 : "))
    inch = cm_inch(cm)
    print("%d 센티미터 --> %.2f 인치" % (cm, inch))

elif choice == "2":
    kg = int(input("킬로그램 단위의 무게를 입력하세요 : "))
    pound = kg_pound(kg)
    print("%d 킬로그램 --> %.2f 파운드" % (kg, pound))
else:
    print("입력 오류!")
```

S7-1.

```
def isPrimeNumber(num) :
    prime_yes = True
    for i in range(2, num) :
        if num % i == 0 :
            prime_yes = False
            break
    return prime_yes


n = int(input("n값을 입력해 주세요 : "))
print("2 ~ %d까지의 정수 중 소수 :" % n, end = " ")
for a in range(2, n+1) :
    is_prime = isPrimeNumber(a)
    if is_prime :
        print(a, end=" ")
```

S7-2.

```
def match_word(word, answer) :
    if word == answer :
        result = "참 잘했어요!"
    else :
        result = "틀렸어요!"
    return result

eng_dict = {"house":"집", "piano":"피아노",
"christmas":"크리스마스", "friend":"친구",
"bread":"빵"}
for i in eng_dict :
    string = input(eng_dict[i] + "에 맞는 영어 단어
는? ")
    msg = match_word(string, i)
    print(msg)
```

S7-3.

```
def make_square(num):
    list_new = []
    for i in range(1, num+1):
        list_new.append(i**2)

    return list_new


n = int(input("n 값을 입력하세요: "))


list1 = make_square(n)
print(list1)
```

8장. 함수 활용

E8-1.

```
def even_odd(n) :
    if n%2==0 :
        result = "짝수"
    else :
        result = "홀수"
    return result


x = int(input("수를 입력하세요 : "))


msg = even_odd(x)
print("%d은(는) %s이다." % (x, msg))
```

E8-2.

```
def total_besu(n) :
    sm = 0
    for x in range(1, 1001) :
        if x%n==0 :
            sm = sm + x

    return sm


N = int(input("N값을 입력하세요 : "))


total = total_besu(N)
print("1에서 1000까지의 수중 %d의 배수 합계 : %d
" % (N, total))
```

E8-3.

```
def get_word(s) :
    temp = s.split("/")

    return temp


sentence = "강아지/사슴/거북/고릴라/청개구리"


words = get_word(sentence)


for word in words :
    length = len(word)
    print("%s : %d" % (word, length))
```

E8-4.

```
def get_mult(list1) :
    list2 = []
    for x in list1:
        if x%2==0 :
            list2.append(x*10)
        else :
            list2.append(x*100)

    return list2


num1 = [2, 6, 3, 8, 7]
print("num1 =", num1)
num2 = get_mult(num1)
print("num2 =",num2)
```

S8-1.

```
def is_number(numbers, x) :
    result = False
    for number in numbers :
        if number == x :
            result = True

    return result


data = [55, 3, -12, 2, 51, -23, 17, 9, 13, 16, 30,
9]
print(data)


keyword = int(input("찾고자 하는 수를 입력하세요 :
"))
```

```
if is_number(data, keyword) :
    print("%d은(는) 리스트에 존재한다." % keyword)
else :
    print("%d은(는) 리스트에 존재하지 않는다." %
keyword)
```

S8-2.
```
def is_number(numbers, x) :
    start = 0
    end = len(numbers) - 1

    result = False

    while start <= end :
        mid = (start + end)//2
        if x == numbers[mid] :
            result = True
            break
        elif x > numbers[mid] :
            start = mid + 1
        else :
            end = mid - 1
    return result

data = [55, 3, -12, 2, 51, -23, 17, 9, 13, 16, 30, 9]
keyword = int(input("찾고자 하는 수를 입력하세요 : "))

print(data)

data.sort()
```

```
if is_number(data, keyword) :
    print("%d은(는) 리스트에 존재한다." % keyword)
else :
    print("%d은(는) 리스트에 존재하지 않는다." %
keyword)
```

9장. 모듈

E9-1. 36 36
E9-2. 7 -9
E9-3. 24 -12
E9-4. 16.0 0.04
E9-5. time.time()
E9-6. time.localtime()
E9-7. time.sleep()
E9-8. datetime.now()
E9-9. random.random()
E9-10. random.choice()
E9-11. ① sleep() ② random.randint ③random.randint

S9-1.
```
import random
def who_win(x, y) :
    if x == "가위" :
        if y == "가위" :
            msg = "무승부입니다!"
        elif y == "바위" :
            msg = "당신의 승리입니다!"
        else :
            msg = "나의 승리입니다!"
```

```
    elif x == "바위" :
        if y == "가위" :
            msg = "나의 승리입니다!"
        elif y == "바위" :
            msg = "무승부입니다!"
        else :
            msg = "당신의 승리입니다!"
    else :
        if y == "가위" :
            msg = "당신의 승리입니다!"
        elif y == "바위" :
            msg = "나의 승리입니다!"
        else :
            msg = "무승부입니다!"
    return msg

print("=" * 30)
print("가위바위보 게임")
print("=" * 30)
x = ["가위","바위", "보"]
again = "y"
while again == "y":
    me  = random.choice(x)
    you = random.choice(x)
    result = who_win(me, you)
    print("나 : %s" % me)
    print("당신 : %s" % you)
    print(result)
    print("-" * 30)
    again = input("계속하려면 y를 입력하세요!")

print("게임이 종료되었습니다!")
```

10장. 파일과 예외 처리

E10-1.

```
f = open("myfile.txt", "w", encoding="utf-8")

name = "홍길동"
tel = "010-1234-5678"
email = "hong@email.com"

f.write(name + "\n")
f.write(tel + "\n")
f.write(email + "\n")
f.close()
```

E10-2. ① readlines() ② append ③ write

E10-3. ① open ② line[5] ③ sm

E10-4.

```
import csv

file_name = "weather.csv"
f = open(file_name, "r", encoding="utf-8")
lines = csv.reader(f)

header = next(lines)

max_value = -1000.0

for line in lines :
    if float(line[6]) > max_value :
        max_day = line[1]
        max_value = float(line[6])
```

```
print("일자 : %s" % max_day)
print("최대 습도 : %.1f %%" % max_value)

f.close()
```

E10-5.

```
import csv

file_name = "weather.csv"
f = open(file_name, "r", encoding="utf-8")

lines = csv.reader(f)

header = next(lines)

print("-" * 30)
print("일자      일교차")
print("-" * 30)

for line in lines :
    diff = float(line[3]) - float(line[4])
    print("%s     %.1f" % (line[1], diff))
print("-" * 30)

f.close()
```

11장. 객체지향 프로그래밍

E11-1. 30

E11-2. ① __init__   ② c1.add()

E11-3.

```
class Triangle :
    def __init__(self, width, height) :
        self.width = width
        self.height = height
    def area(self) :
        return (self.width * self.height)/2

w = int(input("삼각형 밑변의 길이를 입력하세요 : "))
h = int(input("높이를 입력하세요 : "))
t1 = Triangle(w, h)
print("삼각형의 면적 : %.2f" % t1.area())
```

E11-4.

```
class Ladder :
    def __init__(self, a, b, height) :
        self.a = a
        self.b = b
        self.height = height
    def area(self) :
        return (self.a+self.b)/2 * self.height

w1 = int(input("사다리꼴 밑변의 길이를 입력하세요 : "))
w2 = int(input("윗변의 길이를 입력하세요 : "))
h = int(input("높이를 입력하세요 : "))

ladder1 = Ladder(w1, w2, h)
print("사다리꼴의 면적 : %.2f" % ladder1.area())
```

E11-5. ① self ② append ③ buffer1.buffer

E11-6. ① super() ② print_father() ③ print_child()

기호	
"""	84
#	84
%	54
%.1f	77
%d	67
%f	67
%s	67
*args	263
//	55
\'	78
\"	78
\\	78
\n	78
\t	78
==	101
!=	101